Jürgen Meffert + Heribert Meffert

# Eins oder null

Jürgen Meffert + Heribert Meffert

# Eins oder null

Wie Sie Ihr Unternehmen mit Digital@Scale in die Zukunft führen

Econ

MIX
Papier aus verantwortungsvollen Quellen
FSC® C083411
www.fsc.org

Econ ist ein Verlag
der Ullstein Buchverlage GmbH

ISBN: 978-3-430-20239-8

2. Auflage 2017

Redaktion: Michael Schickerling, schickerling.cc, München

Gesetzt aus der Quadraat
Satz: L42 AG, Berlin
Druck und Bindearbeiten: CPI books GmbH, Leck
Printed in Germany

# Inhalt

# Vorwort

Digitalisierung ist das Thema, das uns die nächsten 15 bis 20 Jahre beschäftigen wird. Die Innovationsgeschwindigkeit wird höher, Geschäftsmodelle ändern sich oder werden gar obsolet – neue Chancen entstehen und öffnen neuen Unternehmern neue Perspektiven. Die digitale Transformation wird die größte Herausforderung an das Management. Manager werden gefordert, manche überfordert sein. Selbst bislang erfolgreiche Führungskräfte scheitern an zu später Einsicht oder fehlender Erfahrung, an Plan- und Mutlosigkeit oder am eigenen Ego. Also brauchen wir eine Struktur, wie man über die digitale Transformation nachdenkt, einen Plan, wie man diese Herausforderung bewältigt, und natürlich die richtige Führung und ein qualifiziertes und motiviertes Team.

Seit über 30 Jahren befasse ich mich als Unternehmer, Technologe und Berater mit diesen Themen. Also habe ich mich dieser Herausforderung, über die digitale Transformation nachzudenken, gerne gestellt. Gemeinsam mit einem starken Team ambitionierter und erfahrener Autoren haben wir eine Perspektive entwickelt und dem Thema Struktur verliehen. Wir haben Best Practices zusammengetragen, die Erfahrung meiner McKinsey-Kollegen eingebracht, Unternehmer, Manager und Chief Digital Officers interviewt, aus den Fehlern anderer gelernt. Wir haben Konzepte entwickelt und Rezepte getestet – und die Rezepte, die digitalen Transformationen gefunden, die tatsächlich funktionieren.

An dieser Stelle möchte ich mich bei allen Mitstreitern und Co-Autoren bedanken. Bei Hiltrud Ludwig, die mit großer Energie und unnachahmlichem Engagement uns durch dieses Projekt geführt hat. Bei Denny Morawiak, der seine ganze Start-up- und Beratungserfahrung eingebracht hat, und bei Martin Hattrup-Silberberg, der uns kommunikationstechnisch beraten hat. Bei Michael Gatermann, der den anspruchsvollen, komplexen und fachlichen Stoff in eine spannende Lektüre verwandelt hat, die es Ihnen leicht macht, unseren Ideen zu folgen.

Mein ganz besonderer Dank gilt meinem Vater und Co-Herausgeber. Er hat mit seinen fast 80 Jahren all seine Erfahrung, seine wissenschaftliche Brillanz, seine Energie und seine Leidenschaft eingebracht. Die digitale Transformation hat durch ihn eine wissenschaftliche Fundierung erfahren. Der abschließende kleine Exkurs – der Vater-Sohn-Dialog – war mir ein ganz besonderes Vergnügen. Denn es gibt Storys, die nur ein ganz besonderes Leben erzählen kann.

Viel Spaß bei der Lektüre wünscht Ihnen

Ihr Jürgen Meffert

Präambel

# Digital denken

Die digitale Revolution ist da, keine Branche bleibt von ihren Auswirkungen verschont. Die gute Nachricht: Egal, ob Unternehmen klein oder groß, alt oder jung sind – alle haben eine Chance. Deutsche Buchhändler haben sie genutzt, gegen einen scheinbar übermächtigen Gegner.

550 Jahre lang ging alles gut: Seit Johannes Gutenberg 1450 den Druck mit beweglichen Lettern erfunden hatte, war das Geschäft der Buchhändler im Kern unverändert geblieben. Die Druckerei produzierte die Bücher und lieferte sie ins Geschäft, dort fanden sich die Kunden ein, stöberten im Angebot und kauften ihre Lektüre. Doch im neuen Jahrtausend setzte ein Eindringling alle Regeln des Geschäfts außer Kraft: Nicht genug, dass der Internetversender Amazon auch in Deutschland zum größten Buchhändler aufstieg, er führte überdies mit dem Kindle ein Lesegerät für elektronische Bücher ein, die rasch populär wurden.

Bei Buchhändlern und im Management der großen Buchhandelsketten wie Thalia und Hugendubel sowie beim Großhändler Libri herrschte nackte Angst: Sie standen vor einer disruptiven Technologie, einer umwälzenden Neuerung, die das alte Geschäftsmodell entwertete: Die Digitalisierung hatte ihre Branche erreicht, und wenn sie nicht wie schon Jahre früher Fotoexperten wie Kodak und Agfa, Versandhändler wie Quelle und Neckermann oder auch viele Reisebüros und Zeitungen vom Markt gefegt werden wollten, musste etwas passieren. Schon waren große Buchhandelsketten wie Borders in den USA und Waterstone in England Opfer des Eindringlings Amazon geworden – sie hatten

**Tolino – Allianz deutscher Buchhändler mit 1800 Filialen und der Deutschen Telekom**

(Quelle: http://mytolino.de/shops/)

die Bedrohung zu lange gar nicht wahrgenommen und dann zu langsam und halbherzig reagiert.

Eine Krise mit Happy-end: Unter dem Druck des rasanten Wandels fanden die Buchhandelsketten Thalia mit Michael Busch, Hugendubel mit Maximilian Hugendubel und Weltbild mit Carel Halff sowie die Buchklubs des Medienhauses Bertelsmann mit Niklas Darijtschuk zusammen. Mitinitiator Michael Busch, geschäftsführender Gesellschafter bei Thalia, sagt: »Wir mussten eine starke Vertriebsmacht im deutschsprachigen Raum aufbauen.« Und weil sowohl Thalia als auch Hugendubel und Weltbild in einem vorangegangenen Versuch schon einmal einen selbstentwickelten Reader am Markt nicht allein durchsetzen konnten, suchten sich die Buchhändler jetzt die Deutsche Telekom als Technologiepartner aus. Busch: »Wir wollten eine Wertschöpfungskette, in der alle Partner auf Champions-League-Niveau spielen.« Gemeinsam entwickelten sie das Lesegerät Tolino als Gegenentwurf zu Amazons Kindle, programmierten eine

Tolino-App für mobile Geräte und investierten in eine Internetkampagne zum Bekanntmachen des elektronischen Angebots.

## Warum, was und wie: Die Schlüsselfragen vor jeder digitalen Transformation

Dabei folgten Buchhändler und Telekom einer strikten Strategie. Die Basis bildete das nachhaltige Gefühl der Dringlichkeit, die Buchhändler mussten begreifen, warum sie handeln mussten: Wenn sie die Herausforderung der Digitalisierung nicht annehmen würden, wäre ihr Kerngeschäft bedroht. Immerhin: »Angst macht beweglich«, registrierte Michael Busch.

Was war zu tun? Die Partner brauchten ein Konzept zur Eroberung des Markts für E-Reader und E-Books – das ehrgeizige Ziel lautete, Marktführer zu werden. Und weil Kunden in der digitalen Welt technisch stabile und vor allem einfache Prozesse erwarten, sollte Tolino ein Kundenerlebnis à la Apple bieten: vom ersten Kontakt bis zur Abbuchung des Kaufpreises intuitiv erfassbar, eine animierende und interessante Customer-Journey durch alle Kontaktpunkte.

Wie konnte Tolino die ambitionierten Vorgaben erfüllen? Wie es nicht ging, war schnell klar: innerhalb der bestehenden Unternehmensstrukturen, mit großen Komitees und üppiger Meeting-Agenda. Stattdessen bekam ein knapp besetztes Kernteam umfassende Vollmachten. Es startete parallel die wichtigsten Entwicklungen: Basis bildete eine IT-Architektur der zwei Geschwindigkeiten. Eine traditionell aufgestellte IT sicherte die Stabilität aller gewohnten Prozesse und die Integrität der wichtigen Daten, während eine andere Gruppe in Start-up-Manier flexibel und schnell die vielen Tests, Lernschritte und Korrekturen abarbeitete, die digitale Produktinnovationen unweigerlich mit sich bringen. Die Telekom konstruierte derweil die Hardware, das Lesegerät, und fand einen Produzenten in Fernost. Zum Marktstart 2013 lief eine Werbekampagne in allen digitalen Kanälen an, mit Schwerpunkt auf Fernsehen und Social Media.

Wer hätte auf den Erfolg von Tolino gewettet? Hier ein paar traditionsbeladene Mittelständler und ein ehemaliger Staatskonzern, dort eines der führenden globalen Erfolgsunternehmen des digitalen Zeitalters – alles sprach für Amazon. Doch der pfiffige Ansatz der Spätberufenen zahlte sich aus: 2015 zog Tolino in Deutschland mit Amazon gleich, mit einem Marktanteil zwischen 40 und 45 Prozent, abhängig von der Zählweise.

Der Schlüssel zum Erfolg lag in einem spezifischen Vorteil der traditionellen Händler: Sie konnten ihre stationären Läden mit dem Onlinegeschäft zu einem Omni-Channel-Konzept verbinden – jedes Jahr gehen über 60 Millionen Menschen in Deutschland in eine Buchhandlung. Und weil die Tolino-Partner ihren Marketingmix konsequent über alle Vertriebskanäle ausrichteten, realisierten sie einen strukturellen Wettbewerbsvorteil gegenüber Amazon – die Amerikaner hatten noch keine physische Präsenz in Deutschland. Die Tolino-Kampagne brachte zudem neue Kunden in die stationären Geschäfte. »Wir haben natürlich die meisten E-Reader in unseren Buchhandlungen verkauft«, sagt Michael Busch. Ein toller Erfolg, doch kein Grund zum Ausruhen: Der Kampf um die Spitze ist längst nicht entschieden, Markt und Kundenbedürfnisse entwickeln sich, Tempo und Ideen sind gefragt.

Anfang 2017 verkaufte die Deutsche Telekom ihren Anteil an Tolino dem japanisch-kanadischen Konzern Rakuten Kobo, der nach Amazon und Alibaba drittgrößter Onlinehändler der Welt ist. Damit wird die Tolino-Allianz weiter gestärkt, denn Kobo hat eine eigene E-Reader-Generation sowie elektronische Bücher im Programm. Rakuten Kobo hat im Gegensatz zur Deutschen Telekom globale Reichweite und ist damit ein passender Partner für die Tolino-Allianz im Wettbewerb mit dem mächtigen Kindle-Programm von Amazon.

### Tolino gibt es heute in mehr als 1800 deutschen Buchhandlungen

Der Erfolg hat nicht allen Tolino-Partnern geholfen. Weltbild geriet in die Insolvenz, Bertelsmann stellte Ende 2015 seine Buchclubs ein. Doch der Medienkonzern ist bei Tolino Media, dem Großhandel für E-Books, weiter im Boot und neue Partner sind hinzugekommen. So brachte der Großhändler Libri gleich 1300 Buchhandlungen mit, zwei starke regionale Gruppen noch einmal gut 70. Heute kann man den Tolino in mehr als 1800 von insgesamt 6000 deutschen Buchhandlungen kaufen; das offene System expandierte schon nach Belgien, Italien, Holland, Österreich und in die Schweiz.

Immerhin dürften der Tolino-Erfolg und die daraus resultierende Perspektive für die Buchhändler dazu beigetragen haben, dass Thalia 2016 für einen dreistelligen Millionenbetrag verkauft werden konnte. Einer der neuen Eigentümer ist Vorstandschef Michael Busch. Er erwartet weiter zweistellige Wachstumsraten im Geschäft mit den elektronischen Büchern. 2020 sollen schon neun Millionen Leser in Deutschland zum E-Reader greifen. Die sind gute Kunden, beobachtet der Thalia-Chef. Wenn ihnen ein E-Book gefällt, kaufen sie oft noch die gedruckte Ausgabe – in einem schönen Buch will man blättern und schmökern.

Aus dem Tolino-Abenteuer hat Busch eines gelernt: »Egal woher du kommst und wie groß oder klein dein Unternehmen ist: Wenn du genug Phantasie und einen starken Willen hast, kannst du bei der Digitalisierung genauso viel erreichen wie die Großen aus dem Silicon Valley.«

Und der Tolino-Erfolg kann eine Blaupause für alle Unternehmen liefern, deren Geschäftsmodell von der Digitalisierung umgepflügt wird: Entlang dreier Fragen entsteht ein Modell für die Transformation ins digitale Zeitalter – auch für Ihr Unternehmen:

- Warum muss ein Unternehmen sich im Licht der digitalen Herausforderung ändern – wie dringlich ist das Thema Digital für das eigene Geschäft?

- Was genau muss sich ändern – vom gesamten Geschäftsmodell über die zentralen Elemente der Wertschöpfung, etwa Produktentwicklung, Marketing und Lieferkette, bis zu Basisfunktionen wie Technik, Organisation und Unternehmenskultur?

- Wie organisiert das Unternehmen die digitale Transformation und verändert Strukturen, Prozesse, IT und die Führungsinstrumente?

Dieses Buch liefert Ihnen die konkreten Antworten inklusive zahlreicher Erfolgsbeispiele und weist Ihnen und Ihrem Unternehmen den Weg in eine erfolgreiche digitale Zukunft.

Kapitel 1

# Digital verändert unsere Welt – schnell und unwiderruflich

Von der Kundenbeziehung über die Produktionssteuerung bis zur Kommunikation mit den Zulieferern: Im digitalen Zeitalter müssen Unternehmen ihr komplettes Geschäftsmodell neu erfinden. Und weh denen, die zu spät kommen.

Der erfolgreiche Kampf der eingesessenen Buchhändler mit ihrem Tolino gegen den Internetgiganten Amazon und seinen Kindle macht nicht nur Mut, sondern ist auch lehrreich. Schon auf den ersten Blick widerlegt er ein weit verbreitetes Vorurteil: Anders, als viele meinen, ist Digitalisierung nicht in erster Linie ein IT-Thema. Eine effektive IT ist nur ein Fundament, auf dem die Digitalisierung des ganzen Unternehmens aufbaut. Doch es geht um mehr als die Implementierung digitaler Technik – Ziel ist die Entwicklung ganz neuer Geschäftsmodelle. Und damit ist auch definiert, wo das Thema vorangebracht wird: Digitalisierung ist Chefsache. Nur der Mann oder die Frau an der Spitze können das ganze Unternehmen auf die Reise in die Zukunft schicken.

## 1.1 Was ist digitale Transformation?

Die digitale Transformation nutzt die Möglichkeiten der Technik – von der IT über Sensorik, Advanced Analytics, Robotik bis zum 3-D-Druck –, um das Geschäft weiterzuentwickeln. Das gesamte Ökosystem des Unternehmens ist betroffen: Mitarbeiter, Kunden, Zulieferer, Partner. Wer sein Unternehmen konsequent digitalisiert, kann entweder sein bestehendes Geschäftsmodell und seine Prozesse verbessern, sein Geschäftsmodell um neue Umsatzpotentiale erweitern oder das alte Geschäftsmodell durch ein überlegenes neues ersetzen. Dabei erfinden die Unternehmen neue Kundenerlebnisse, schaffen neue Wertversprechen und heben das Unternehmen auf ein neues Niveau bei Effektivität und Effizienz. Die Digitalisierung verändert also Strukturen, Prozesse, IT und die Menschen, die in dieser neuen Realität leben und arbeiten.

## Digitale Spieler erobern und verändern alle Branchen

Doch die schöne neue Welt hat eine Schattenseite: Wer sich der Entwicklung verweigert, verliert. Die Digitalisierung löst schöpferische Zerstörung im Sinne des Nationalökonomen Joseph Schumpeter aus. Die Neukombination der Produktionsfaktoren verdrängt und zerstört alte Strukturen und traditionelle Geschäftsmodelle.

Das erste prominente Opfer forderte die Digitalisierung schon, als erst wenige Menschen im Internet unterwegs waren, Smartphones höchstens in Sciencefictionfilmen vorkamen und an Apps noch niemand dachte: 1996 war Compaq unangefochtener Weltmarktführer bei PC und Servern, mit Marktanteilen von über 50 Prozent im Geschäftskundensegment. Nach alter Väter Sitte baute Compaq seine Rechner und lieferte sie an Distributionspartner, die sie in ihren Geschäften verkauften. Im selben Jahr startete der damals 31-jährige Michael Dell den Direktverkauf seiner Dell-PCs über das Internet, ohne stationäre Filialen. Doch nicht nur der Bestellweg war revolutionär: Dells Kunden konnten sich aus einem Baukasten auf der Webseite ihren persönlichen PC zusammensetzen, denn die Rechner wurden nicht mehr wie beim Marktführer Compaq gebaut nach dem Prinzip »build to stock«,

**Digitalisierung verändert die Welt grundlegend**

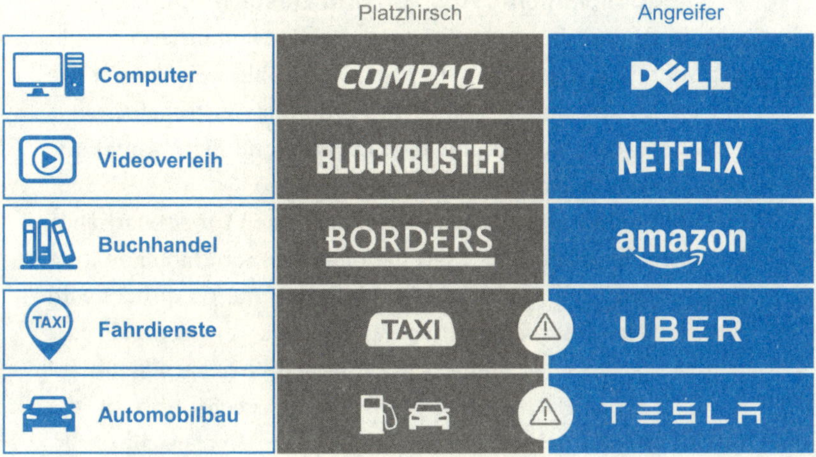


sondern »build to order«, maßgeschneidert auf die Bedürfnisse des einzelnen Kunden.

Das neue Geschäftsmodell von Dell war dem alten von Compaq und dem Rest der Branche überlegen. Der Onlinevertrieb und die schlanke Massenproduktion nach dem »Build-to-order«-Prinzip machten in dem hart umkämpften Markt mit seinen knappen Margen den Unterschied zwischen Geldverdienen und -verlieren aus. Compaq traute sich nicht, das Geschäftsmodell zu verändern, weil man den Kanalkonflikt fürchtete, und blieb bei seinem Geschäftsmodell. 1997 wurde Compaq von HP übernommen, und Dell stieg zum Weltmarktführer auf.

Seit Dells digitaler Revolution der PC-Industrie sind schon viele Branchen in ihren Grundfesten erschüttert worden. Videotheken, CD-Läden, Reisebüros und Bankfilialen gehören zu den bedrohten Spezies, weil wir heute unsere Filme und Musik über Netflix und Spotify streamen, Flüge und Unterkünfte bei Portalen wie Expedia und Airbnb buchen, unsere Konten per Onlinebanking verwalten und klassische Bankdienstleistungen wie etwa Kredite über Crowdfunding-Plattformen wie Prosper bekommen können.

## Digitalisierung kommt in allen Branchen vor – jedoch variieren Ausmaß und Geschwindigkeit

Wer hofft, dass die eigene Branche von der Digitalisierung nicht betroffen sein werde, und deshalb seelenruhig weitermacht wie bisher, lebt riskant. Grundsätzlich sind alle Wirtschaftszweige betroffen, jedoch unterschiedlich in Härte und Zeit, bis das alte Geschäftsmodell obsolet wird.

In vielen Branchen stehen die Unternehmen vor dramatischen Herausforderungen. Wer sagt, dass das autonom fahrende Auto von morgen noch von VW, BMW, Mercedes und Co. gebaut wird und nicht von Tesla, Google oder Apple? Und wer rüstet in ein paar Jahren unsere »Smart Homes« mit internetgesteuerten Staubsaugerrobotern und Herden aus? Wer liefert die Lebensmittel, die der intelligente Kühlschrank automatisch übers Netz nachbestellt, Edeka oder Amazon?

Natürlich steht das Thema Digitalisierung in den meisten deutschen Unternehmen auf der Agenda. 60 Prozent haben digitale Initiativen gestartet, mal in der Kundenkommunikation, mal in der Produktion, mal im Austausch mit Zulieferern. Doch die meisten Vorstände sagen heute noch, dass sie keine übergeordnete Digitalstrategie haben. Oft fehlt es schon an einer Definition für die gewünschte Transformation zum digitalen Unternehmen. Allzu häufig wird der Begriff zu eng gefasst: Bei der Digitalisierung geht es nicht in erster Linie um IT und Technik – die liefert nur die Basis. Hier geht es um die Transformation des ganzen Unternehmens: Die Digitalisierung erneuert Kundenwertversprechen, alle Prozesse der Wertschöpfung und die Arbeit der Menschen.

Mit Urgewalt hat die Digitalisierung Verhalten und Erwartungen der Konsumenten verändert, traditionelle Geschäftsmodelle zerstört und Branchen neu definiert. Sie revolutioniert die Produktion – das Schlagwort lautet Industrie 4.0 – und erschüttert ganze Wirtschaftszweige. So sieht sich der Handel digitalen Wettbewerbern wie Amazon, Zalando oder Alibaba ausgesetzt, die Bankenwelt sieht sich auf lukrativen Geschäftsfeldern von FinTechs bedrängt, die Touristik mischen Reiseportale wie Ex-

**Digitalisierung betrifft alle Industrien – Geschwindigkeit und Ausmaß variieren**

*Digitale Reife verschiedener Industrien*

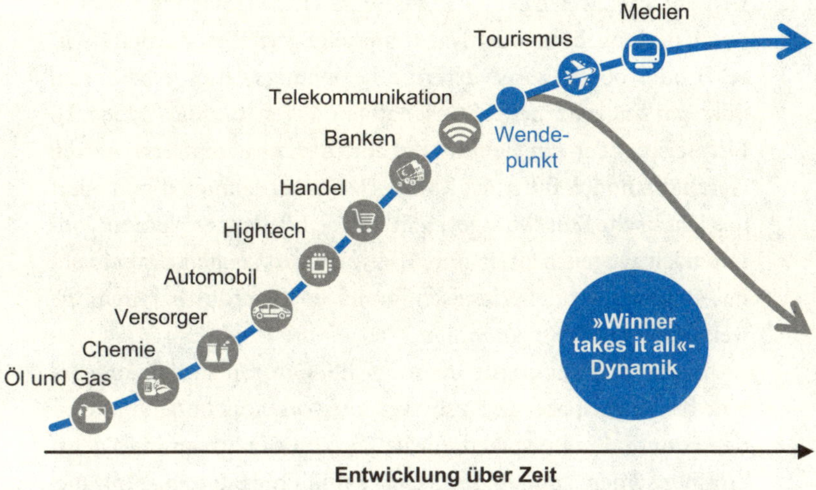


pedia oder Trivago auf, und in der Kommunikationsbranche erschüttern werbefinanzierte Videostreaming-Angebote bewährte Geschäftsmodelle. Die Digitalisierung schafft sogar neue Märkte, beispielsweise in der »Sharing Economy«, wenn Großstadthipster auf ein eigenes Auto verzichten und stattdessen auf car2go oder DriveNow umsteigen.

Unternehmen aus der analogen Welt dürfen sich nicht viel Zeit lassen, wenn sie digital mitmischen wollen. Start-ups, die den Nerv der Kunden treffen, wachsen manchmal explosionsartig. In China hat beispielsweise Tencent, dessen WhatsApp-Equivalent QQ allein 900 Millionen Chinesen nutzen, in zehn Jahren bis 2015 seinen Umsatz auf rund 14 Milliarden Euro verhundertfacht. Tencent sagt, dass jeder zweite Mitarbeiter für Forschung und Entwicklung arbeitet. Und der chinesische Uber-Konkurrent DiDi Chuxing, der den Taxi- und Limousinenmarkt im Lande beherrscht, hat seinen Firmenwert in 18 Monaten ab 2015 mehr als verdreifacht, von rund sechs auf etwa 20 Milliarden Dollar.

## Neue Geschäftsmodelle folgen einem klassischen Muster

Die durch die Digitalisierung ausgelösten Geschäftsideen lassen sich entlang zweier Dimensionen darstellen: je nachdem, ob sie durch die Angebots- oder Nachfrageseite getrieben werden (Achse 1) oder ob sie zu erweiterten beziehungsweise verbesserten oder gar zu ganz neuen Geschäftsmodellen führen (Achse 2). Ein Beispiel für ein neues Angebot, das zu einem erweiterten Geschäftsmodell führt, ist Kayak. Das Unternehmen digitalisiert das klassische Reisebürogeschäft und ermöglicht es Nutzern, online nach Flügen, Hotels und Mietwagen zu suchen. Dabei ruht das Geschäftsmodell klassisch immer noch auf Provisionen, die Reiseanbieter an Kayak zahlen.

Andere Digitalunternehmen erschließen mit ihrem Angebot eine bislang schlafende Nachfrage, die vorher nicht bedient werden konnte. Ein Beispiel dafür ist Spotify: Der Streaming-Dienst eröffnet seinen Kunden die gesamte Bibliothek der Musik. Dabei zahlen diese nicht für einzelne Songs, sondern schließen ein Abo ab. Mit diesem ganz neuen Geschäftsmodell hat Spotify den Musikmarkt revolutioniert, die Branche fundamental auf den Kopf gestellt. Dagegen wirkt auch Apples Musikladen iTunes konventionell.

Ein Beispiel für eine nachfragegetriebene Revolution ist der Dollar Shave Club. Das Unternehmen, welches kürzlich von Unilever für eine Milliarde Dollar gekauft wurde, bietet Rasierer und Rasierzubehör für Männer gegen eine Mitgliedsgebühr an. Per Abonnement bekommen die Mitglieder jeden Monat ein Päckchen mit den nötigen Klingen und dem Rasierschaum. Das spart den Weg in den Drogeriemarkt.

Eine nachfragegetriebene Erweiterung eines Geschäftsmodells zeigt Nike iD. Via Internet können sich Kunden da ihre Sportschuhe individuell designen, sie in Form, Material, Farbe und auch mit einem Monogramm personalisieren.

**Digitalisierung ermöglicht neue Geschäftsmodelle**

## Das Kundenverhalten hat sich über die letzten Jahre dramatisch verändert

Die McKinsey-Langzeitstudie »TMT Digital Insights« verfolgt die Veränderung des Kundenverhaltens in den wichtigsten globalen Märkten und Segmenten. Sie zeigt die drastischen Veränderungen des Verhaltens amerikanischer Konsumenten. Zwei Beispiele:

*Konsumenten wollen alles – überall und sofort:* 83 Prozent der Verbraucher verfügten 2016 über ein Smartphone – das entspricht der Zahl derer, die einen PC zuhause haben. Selbst die Tablets, die erst mit Apples iPad seit 2010 zu einem Massenphänomen wurden, finden sich mittlerweile bei zwei Dritteln der Konsumenten. Das hat fundamentale Folgen für das Nutzungsverhalten. US-Konsumenten verbringen mittlerweile mehr Zeit mit Smartphones und Tablets als am PC. Die mobilen Konsumenten erwarten jetzt und sofort Antworten, wenn sie unterwegs Produkte und Preise recherchieren oder etwas bestellen wollen. Smartphone und Tablet werden zur persönlichen Kommandozentrale. Unternehmen, die ihre Webpräsenz nicht für die mobile »Everytime-&-everywhere«-Mentalität aufrüsten, können den Anschluss verlieren.

*Die Bedeutung visueller Medien steigt:* Das Medium Video hat stark an Bedeutung gewonnen. Konsumenten verbringen heute mehr Zeit mit Videos als früher – oft parallel zu anderen (oft auch digitalen) Tätigkeiten. Videoangebote »over the top« (OTT) direkt aus dem Internet verdrängen das traditionelle lineare Fernsehen und Pay-per-View-Angebote. Um für die Kunden attraktiv zu bleiben, müssen Unternehmen ihre traditionell textlastige Kommunikation um Videos ergänzen. Längst hat die Faszination der Konsumenten mit der virtuellen Welt Auswirkungen in der realen Welt der Wirtschaft: Werbebudgets haben sich dramatisch verschoben – weg von TV und Print hin zu mobilen Anbietern. Und jetzt erobert Video den »Small Screen«: Serien werden derzeit in Zeit und Bildaufbau für Smartphone-Bildschirme optimiert.

Auch Händler, Dienstleister und Konsumgüterunternehmen spüren den Druck zur Digitalisierung ihrer Prozesse und ihres Angebots. Sie werden von ihren Kunden getrieben, deren Informations- und Einkaufsverhalten sich im vergangenen Jahrzehnt drastisch verändert hat. Die Konsumenten informieren sich in Foren über die Qualität von Produkten, in Vergleichsportalen über die Preiswürdigkeit von Angeboten, bewerten und tauschen sich mobil über Twitter, Instagram und Co. aus. Gern checken sie sogar im Laden an ihrem Smartphone, ob sie ein Produkt, das ihnen gefällt, billiger bei einem Onlinehändler oder der stationären Konkurrenz bekommen.

## 1.2 Etablierte Marktdefinitionen gelten nicht mehr

Gleichzeitig erleben die Manager, dass die etablierte Definition ihrer Märkte nicht mehr gilt – überall lauern neue Herausforderungen. Die Vernetzung vorher nicht miteinander verbundener Geräte mit Datenquellen via Internet – das »Internet der Dinge« –

hebt überkommene Branchengrenzen auf. Zum Beispiel im Gesundheitssektor: Dort mischen plötzlich Technologieunternehmen mit Apps und Fitnessarmbändern mit – und entwickeln aus den bei den Kunden erhobenen Daten ganz neue Geschäftsmodelle. Auch die alte Klassifizierung in Unternehmen, die an Geschäftskunden verkaufen (B2B), und solche, die an Endkunden liefern (B2C), verschwimmt – der Begriff B2B2C taucht plötzlich auf. Ja, sogar ein Industrieunternehmen wie Alcoa möchte jetzt wissen, was der Endkunde mit seinem Aluminium anstellt.

Natürlich steigt mit dem Forcieren des Digitalen die Häufigkeit von Kanalkonflikten, die gemanagt werden müssen. Die anfallenden Daten müssen professionell verwertet werden – das braucht neue Talente im Unternehmen. Alle Faktoren zusammen sorgen dafür, dass die Anforderungen an die Führung drastisch steigen.

### Innovation entsteht an Branchengrenzen

Früher war die Geschäftswelt übersichtlich: Jeder kannte seine Wettbewerber, Überraschungen von jenseits der Branchengrenze waren selten. Diese schöne Gewissheit ist dahin, die Digitalisierung macht Transgressionen leicht. So ist beispielsweise Amazon mit seinen Webservices (AWS) heute der weltweit führende Anbieter von Cloud-Services. Microsoft und IBM, die als Platzhirsche der IT-Branche prädestiniert gewesen wären, diese lukrative Position zu besetzen, rangieren mit weitem Abstand auf den nächsten Rängen – mit diesem Wettbewerber hatten sie nicht gerechnet. Dabei hatte der Händler Amazon ursprünglich nur die Kapazitäten seiner sehr groß dimensionierten Rechenzentren besser auslasten wollen. Inzwischen müssen sich die IT-Unternehmen schon wieder über einen Eindringling ärgern: General Electric (GE), dessen Tochterunternehmen Predix eine cloudbasierte Plattform zur Analyse von Daten anbietet, die von Industriemaschinen übermittelt werden – ein großes Thema im Rahmen der Industrie 4.0.

Auch klassische Maschinenbauer überspringen heute Branchengrenzen. So offeriert John Deere, einer der Großen im Geschäft mit Traktoren und landwirtschaftlichen Fahrzeugen, software- und datenbasierte Dienste. Die verarbeiten die mikrogenaue Wettervorhersage mit Daten zu Bodenbeschaffenheit, zu den spezifischen Eigenschaften des verwendeten Saatguts und mit vielen anderen Informationen zu Empfehlungen für den Bauern. Sie helfen ihm, Saatgut und Dünger optimal auf seinen Feldern auszubringen und den Ertrag pro Quadratmeter signifikant zu erhöhen. Zusätzlich spart er Sprit, reduziert Reparaturzeiten und nutzt die Fahrzeugflotte optimal. Die Vor-Ort-Daten funken Sensoren, die in die Fahrzeuge eingebaut sind, an das Deere-Rechenzentrum – der Landwirt kann seine Informationen über die Plattform MyJohnDeere.com abrufen oder über die App »Mobile Farm Manager« auf seinem Smartphone oder Tablet studieren.

Aus einer anderen Richtung drängt der Chemiekonzern Monsanto auf den Äckern vor: Der Saatgutspezialist hat 2012 Precision Planting gekauft, einen Hersteller von Hard- und Software, dessen Produkte Landwirten helfen, bei der Aussaat die Setztiefe, Abstände und Bedingungen für das Wurzelwerk zu optimieren. Gleiche Kundschaft wie im Kerngeschäft, gleiches Wertversprechen – mehr Ertrag auf dem Acker –, aber ein ganz anderer technischer Ansatz: Monsanto hat sein Geschäftsmodell stimmig erweitert und dabei ganz nebenbei die Branchengrenze aufgehoben.

### Unterscheidung B2B/B2C verschwimmt: Aus B2B wird B2B2C

Früher waren die Welten strikt getrennt. Im Endkundengeschäft war die Ansprache emotional, unterhaltsam und vor allem einfach: Dem Konsumenten muss man es leichtmachen, das war bekannt. Geschäftskunden dagegen wollten es genau wissen, verlangten Fakten, Nüchternheit, und, wenn es so kompliziert wurde, dass sie nichts mehr verstanden, sagten sie sich: Das ist mal ein kompetenter Anbieter.

Doch auch diese Unterscheidung ist längst obsolet. Schuld ist wieder einmal die Digitalisierung. Seit die Business-Kunden als private Konsumenten bei Amazon oder Google täglich erleben, wie einfach Bestellungen, wie simpel Suchvorgänge und wie schnell Zustellungen sein können, übertragen sie die Erwartungen ganz automatisch auf das B2B-Geschäft: Warum soll die Bestellung von Ersatzteilen für Maschinen komplizierter sein als die eines Buchs bei Amazon? Weshalb dauert die Lieferung Wochen und nicht einen Tag? Wieso ist das Handbuch auf Fachchinesisch geschrieben und nicht klar verständlich? Warum findet man sich auf der Webseite des Lieferanten nicht zurecht? Und wieso meldet sich der Lieferant auf eine Reklamation nicht umgehend zurück?

Doch nicht nur die Kundenbeziehung im B2B-Business wird der im Konsumgütergeschäft immer ähnlicher. Viele B2B-Anbieter erweitern ihr Geschäftsmodell und wenden sich auch an Endkunden: B2B2C. Wieder spielt die Digitalisierung dabei eine Rolle. Zum Beispiel bei MyHammer: Die Internetplattform bringt Handwerker und Auftraggeber zusammen. MyHammer verdient sein Geld nicht mit den Endkunden, sondern durch Provisionen von den Handwerkern. Trotzdem hat es natürlich die wichtige Schnittstelle zum Verbraucher: Der kommt nicht auf die Webseite eines Handwerkers, sondern sucht die Marke MyHammer, der er als ehrlichem Makler vertraut – aus B2B ist B2B2C geworden.

Ein ähnliches Konstrukt nutzt der Fitnessarmbandhersteller Fitbit, wenn er mit Unternehmen wie BP oder Adobe firmenweite Programme zur Förderung der Gesundheit der Mitarbeiter auflegt: Vertragspartner ist das Unternehmen – ein B2B-Geschäft –, und Konsumenten sind die Mitarbeiter, wieder B2B2C. Im gleichen Geist arbeiten Panasonic und Allianz zusammen, um Häuser und Wohnungen sicherer zu machen. Panasonic installiert bei den Kunden seine Überwachungs- und Kontrollsysteme, bei der Allianz Global Assistance, Dienstleistungstochter der Allianz, läuten im Ernstfall die Alarmglocken, und Helfer werden in Gang gesetzt.

## Kanalkonflikte managen

Die Digitalisierung revolutioniert den Kundenkontakt jedoch nicht nur im Endkundengeschäft. Auch in B2B gelten neue Regeln, oft nach dem Vorbild von B2C. So haben Heizungsbauer in Deutschland früher ihre Produkte vor allem über die Installateure vertrieben. Ob Buderus, Viessmann, Vaillant, Wolf oder Junkers – sie alle pflegen ihre Heizungsinstallateure, und die Installateure hatten ihre Kunden.

Doch dann trat Thermondo auf den Plan. Thermondo ist eine Onlineplattform mit Hauptsitz in Berlin. Zahlreiche dezentrale Service- und Installationsteams versorgen Kunden deutschlandweit mit Heizungen. Gegründet wurde das Portal 2012. Bereits im Jahr 2015 belegte das Unternehmen den fünften Platz des Wachstumsrankings für Start-ups des Branchenblatts Gründerszene, mit einer Wachstumsrate von 864 Prozent jährlich. Der Kunde, der sucht, kann aus zahlreichen Marken wählen und er-

**Thermondo revolutioniert das Heizungsgeschäft und bietet seinen Kunden ein Komplettangebot von Heizungsausstattung und -montage**

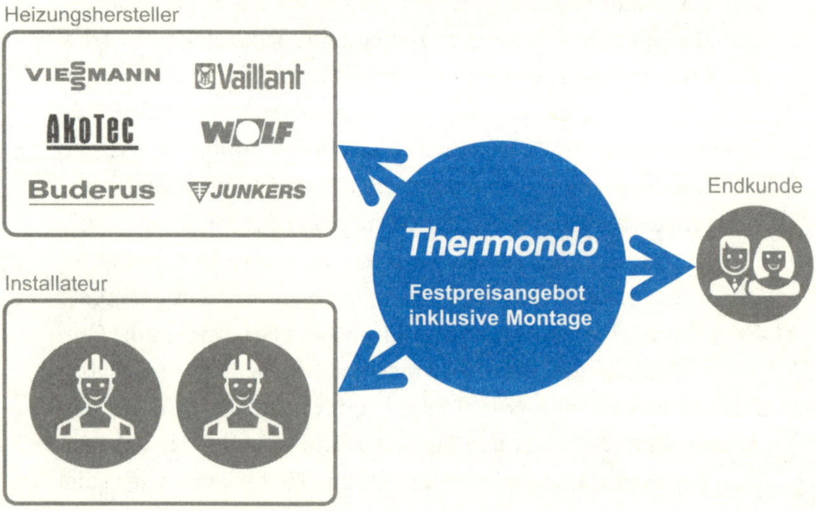


(Quelle: Unternehmenswebseiten)

hält ein maßgeschneidertes Festpreisangebot inklusive Montage. Thermondo berät sogar bei der Beantragung von Fördermitteln.

Nun haben Hersteller und Handwerker ein Problem: Ihr altes Geschäftsmodell ist bedroht. Das Problem klingt vertraut – erinnern wir uns an das Compaq-Beispiel. Und wie im Fall Compaq verschwindet das Problem auch nicht mehr. Jetzt gilt es einen Ansatz zu entwickeln, wie Heizungshersteller, Installateure, Thermondo und die anderen Marktteilnehmer im veränderten Ökosystem miteinander umgehen – gefragt ist Omni-Channel-Management.

### Software- und Analytics-Kompetenzen werden immer wichtiger

Die Digitalisierung arbeitet mit einem wertvollen Rohstoff: »Daten sind das neue Öl«, lautet ein populäres Schlagwort. Schon 2015 trugen die internationalen Datenströme mehr zum globalen Wirtschaftswachstum bei als der klassische Warenhandel, wies eine McKinsey-Studie nach. In den Unternehmen fallen immense Datenmengen an oder lassen sich beschaffen (»Big Data«), deren intelligente Analyse viel Geld einbringen kann.

So arbeiten Onlinehändler wie Amazon oder Zalando mit dynamischen Preissetzungssystemen, die es ihnen erlauben, für mehrere Millionen Artikel in ihrem Sortiment sekundenaktuelle Preisanpassungen vorzunehmen. Dazu holen sie beständig Informationen über die Preise der Wettbewerber ein und verarbeiten sie zusammen mit den Daten über die aktuellen Abverkäufe. Mit Hilfe von Zeitreihen- und Big-Data-Analysen errechnen sie dann für ihre Artikel im Stundentakt neue Preis-Absatz-Kurven.

### Der Kampf um die digitalen Talente

So eröffnet die Digitalisierung unzählige Möglichkeiten – doch gewachsene Unternehmen mit einer klassischen, stark arbeitsteiligen Struktur von der Produktion bis zum Vertrieb tun sich schwer, die Chancen zu nutzen. Nicht nur, dass sie nicht genügend digitale Talente an Bord haben und deshalb am Arbeitsmarkt um den knappen Nachwuchs an IT- und Software-Kundigen konkurrieren. Selbst wenn diese Talente im Unternehmen wären, könnten sie als isolierte Abteilung wenig ausrichten. Im gesamten Management muss ein Grundverständnis über Möglichkeiten und Grenzen der Digitalisierung herrschen.

Dazu gehört die Einsicht, dass mit dem klassischen Ressortdenken nichts zu gewinnen ist und deshalb crossfunktionale Teams die Projekte in die Hand nehmen müssen. Wer den Kampf um die digitalen Talente gewinnen will, muss hier ansetzen. Das fällt gerade in traditionellen Unternehmen schwer, war doch die Spezialisierung und hochgradige Arbeitsteiligkeit lange ein Erfolgsfaktor.

## 1.3 Die Veränderungsgeschwindigkeit nimmt exponentiell zu

Ein weiteres Hindernis auf dem Weg zum digitalen Unternehmen liegt in einer zutiefst menschlichen Schwäche: Wir sind gewohnt, linear zu denken, allzu stürmische Entwicklungen sind uns nicht geheuer. Deshalb neigen wir dazu, exponentielle Funktionen durch die Abbildung auf einer logarithmischen Skala wieder in Richtung einer linearen Kurve zu glätten, vermutet der Futurist und »Director of Engineering« bei Google Ray Kurzweil. Für die geistige Verarbeitung der Veränderungen durch die Digitalisierung aber ist das fatal, denn die entwickeln sich nach einer Exponentialfunktion, mit zunehmend rasendem Tempo.

In seinem Essay »The Law of Accelerating Returns« beschreibt Kurzweil eindrucksvoll die exponentielle Dynamik des technischen Fortschritts über die Menschheitsgeschichte hinweg, wenn sie korrekt auf einer linearen Skala über die Menschheitsgeschichte hinweg abgebildet wird und nicht auf einer verfälschenden, logarithmischen Skala. Er postuliert, dass Menschen intuitiv zu dieser verfälschenden Sichtweise neigen und damit – wider bes-

Ray Kurzweils Law of Accelerating Returns beschreibt
die exponentielle Dynamik des technischen Fortschritts

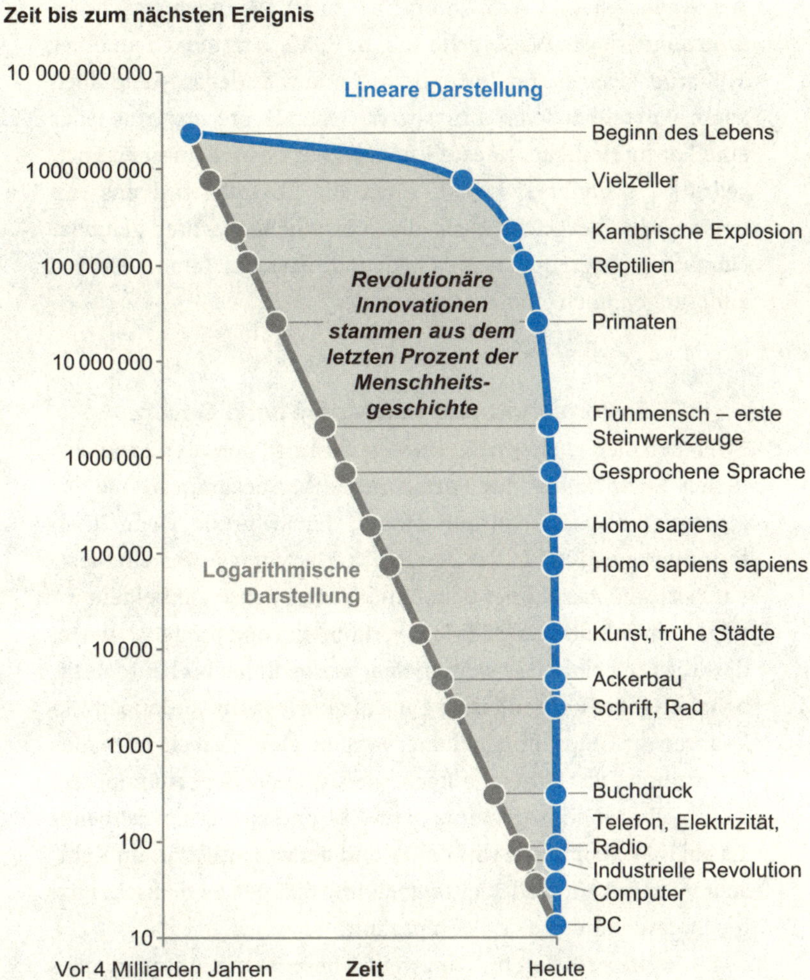


(Quelle: Ray Kurzweil)

seres Wissen – Geschwindigkeit und Ausmaß zukünftiger Entwicklungsfortschritte deutlich unterschätzen. Für das 21. Jahrhundert prognostiziert er rasenden Fortschritt, weil wir uns im fortgeschrittenen Abschnitt der exponentiellen Kurve befinden.

In einem Interview hat er die fundamentale Dynamik exponentiellen Wachstums erklärt: »Wenn ich 30 Schritte in linearer Weise gehe – 1, 2, 3, 4, 5, komme ich zu 30. Wenn ich 30 Schritte in exponentieller Weise gehe – 2, 4, 8, 16, komme ich zu einer Milliarde.« Faszinierende Logik, nicht zu widerlegen – und doch kaum vorstellbar, das Hirn sperrt sich. »Heute erwartet jeder eine kontinuierliche, lineare Entwicklung des technischen Fortschritts«, schreibt Kurzweil, »aber die Zukunft wird uns viel drastischer überraschen, als die meisten Beobachter glauben: Nur wenige begreifen, was es bedeutet, dass das Tempo der Veränderungen noch einmal stark steigt.«

### Der Fortschritt und das Moore'sche Gesetz

Zwei Beispiele belegen Kurzweils Postulat von der exponentiellen Entwicklung des Fortschritts: Das bekannteste ist das Moore'sche Gesetz. Gordon Moore, der Mitgründer von Intel, formulierte es 1965 in der Zeitschrift Electronics: Er stellte fest, dass sich die Anzahl der Schaltkreiskomponenten auf einem integrierten Schaltkreis jedes Jahr verdoppele, und prognostizierte, dass dies erst einmal so weitergehen werde. Er hat bis heute Recht behalten – die Rechenleistung hat sich jedes Jahr verdoppelt. So konnten die Chips immer kleiner werden. Heute hat ein normales Smartphone die 120-fache Rechenleistung des Steuercomputers des Apollo-Mondprogramms der NASA und ist viermal schneller als ein IBM-Mainframe von 1998 – und der war groß wie ein Kühlschrank. Und ein iPad 2 hätte noch im Jahr 1994 zu den schnellsten Supercomputern der Welt gezählt.

Ein weiterer Beleg für Kurzweils These ist die Tatsache, dass neue Technologien sich immer schneller durchsetzen: Nach Erfindung des Radios dauerte es noch 38 Jahre, bis weltweit 50 Millionen Geräte standen. Das Fernsehen brauchte 13 Jahre, bis es in 50 Millionen Wohnzimmern stand. Das Internet hatte schon nach drei Jahren ebenso viele Nutzer. Facebook brauchte ein Jahr, um die Zahl zu erreichen, Twitter neun Monate. 2016 sorgte dann

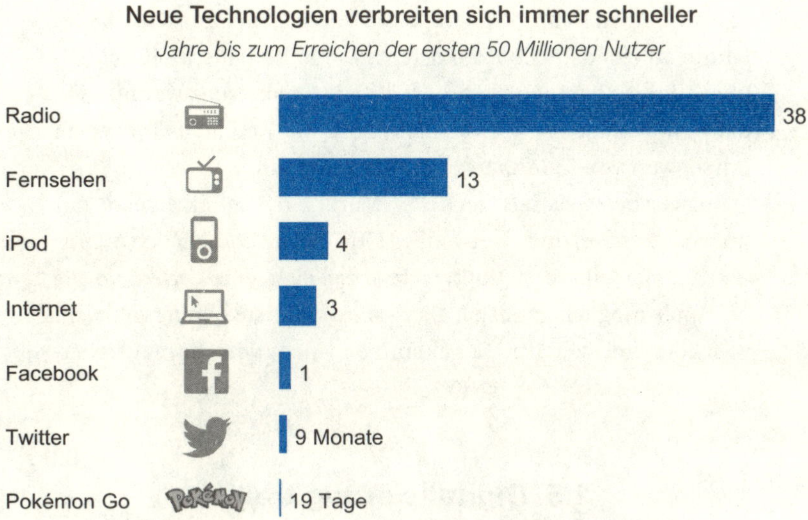


(Quelle: Unternehmensangaben; McKinsey Global Institute)

der Hype um Pokémon Go für eine neue Rekordmarke: In nur 19 Tagen luden sich die ersten 50 Millionen Fans das Spiel auf ihr Smartphone. Entwicklung und Verbreitung neuer Produkte und Dienstleistungen laufen in ungeahnter Geschwindigkeit. Manager rund um den Globus haben bis heute Mühe, derlei rasante Veränderungen zu antizipieren.

## 1.4 Wer vor der Digitalisierung die Augen verschließt, überlebt nicht

Wenn auch niemand erwartet, dass Manager hellseherische Fähigkeiten entwickeln, zeigt doch das Beispiel der einstigen Weltmarke Kodak, was passiert, wenn eine Unternehmensführung sich dem digitalen Wandel verweigert. Gesegnet mit kreativen Entwicklern, hatten die Kodak Labs schon 1975 die weltweit erste Digitalkamera vorgestellt. Das Management bremste das Projekt aus Sorge, mit der Novität sein hochprofitables Geschäft mit Kodak-Filmen zu kannibalisieren. Das taten dann von den 1980er Jahren an fernöstliche Konkurrenten. Als Kodak schließlich Digitalkameras baute, war es zu spät: Die Konkurrenz war billiger, der weite Vorsprung war verspielt. 2012 war Kodak insolvent, ein Börsenwert von 35 Milliarden Dollar war dahin.

Inzwischen existiert auch der Markt für Digitalkameras nur noch als Nische, doch wer weiß: Hätte Kodak ab 1975 den Schritt ins digitale Zeitalter gewagt, wäre ja vielleicht eine Lernkurve wie bei Apple möglich gewesen; Dann wäre das erste iPhone vielleicht vom Kamerabauer Kodak gekommen, nicht vom Computerhersteller Apple.

## 1.5 Digitalisierung treibt Märkte und Unternehmen

Professor Heribert Meffert über die »schöpferische Zerstörung« durch die Digitalisierung und die Folgen für das Management.

Technischer Fortschritt und die damit verbundenen Innovationen nehmen meist weit reichenden Einfluss auf Entwicklungen in Wirtschaft und Gesellschaft. Dies gilt vor allem für Schlüssel- und Schrittmachertechnologien wie Elektrizität, Antriebstechnik, analoge und digitale Kommunikation. In diesem Sinn ist die Digitalisierung mit der weltweiten Verbreitung des Internets eine disruptive Schrittmachertechnologie. Es werden aktuelle und latente Kundenbedürfnisse durch Produkte und Dienstleistungen (besser) befriedigt und scheinbar bewährte Angebote verdrängt, siehe klassische versus digitale Kameras.

Solche dynamischen Wettbewerbsprozesse sind in der Wirtschaftswissenschaft nicht neu. Bereits vor mehr als 100 Jahren hat Joseph Schumpeter »Prozesse schöpferischer Zerstörung« beschrieben. Diese werden von dynamischen Unternehmern initiiert, erfolgreich am Markt durchgesetzt und verdrängen vorhandene Angebote. Schumpeter bezieht dabei seine Aussagen nicht auf konkrete Produkte oder Dienstleistungen. Er sieht darin einen permanenten Prozess der wirtschaftlichen Erneuerung, die mit Veränderungen von Strukturen und Spielregeln auf den Märkten sowie dem Wandel von Wertschöpfungsprozessen in Unternehmungen verbunden ist. Damit tritt die hier mit »Digital@Scale« aufgegriffene Frage des innovativen Managements in den Mittelpunkt.

Wenn auch die beschriebenen Innovationsprozesse in der wirtschaftswissenschaftlichen Diskussion seit langem bekannt sind, so haben sich in den letzten 100 Jahren die Dimensionen und Herausforderungen für die Führung von Unternehmen mit der digitalen Transformation dramatisch verändert. Vergleicht man die Entwicklung mit der Verbreitung wichtiger Kommunikationstechnologien wie Radio, Fernsehen, Telefon, Fax, E-Mail et cetera, so hat sich deren Durchsetzung mit benutzerfreundlicheren und qualitativ besseren Produkten erheblich beschleunigt. Markt- und Produktlebenszyklen sind im Innovationswettbewerb wesentlich kürzer geworden. Als Beispiel sei die Ablösung des Sony Walkman und des MP3-Players durch leistungsfähigere digitale Systeme wie iPod, iPad, iPhone von Apple genannt.

Es sei in diesem Zusammenhang auf die Lebenszyklen der Kommunikations- und Präsentationstechniken im akademischen Unterricht verwiesen: Tafel und Kreide, Matrizenabzüge, Xerox-Kopien, 3M-Charts und Diapräsentationen, die rasch durch ausgefeilte Powerpoint-Techniken und Internetvernetzungen bis hin zu den Smartphones der Studierenden ersetzt wurden. In den 1980er Jahren präsentierte ein Vorstand die Marktstrategien der Kodak AG im großen Hörsaal noch mit Dias und Karussell-Technik. Es wird zwar im Harvard-Fallstudienseminar bisweilen noch mit Kreide und Tafel gearbeitet, doch Kodak hat seine Bedeutung als Marktführer verloren. Auch mein Marketing-Lehrbuch musste sich in der 12. Auflage der digitalen Transformation unterwerfen und ist kapitelweise als E-Book zugänglich.

Die digitale Transformation erfasst – wenn auch mit unterschiedlicher Beschleunigung – nahezu alle Branchen und Unternehmen. Sie bedroht nicht nur im Medien-, Handel- und Dienstleistungssektor durch E-Commerce etablierte Geschäftssysteme. Auch Non-Profit-Organisationen wie Kirchen oder Stiftungen sind davon nicht ausgenommen.

Digitalisierung schafft offensichtlich mit der Senkung von Transaktions- und Kommunikationskosten auf der Angebots- und Nachfrageseite von Märkten Vorteile im Wettbewerb. Die angebotsbezogenen Triebkräfte liegen in der Digitalisierung und Verfügbarkeit großer Datenmengen (»Big Data«), in deren zeitlicher und räumlicher Unabhängigkeit sowie der Möglichkeit zunehmender Vernetzung mit Kunden, Lieferanten und weiteren am Wertschöpfungsprozess beteiligten Partnern.

In der Sprache des sportlichen Wettbewerbs ausgedrückt, geht es mit der Digitalisierung schneller, weiter und höher. Es steht offensichtlich für Konsumgüter-, Investitionsgüter- und Handelsunternehmen gleichermaßen ein »strategisches Fenster« zur Sicherung vorhandener und Entwicklung neuer Geschäftsmodelle offen. Für die Nutzung dieses Fensters ist das richtige Timing besonders wichtig. Wer – vor allem unvorbereitet – als Pionier zu früh kommt, hat wenig Chancen: »Pioneers get killed by the Indians.« Wer aber als Nachzügler zu spät kommt, den bestraft das Leben.

**Fragen, die sich das Management stellen sollte:**
**Wo stehen Sie?**

- In welcher Phase und welchem Reifegrad der Digitalisierung befindet sich Ihre Branche?
- Wo ist Ihr Geschäftsmodell am verwundbarsten?
- Wie schnell vollziehen sich die Veränderungen, und wie groß sind sie?
- Wie reagieren Sie auf diese Veränderungen – mit vielen kleinen, kurzfristigen oder großen, langfristigen Initiativen?
- Wissen Sie, welche digitalen Investition(en) in Ihrer Branche den größten Nutzen stiften?
- Wie viel Veränderung müssen Sie haben, um zu überleben?
- Was machen Sie selbst? Wo brauchen Sie Partner oder Akquisitionen?

Kapitel 2

# Digitalisierung erfordert grundsätzliche Erneuerung: Digital@Scale

Warum? Was? Wie? Entlang der Antworten auf diese drei Fragen entwickelt sich das Konzept für die gelungene Transformation zum digitalen Unternehmen.

Hundert Jahre lang hat Henry Ford unser Bild von der Wirtschaft geprägt: Hochspezialisierte, arbeitsteilige Fließbandproduktion erzeugt Großserienprodukte (»Sie können das Ford T Modell in jeder Farbe bestellen, solange die schwarz ist«), das tayloristische System, das ganz auf Spezialisierung und Effizienz setzt, bescherte uns erschwingliche Autos, Waschmaschinen und Ferienreisen.

Ausgerechnet das Erfolgsmodell des 20. Jahrhunderts wird heute zum Bremsklotz für die erfolgreiche Transformation von Unternehmen ins digitale Zeitalter. Denn die auf Effizienz getrimmten Organisationen fürchten den Wandel als Unordnung, tendieren dazu, sich dem Neuen nur inkrementell, in eng definierten Projekten und Nischen zu stellen, um die gut geölte Unternehmensmaschine nicht zu bremsen. Schließlich kennt jeder Betriebswirt das S-Kurven-Konzept, das die Leistungsfähigkeit einer Technologie in Abhängigkeit von den investierten Mitteln für Forschung und Entwicklung darstellt. Danach ist der Übergang zu einer neuen überlegenen Technologie – der Sprung auf die nächste S-Kurve – zunächst immer mit einem Effizienzverlust verbunden.

Doch wer deshalb zaudert, diesen Sprung zu tun, hat langfris-

Digital@Scale – das Transformations-Framework

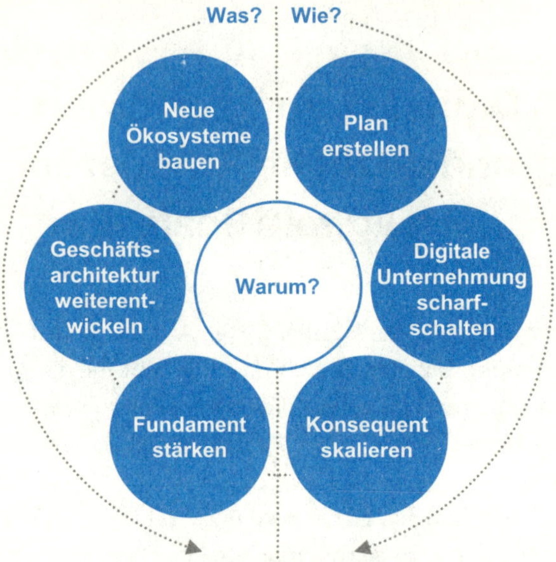


tig verloren. Zwar geht es mit der Effizienz im neuen »S« zunächst im unteren Bogen nur langsam bergauf, dann aber wird die Kurve sehr steil und schießt schnell und weit über das Niveau der alten Technologie hinaus. Es hilft nichts: Wer sein Unternehmen erfolgreich in die Neuzeit überführen will, muss auf ganzer Breite ansetzen, alle Strukturen, Prozesse und Produkte neu denken, im großen Maßstab – Digital@Scale eben.

Es ist einfach, eine App zu bauen – die digitale Transformation ist eine weitaus schwierigere Aufgabe. Damit es nicht bei gutem Willen und Stückwerk bleibt, muss die Digitalisierung einem Konzept folgen. Doch zunächst brauchen wir ein klar strukturiertes Konzept – jenseits von Schlagworten wie »Industrie 4.0« –, um eine grundsätzliche Erneuerung vorzubereiten. Drei einfache Fragen weisen dabei den Weg: Warum? Was? Wie?

## 2.1 Warum? Es geht uns doch gut – warum denn etwas ändern?

Wer heute gute Geschäfte macht, tut sich schwer damit, sein Unternehmen jetzt neu zu erfinden, damit auch morgen Umsatz und Gewinne stimmen. Frühe Anzeichen für Veränderungen werden oft übersehen oder als unwichtig abgetan. Dabei gibt es heute schon Erfahrungen mit der digitalen Revolution – die Manager sollten also gewarnt sein, zum Beispiel vom Schicksal von Blockbuster Inc.

Blockbuster war 2004 der größte Videothekenbetreiber der USA, mit 8000 Filialen und 6 Milliarden Dollar Umsatz. Den Konkurrenten Netflix, bei dem Kunden seit Ende desletzten Jahrhunderts online DVDs ordern konnten und der attraktive Abonnementsmodelle anbot, nahm niemand beim mächtigen Marktführer ernst. Gemächlich arbeiteten die Blockbuster-Techniker an einem System für Onlinebestellungen. 2007 gelang dem aggressiven Newcomer Netflix der große Sprung: Er bot Video-on-Demand an, Filme, die direkt via Internet angeschaut werden können – die DVD wurde überflüssig. Die Kunden liefen in Scharen zu Netflix über, denn das Angebot war attraktiv: keine Wartezeit wegen des Postversands mehr, kein Zurückschicken, sofortiger Spaß.

Erst jetzt reagierte auch der Platzhirsch Blockbuster und entwickelte ein eigenes System für Video-on-Demand, allerdings zu spät und zu schlecht. Netflix hatte sich schon einen signifikanten Marktanteil gesichert, Blockbuster bot keine innovativen neuen Funktionen, die Kunden hätten zurückgewinnen können, und zu allem Überfluss war das Niveau von Service und Lieferbereitschaft sogar schlechter als bei Netflix. Der hatte mit seinem Angebot sofort die internetaffine, meist junge, Kundschaft überzeugt. Doch innerhalb weniger Jahre fand auch die breite Masse der Filmfreunde heraus, wie einfach sie sich mit Netflix einen schönen Abend machen kann. Heute ist Netflix Marktführer, Blockbuster ging 2010 in die Insolvenz.

Die Lehre aus diesem Beispiel ist offensichtlich: Egal, wie stark ein Unternehmen dasteht – wenn das Management das Ver-

**Netflix substituierte den DVD-Versand durch ein konsequent digitales Onlineangebot – trotz aller Anstrengungen gelang es dem Marktführer Blockbuster nicht zu überleben**

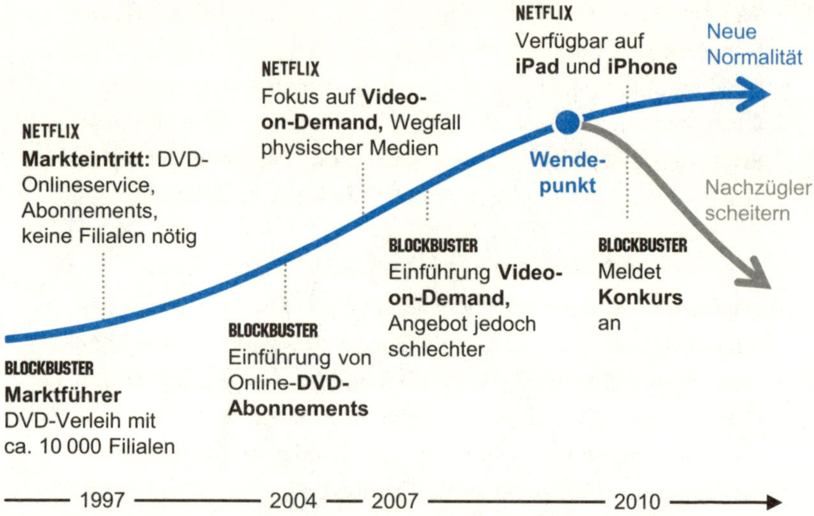


änderungspotential, das sein Geschäftsmodell durch die Digitalisierung betrifft, unterschätzt, droht höchste Gefahr. Und wer den Umbruch wahrnimmt, aber die Reaktion aufschiebt, um die aktuellen Umsätze nicht zu gefährden, handelt nahezu suizidal.

## »Sense of Urgency« kreieren: die zentrale Herausforderung

Eine grundsätzliche Erneuerung erfordert Kraft, Überzeugung – und meist einen Anstoß. Ein wenig Angst, ja sogar Existenzangst, ist hierbei hilfreich. Angst macht bekanntlich beweglich. Sie erzeugt den Handlungsdruck und die Bereitschaft, sich mit dem Neuen auseinanderzusetzen. Immerhin geht es darum, neue Produkte, Dienstleistungen und Leistungsprozesse zu entwickeln, die attraktive Preise ermöglichen – kurz: ein komplett neues Wertversprechen. Wer jetzt nicht auf ganzer Breite (@Scale) die

Transformation einleitet, fällt zurück – es ist fatal, das Ausmaß der kommenden Veränderungen zu unterschätzen.

Bosch-Chef Volkmar Denner hat es so formuliert: »Es gibt vieles, was einfach nur das Pizzabestellen und Taxirufen komfortabler macht, das stimmt. Aber unterschätzen Sie nicht den Einfluss solcher Lösungen auf die Gesellschaft; die Menschen ändern ihr Konsumverhalten. Das Geld verdienen plötzlich andere.« Ohne den »Sense of Urgency« geht es nicht; nur zu gerne schauen wir weg.

### Art des Veränderungsbedarfs bestimmen

Wir haben schon festgestellt: Die Digitalisierung betrifft alle, allerdings nicht in gleichem Maße. Die Frage, die sich Unternehmenslenker stellen sollten, lautet: Ist unser heutiges Geschäftsmodell obsolet, oder reichen gezielte Veränderungen aus?

In der Regel ist der Veränderungsbedarf hoch, sieht das Geschäftsmodell nach der Transformation deutlich anders aus als vorher. So gab Jeffrey Immelt, Vorstandsvorsitzender des Industrieriesen General Electric (GE), im Sommer 2016 die Losung aus: »Wir müssen eine Softwarefirma quer durch alle Geschäftsbereiche von GE erschaffen.« Neben den Verkauf von Maschinen und Anlagen sowie deren Wartung soll Software für die vernetzte Welt des »Internet of Things« (IoT) als neues Geschäftsfeld treten.

Auch beim traditionsreichen Stahlhändler Klöckner, bei dem Bestellungen bis vor kurzem oft noch per Fax einliefen, stehen radikale Veränderungen an: »Wir definieren unser Geschäftsmodell neu, verändern die ganze Supply-Chain vom Stahlproduzenten bis zum Endkunden«, sagt Vorstandschef Gisbert Rühl.

Doch nicht nur Konzerne sind betroffen und reagieren, die Digitalisierung ist auch im Handwerk angekommen – beispielsweise in der Kölner Tischlerei Bächer Bergmann. »Natürlich wird es in 30 Jahren weniger Tischlereien als heute geben. Und die, die es dann noch gibt, werden anders arbeiten«, hat Geschäftsführer Sebastian Bächer erkannt. Seine Tischlerei arbeitet heute schon anders als die anderen: Bächer hat nicht nur eine funktionale und schicke Webseite entworfen, sondern konsequent die gesamte Fertigung digitalisiert, vom Computer-Aided Design (CAD) beim Entwurf über CNC-gesteuerte Fräsen und Laser bis zum 3-D-Druck. Motto: »Ein Team, das Ihre Ideen mittels handwerklichem und digitalem Geschick umsetzen kann.«

### Veränderungshürden frühzeitig erkennen

Eingefahrene Organisationen haben ein hohes Beharrungsvermögen. Wenn das Geschäft noch gut läuft, kommen Management und Mitarbeiter über Lippenbekenntnisse zum Veränderungswillen meist nicht hinaus. Wer sein Unternehmen trotzdem in Bewegung setzen will, tut gut daran, die Bremsfaktoren zu analysieren und zu beseitigen.

Gerade effiziente Organisationen erweisen sich oft als besonders resistent. Sie folgen ihrer eigenen Logik: Jede Veränderung des eingespielten Systems kostet zunächst Effizienz, ist also zu vermeiden. Und gerade die erfolgreichsten Führungskräfte bremsen häufig hinter den Kulissen die Transformationsbemühungen: Sie kalkulieren, dass sie persönlich wenig zu gewinnen, aber viel zu verlieren haben. Oft sind sie Meinungsbildner und gehören zum Inner Circle – das macht es doppelt schwer. Denn das heutige Team braucht diese Manager noch, oder etwa nicht?

### Relevante Assets identifizieren und Transformationsanspruch festlegen

Wer sein Unternehmen aus der analogen Gegenwart in die digitale Zukunft transferieren will, sollte sich zunächst auf die Stärken besinnen: Womit differenziert man sich vom Wettbewerb? Über die Technik, die im Produkt oder der Dienstleistung steckt? Über die starke Kundenbindung? Über die Strahlkraft der Marke? Alle diese Stärken zählen auch in der digitalen Welt, anders zwar, aber wer sie mitnimmt, erhält den Vorsprung.

Ohne klar definiertes Ziel kann die Reise in die digitale Welt leicht zur Irrfahrt werden. Deshalb sollte die Unternehmensführung ihr quantitatives oder qualitatives Ziel formulieren und den Mitarbeitern kommunizieren. Auch Zwischenziele sind hilfreich, lässt sich an ihnen – je nachdem, ob und wann sie erreicht werden – doch ablesen, ob Tempo und Richtung stimmen.

In allen genannten Punkten, vom Erzeugen des Bewusstseins, dass gehandelt werden muss, über die Bestimmung des Veränderungsbedarfs, das Identifizieren der größten Hürden, aber auch der größten Stärken bis zur Formulierung der Ziele ist die Unternehmensführung in der Pflicht. Wie man den Mitarbeitern die Warum-Frage so beantwortet, dass sie gern in die digitale Transformation starten, beschreibt Kapitel 3 dieses Buches.

## 2.2 Was? Was bedeutet Digitalisierung für unser Unternehmen, und welche Prioritäten leiten sich daraus ab?

Unter Digitalisierung versteht jeder etwas anderes. Wir brauchen Struktur und einen Plan. Bei der Antwort auf die Was-Frage hilft eine dreistufige Struktur, anhand derer sich die strategischen und die operativen Aufgaben sortieren lassen.

### Neue Ökosysteme bauen

In der ersten Ebene, »Neue Ökosysteme«, ist strategisches Denken gefragt. An Branchengrenzen entstehen Innovationen. Hier geht es um ganz neue Märkte, die durch die technischen Möglichkeiten entstehen. Wir haben für dieses Buch neun der wichtigsten neuen Ökosysteme herausgegriffen. Im Kapitel 4 schildern wir, wie die Digitalisierung unsere Automobilität verändert, wie smart unsere Häuser werden, was auf den Handel zukommt, worauf sich Banken gefasst machen müssen, was sich in der öffentlichen Verwaltung ändert, wie digitale Medizin aussieht, was Telekommunikationskonzernen droht, wie drastisch sich die Logistik verändert und wieso selbst so alte Technik wie die der Stromnetze von der Digitalisierung revolutioniert wird.

Die strategischen Fragen, die sich jeder Unternehmer stellen muss, lauten: Greifen Wettbewerber unser Geschäft mit neuen Technologien an? Nutzen wir die Chancen der Digitalisierung und entwickeln aktiv neue Wertversprechen? Entstehen an den Grenzen zwischen traditionellen Branchen neue Profitpools? Je beunruhigender die Antworten, desto größer wird die Bereitschaft sein, das eigene Geschäftsmodell zu erneuern und dafür auch eine Kannibalisierung der heutigen Umsätze hinzunehmen. Gefragt ist eine neue Vision für das Unternehmen, mit einem überzeugenden Wertversprechen, das die disruptive Kraft der Veränderungen schon berücksichtigt.

### Geschäftsarchitektur weiterentwickeln

In der zweiten Ebene, »Geschäftsarchitektur«, geht es um operative Fragen: Nutzen wir die Möglichkeiten der digitalen Welt und erreichen unsere Kunden an allen Kontaktpunkten – den traditionellen und den neuen? Realisieren wir alle Vorteile, die uns die Digitalisierung und neue Analysemethoden bieten? Und wie verändert die Digitalisierung unsere Führungs- und Verwaltungsprozesse?

Im Kapitel 5 beschreiben wir, wie die Digitalisierung die Geschäftsarchitektur verändert. Dabei stehen drei Themenfelder im Mittelpunkt: das Kundenerlebnis, Produktinnovation und die Wertschöpfung. Die Herausforderung ist groß: Gerade in Sachen Kundenerlebnis sind die digitalen Angreifer meist stark. Sie gestalten den gesamten Weg vom ersten Kontakt bis zur erfüllten Order nahtlos einfach und zuverlässig und lassen damit die Traditionsunternehmen oft alt aussehen. Viele Neue profitieren auch von offenen Plattformen für Entwicklungen und erhöhen so das Innovationstempo für ihre Produkte. Abrechnung, Support, Datenanalyse – die besten Angreifer haben die komplette Wertschöpfungskette digitalisiert. Aber Digitalisierung betrifft nicht nur die produktiven Bereiche. Sie ändert Führungs- und Verwaltungsfunktionen nachhaltig. Sie sind das Vorbild für jedes Unternehmen, das sich der Herausforderung stellen will.

### Fundament stärken

Die dritte Ebene, »Fundament«, befasst sich mit den technischen und organisatorischen Grundlagen. Typische Fragen: Setzen wir im Unternehmen Technik ein, die State of the Art ist? Wie bringen wir Agilität ins Unternehmen, ohne ein zu hohes Risiko mit zu importieren? Wie bringen wir digitale Talente ins Haus und bauen gezielt Partnerschaften auf?

In Kapitel 6, in dem wir uns mit den Herausforderungen am Fundament befassen, stellen wir zwei Themen in den Mittelpunkt: Technologie sowie Kultur und Organisation. Das beginnt mit einem ganz praktischen Problem: Ein laufendes IT-System kann nicht über Nacht ersetzt werden, wenn für digitale Projekte ganz neue Fähigkeiten erforderlich sind. Also braucht das Unternehmen zusätzlich eine zweite Säule, ein agil und schnell arbeitendes separates IT-System. Um das zu bedienen, heuert man am besten junge Digitaltalente an – doch die erwarten flache Hierarchien und crossfunktionales Arbeiten. Und für viele der neuen Aufgaben gibt es patente Partner. Hier muss also eine neue Kultur her, und auch an der Organisation ist zu arbeiten.

## 2.3 Wie? Wie bewältige ich die Aufgaben, die sich bei der digitalen Transformation stellen?

Die Antworten auf die Frage nach dem Was haben die Liste der Prioritäten hervorgebracht, die es auf dem Weg der digitalen Transformation abzuarbeiten gilt. Jetzt wird es Zeit für das Wie. Erfolgreiche Transformationen erfordern tiefe Eingriffe in Strukturen, Prozesse, Führungsinstrumente und IT. Auch hier weist eine dreistufige Struktur den Weg.

## Plan erstellen

Ganz oben steht der Fahrplan in die digitale Zukunft: Zunächst ist es wichtig, Menschen und Prozesse auf digital zu eichen. Zweite Lektion für alle: Es geht immer um den Kunden, wir digitalisieren nach Wichtigkeit alle Kontaktpunkte, die er mit unserem Unternehmen hat. Und damit wir die digitalen Lösungen finden, brechen wir radikal die funktionalen Silos im Unternehmen auf, bilden übergreifende Teams, ergänzt um digitale Talente.

Der Plan gibt Richtung und Priorität vor – oft ist er Schlüssel für ein fast immer mehrjähriges Transformationsprogramm. Kapitel 7 beschreibt, wie Unternehmen die Anforderungen des Plans erfüllen können.

## Digitale Unternehmung scharfschalten

Eine Ebene tiefer werden die Elemente der digitalen Unternehmung definiert. Hier müssen Unternehmen ihre Entwicklung optimieren, nach der Devise »Tempo vor Perfektion«. Das braucht eine Kultur des Testens und Lernens.

Neue Produkte und Dienstleistungen werden zügig im Markt getestet, das Ergebnis gemessen und dann nach Bedarf weiter optimiert. Budgets werden an das Erreichen von Zwischenzielen gebunden, die Fortschritte in festinstallierten Runden kritisch durchleuchtet und zur Not Projekte umgehend gestoppt – so läuft das digitale Betriebssystem. Wie das alles funktioniert, steht in Kapitel 8.

## Konsequent skalieren

Auf der dritten Ebene geht es um die konsequente Umsetzung. Im Zentrum steht die Skalierung, das Ausrollen des Transformationsprozesses innerhalb des gesamten Unternehmens und seines Ökosystems. Voraussetzung ist eine zweigleisige IT-Struktur: Das Tagesgeschäft mit allen sensiblen Daten läuft wie gewohnt in den stabilen Strukturen, während für die schnell sich entwickelnden neuen Aufgaben agile IT-Systeme mit neuen Fähigkeiten aufgebaut werden müssen. Die größte Aufgabe auf dieser Ebene aber ist das schnelle Installieren von Lösungen, die mit Piloten getestet wurden, im ganzen Unternehmen – Digital@Scale, ausgeführt in Kapitel 9.

Die Digitalisierung setzt bei den Stärken des Unternehmens an. Wer sein Geschäftsmodell auf überragenden Kundenservice aufbaut, muss überlegen, welche neuen Serviceangebote die Digitaltechnik möglich macht. Unternehmen, die täglich große Datenmengen verarbeiten, sollten zunächst Big-Data-Lösungen suchen, die ihnen neue Dienstleistungsmöglichkeiten für die Kundschaft eröffnen. In einem vernetzten Gesundheitswesen vereinen sich beispielsweise erprobte Kommunikationstechnologien und neue IT-Konzepte. Eine Zusammenarbeit, die bereits jetzt ihre Potentiale zeigt: Durch Big Data kann die Behandlung personalisiert werden – und die clevere Auswertung der Datenmassen erlaubt wiederum eine vorausschauende Diagnostik, von der Ärzte und Patienten gleichermaßen profitieren.

Und wer von der Effizienz seiner Prozesse lebt, wie etwa ein Discounthändler, hat besonders viel von der Digitalisierung der Lieferkette zu gewinnen. So können heute schon Sensoren in die transportierten Güter implantiert werden. Auf diese Weise werden Daten generiert, die sich analysieren lassen, um bessere Routen und Lieferketten ohne Lagerzeit zu entwickeln.

## 2.4 Cargo-Kulte funktionieren nicht!

Die Überlegungen klingen einfach, gleichwohl lauern in der Praxis tückische Fallen, die sich gut am Beispiel des »Cargo-Kults« illustrieren lassen. Den Begriff prägte der Physiknobelpreisträger Richard Feynman für schlechtes wissenschaftliches Arbeiten. Er erzählte seinen Studenten eine Anekdote von der Insel Samoa.

Dort waren im Zweiten Weltkrieg regelmäßig US-Flugzeuge zwischengelandet, deren Besatzungen den naturbelassenen Einheimischen die Segnungen der westlichen Zivilisation schenkten: Coca-Cola, Camel, Cadbury. Nach Kriegsende blieben die Militärflieger aus, und die enttäuschten Samoaner beschworen in einem schnell entwickelten Kult die Rückkehr der inzwischen geliebten Fracht (»Cargo«): Sie bauten hölzerne Flugzeugmodelle und simulierten mit Bambuskopfhörern Funkverkehr. Vergebens, Coca-Cola und Co. kehrten nicht zurück. Die Insulaner hatten zwar das Phänomen erkannt – Flugzeuge brachten die begehrten Produkte –, aber die falschen Schlüsse gezogen.

Ähnlich reagieren viele Unternehmen auf die digitale Herausforderung. Sie erkennen das Phänomen, reagieren aber falsch. Hier unsere Top 3 Cargo-Kulte in der digitalen Welt:

- *Digitale Start-ups:* Man findet solche Alibi-Veranstaltungen sehr häufig – ein digitales Start-up wird fernab der Unternehmenszentrale gegründet, mit etwas Geld und ein paar jungen Leuten. Doch die Erfahrung lehrt, dass ein vom Gesamtunternehmen isoliertes Start-up kaum Einfluss auf das etablierte Geschäftsmodell nimmt. In der Wirtschaftsgeschichte ist kein Beispiel bekannt, wo sich ein Marktführer so neu erfunden hätte. Verstehen Sie das nicht falsch, wir müssen Erfahrungen sammeln und uns mit solchen Strukturen aktiv auseinandersetzen. Erwarten Sie nur nicht, dass diese Start-ups Ihre Digitalisierungsherausforderungen für Sie lösen.

- *Digitaler Zuckerguss:* Untauglich bleibt auch der Versuch, überall dort, wo es gerade opportun erscheint, einen digitalen Prozess anzuflanschen. Berühmt sind die Beispiele, wo ein Trupp Praktikanten beauftragt wird, sich um die Kommunikation via Social Media zu kümmern. Häufig erkennen auch Unternehmen den Wert ihrer Daten, sei es zu Kunden, Lieferanten oder zur Wertschöpfungskette, und sie beginnen, sie systematisch zu sammeln. Doch um das gesammelte Wissen in allen Prozessen einzusetzen, fehlt dann der Nachdruck, es entstehen Big-Data-Inseln.

- *Die Effizienzfalle:* Eine andere Falle entsteht aus dem Erbe des tayloristischen Effizienzdenkens. Da konzentriert sich das Management in Sachen Digitalisierung ganz auf das Thema Automatisierung, statt in ganzer Breite über alle Prozesse hinweg nach Wertsteigerungschancen zu suchen.

## Der CEO muss führen

Und wieder mal hängt alles am Chef. Nur wenn die Unternehmensspitze die Veränderung vorlebt, werden die nötigen tiefen Eingriffe in Strukturen, Prozesse, Führungsinstrumente sowie der Aufbau neuer Fähigkeiten und neuer IT-Systeme erfolgreich sein. Keiner sagt, dass das einfach ist. »Wir gehen ja nicht eines Abends zu Bett und sagen uns: Wenn wir aufwachen, wollen wir nicht länger ein Industrieunternehmen sein, sondern lieber wie Oracle oder Microsoft arbeiten«, sagt Jeffrey Immelt, Chef von General Electric.

Vor sechs Jahren hat er dem über 120 Jahre alten Industriekonzern eine digitale Transformation verordnet. Ein arbeitsreicher Prozess, in dessen Verlauf sich GE auch einiges in der Digitalwirtschaft abgeschaut hat, etwa den Abbau von Hierarchien und Bürokratie, aber auch bewährte Methoden, etwa zur Lean Production und der ebenso schlanken Entwicklung, reaktivierte. Außerdem heuerte Immelt digitale Talente zu tausenden an und bietet heute mit Predix eine offene Plattform zur Steuerung der Prozesse in der Industrie 4.0, auf der nicht nur GE-eigene Apps laufen, sondern an der auch externe Entwickler andocken können. Software ist inzwischen ein eigener Geschäftsbereich, die digitale Transformation gleichwohl nicht abgeschlossen – dies ist eine Reise, die niemals endet.

So hängt das Schicksal eingesessener Unternehmen am Typus des Chefs: Erkennt er die Zeichen der Zeit und stellt wie Jeffrey Immelt rechtzeitig die Weichen Richtung Digitalisierung? Oder deutet er das Geschehen eher wie der letzte deutsche Kaiser das Aufkommen des Automobils, das er für eine vorübergehende Modeerscheinung hielt: »Ich glaube an das Pferd«, sagte Wilhelm II., und behielt auch damit nicht Recht.

## 2.5 Ganzheitliches Change-Management rechtzeitig initiieren

Professor Heribert Meffert über die digitale Transformation als Führungsaufgabe und seine eigenen Erfahrungen im Onlinehandel.

Disruptive technologische Veränderungen bringen Märkte und Unternehmen in Bewegung. Neue Schlagworte, Mythen und Erfolgsgeschichten machen die Runde. Dies ist auch und besonders bei der digitalen Transformation der Fall. Im frühen Stadium der Entwicklung wird vor allem von alteingeführten traditionsreichen Unternehmen auf persönliche Beziehungen zu Stammkunden und Wettbewerbern verwiesen, die dem Onlinegeschäft und E-Commerce skeptisch gegenüberstünden: Es sei mit hohen Investitionen verbunden, die sich nicht lohnten. Im Übrigen habe man eine leistungsfähige IT-Abteilung, die ein Customer-Relationship-Management (CRM) bereits praktiziere. Man beobachte aufmerksam erfolgreiche Start-ups und beabsichtige, eine App zu entwickeln. Im Ernstfall könne man ja immer noch ein solches Start-up kaufen.

Derartige, bisweilen an »Cargo-Kulte« erinnernde Verhaltensweisen werden bei der Diskussion über die Notwendigkeit einer digitalen Transformation vor allem im deutschen Handel mit Blick auf die »Krake Amazon« geführt. Insbesondere scheinen deutsche Warenhäuser bei der Entwicklung und beim Einsatz digitaler Geschäftsmodelle im Vergleich zu angelsächsischen Wettbewerbern noch weit zurückzuliegen. Natürlich ist mir aus eigener Erfahrung in Führungsgremien eines Warenhauskonzerns bekannt, dass Change-Prozesse bei solchen »Schlachtschiffen« nicht mit den »Schnellbooten« erfolgreicher Start-ups, im Modebereich zum Beispiel Vente-privee, verglichen werden können.

Aber auch als ehemaliges Vorstandsmitglied einer im Direktgeschäft erfahrenen akademischen Buchgesellschaft mit 150 000 Mitgliedern gewann ich konkreten Einblick, mit welchen Herausforderungen und Schwierigkeiten eine alle wertschöpfenden Aktivitäten umfassende digitale Transformation verbunden ist. Die Erwartungen und Ansprüche der auf die individuellen Mitgliederbedürfnisse ausgerichteten Aktivitäten – beispielsweise Angebote, Bestellung, Auslieferung und Bezahlung – werden im Onlinewettbewerb nicht nur von den Leistungsstandards Amazons bestimmt. Hinzu kommt die mit dem Vordringen von E-Books verbundene wachsende Komplexität der Geschäftsprozesse.

Dies macht einmal mehr deutlich, dass eine digitale Transformation weniger die Lösung eines technischen oder nur eines IT-Problems ist. Vielmehr handelt es sich um eine echte Führungsaufgabe, die mit der Weiterentwicklung vorhandener oder der Konzeption neuer Geschäftsmodelle verbunden ist. Es kommt darauf an, mit einem leistungsfähigen strategischen Konzept rechtzeitig die richtigen Fragen zu stellen und zu beantworten. Die Methoden des klassischen, intern abgeschirmten Innovationsmanagements reichen hierfür nicht aus. Es ist in der Regel eine Philosophie von Open Innovations mit der Integration von Mitarbeitern, Kunden, anderen Wertschöpfungspartnern sowie externen Experten und Beratern erforderlich. Ein solcher entscheidungsorientierter Ansatz des Change-Managements wird in diesem Buch mit den Schlüsselfragen nach dem Warum, dem Was und dem Wie als Orientierungsrahmen für eine erfolgreiche digitale Transformation behandelt.

Kapitel 3

# Warum? Die Uhr tickt!

Führung ist gefragt: Nur der Chef oder die Chefin können ihren Mitarbeitern die Notwendigkeit zum digitalen Wandel klarmachen, das nötige Maß und die Richtung definieren und die Beharrungskräfte im Unternehmen überwinden. Dann kann der Marsch in die digitale Zukunft beginnen.

Als 2012 der Springer Verlag den Chefredakteur der Bild-Zeitung und den Vermarktungschef seiner Objekte für neun Monate ins Silicon Valley schickte, wurde im deutschen Management meist gespöttelt – umso mehr, als sich Bild-Lenker Kai Diekmann alsbald assimilierte und mit Hipsterbart und Kapuzenpulli wie ein echter Nerd von der Westküste grüßte. Inzwischen hat das Beispiel des Verlagshauses – das in Sachen digitaler Transformation einer der Vorreiter in Deutschland ist – Schule gemacht. Ex-Bahnchef Rüdiger Grube war auf Studienfahrt im Silicon Valley ebenso wie Kasper Rorstedt, damals noch Vorstandsvorsitzender von Henkel, heute bei Adidas, Thomas Rabe von Bertelsmann, Peter Terium von RWE, Johannes Teyssen von Eon und Tim Höttges von der Telekom. Viele brachten den ganzen Vorstand mit.

Längst sind die berühmtesten Tech-Unternehmen durch Besucher überlastet, alle wollen das Geheimnis der »Big Five«, wie Apple, Facebook, Google, Amazon und Uber in Analogie zur Großwildjagd auf Elefanten, Nashorn und Co. genannt werden, ergründen. Sie suchen Anregungen und Ideen in der Welt der Innovation, lassen sich aufrütteln. So stimmte den früheren Deutsche-Bahn-Chef Rüdiger Grube der Anblick eines Dinosaurierskeletts im Foyer bei Google nachdenklich: »Groß sein nützt nichts. Man kann dennoch aussterben.« Diese Erkenntnis steht am Anfang, wenn Unternehmenschefs ihren Mitarbeitern die Notwendigkeit zur digitalen Transformation, den »Sense of Urgency«, vermitteln.

Wie gefährlich ist die aktuelle Lage? Wie groß ist der Änderungsbedarf im Unternehmen? Was bremst die Transformation? Auf welche Stärken sollen wir aufbauen? Und wohin soll die Reise gehen? Wer die fünfzehn Fragen zu diesen fünf Themen im Schaubild unten beantwortet, bekommt ein gutes Gefühl dafür, wo das Unternehmen steht und wohin es sich entwickeln sollte.

**Warum? Schlüsselfragen an das Management**

| | | | |
|---|---|---|---|
| Sense of Urgency | 1 Haben wir die Bedrohung und die Potentiale durch Digitalisierung erkannt? | 2 Haben wir eine ehrliche Standortbestimmung gemacht? | 3 Haben wir Digitalisierung selbst vor Ort erlebt? |
| Art der Veränderung | 4 Ist unser heutiges Geschäft in der digitalen Welt überlebensfähig? | 5 Reichen gezielte Eingriffe? | 6 Haben wir die neuen Talente für den digitalen Wandel? |
| Veränderungshürden | 7 Besteht Leidensdruck bei den Eigentümern, Mitarbeitern und Führungskräften? | 8 Unterstützen die besten und erfolgreichsten Führungskräfte den Wandel? | 9 Stehen unsere »Organisationssilos« der Veränderung im Weg? |
| Relevante Assets | 10 Was sind unsere echten Assets – Kunden, Produkte, Technologien usw.? | 11 Welche dieser Assets sind in der digitalen Welt noch relevant? | 12 Wie können wir diese Assets erfolgreich in die digitale Welt transformieren? |
| Anspruch | 13 Treibt der CEO den Wandel persönlich voran? | 14 Wie hoch müssen wir zielen, und wie schnell müssen wir handeln? | 15 Geht unsere Mannschaft mit? |

## 3.1 Sense of Urgency: Wie dringend muss ein Digitalisierungskonzept her?

Die Einsicht, dass eine Veränderung sein muss, ist das eine – aber der akute Anstoß, die Transformation anzugehen, entsteht oft in emotionalen Momenten, bei Begegnungen und Erlebnissen. Buchhändler Michael Busch, der Chef von Thalia, hatte solch einen Moment, als er bei Apple vorsprach, ob es eine Möglichkeit zur Zusammenarbeit in Sachen E-Books gebe – und auf komplettes Desinteresse stieß. Da war Busch klar: Eine eigene Lösung musste her. Prompt machte er sich daran, die Gründungspartner für das Tolino-System zusammenzubringen.

Markus Langes-Swarovski, der das Kristallimperium Swarovski führt, erschreckte 2012 seine Familiengesellschafter mit den Parallelen zum gerade in die Insolvenz gegangenen Fotokonzern Kodak: Der wurde 1888 gegründet, Swarovski sieben Jahre später, beide Unternehmen waren Marktführer und jahrzehntelang erfolgreich – bis Kodak von der Digitalisierung überrollt wurde. Auf Aufsichtsratssitzungen ebenso wie bei privaten Abendessen, bei Familientreffen und bei festlichen Zusammenkünften bearbeitete Langes-Swarovski die Verwandtschaft mit seiner Botschaft: Wenn das Unternehmen so bleiben soll, wie es ist, nämlich höchst erfolgreich, muss es sich zu einer Technologiefirma wandeln. Und Fortschritt, argumentierte er listig, liege doch in den Genen der Familie und des Unternehmens, das der Urgroßvater, ein begnadeter Ingenieur, mit technischen Ideen zur Glasbearbeitung erst konkurrenzlos gemacht hatte. Langes-Swarovski überzeugte die Gesellschafter, und heute freut sich das Unternehmen über einen funktionierenden Onlinevertrieb, moderne Fertigung unter Einsatz von moderner Robotik und 3-D-Druckern, an einem eigenen Start-up-Laboratorium im Inntal, an einer Vielzahl innovativer Produkte und vielem mehr. Die enge und professionelle Begleitung des Kunden auf der gesamten Customer-Journey und Fähigkeit, auch Kleinserien kostengünstig zu produzieren, erweisen sich heute als wichtige und wirksame Instrumente auch gegen Billigangebote aus China, die den Markt überschwemmen.

Bei Martin Viessmann, Chef des gleichnamigen Familienunternehmens fürs Heizen und Kühlen sowie für Energiesysteme, klingelten die Alarmglocken, als 2014 Google das Start-up Nest kaufte, einen Entwickler von smarten, selbstlernenden Heiz- und Kühlthermostaten: »Wenn der führende Internetkonzern sich für einen kleinen Hersteller von Thermostaten interessiert, ist klar, wohin die Reise geht.« Viessmann erkannte: »Wenn wir nicht als verlängerte Werkbank amerikanischer Technologiegiganten enden wollen, müssen wir selbst mitspielen im Wettkampf um Plattformen, Software und Daten.« Seitdem stellt Viessmann sein Unternehmen um: Statt wie früher vor allem Geräte zu verkaufen, entwickelt das 100 Jahre alte Familienunternehmen immer mehr digitale Dienstleistungen, von der Fernsteuerung von Heizung und Klima via Smartphone-App bis zu automatischer Zählerablesung und selbstregulierenden Systemen. »Wer die Digitalisierung nicht ernstnimmt, bringt sich in Existenzgefahr«, sagt Martin Viessmann. Er hat Mitte 2016 die operative Führung des Unternehmens abgegeben und sich als Präsident in den Verwaltungsrat zurückgezogen. Nachfolger als CEO wurde sein bisheriger CDO, der »Chief Digital Officer«.

Jeffrey Immelt, Vorstandsvorsitzender von General Electric, erinnert sich genau an den Tag im Juni 2009, als ihm seine Entwickler eine neue Jetturbine präsentierten, die voller Sensoren steckte und von jedem Flug einen Strom von Daten funken konnte. Immelt erkannte zweierlei: Erstens, diese Daten könnten einmal ebenso wertvoll wie die Turbinen selbst sein. Zweitens, GE konnte nichts mit ihnen anfangen, denn es fehlte in der Firma an Softwarewissen. Immelt startete energisch die digitale Transformation, auch in den Köpfen der Mitarbeiter: Statt beim Thema Wettbewerber zuerst an Unternehmen wie Siemens zu denken, sollten sie eher Amazon oder IBM im Auge behalten. »We act. We learn. We get better«, zieht er im Geschäftsbericht für 2015 ein Zwischenfazit.

Der Mittelstand kann Köpfe und Herzen der Mitarbeiter noch direkt ansprechen. Bei Qundis, einem Hersteller von smarten Geräten zur Erfassung von Wasser- und Wärmeverbrauch mit 300 Mitarbeitern und gut 80 Millionen Euro Umsatz ruft die Geschäftsführung alle Beteiligten zusammen, wenn ein neues Digitalprojekt ansteht – und das ist häufig: Das Erfurter Unternehmen zieht 25 Großprojekte mit Millionenvolumen jährlich durch, dazu rund 500 kleinere zur Verbesserung von Prozessen und Produkten. Beim Kick-off-Meeting, erzählt Geschäftsführer Thomas Röhrl, steigt er gern mit einem Negativbeispiel ein: »Ich rufe dann in Erinnerung, dass Nokia vor zehn Jahren noch ein sehr erfolgreicher Handyhersteller war – bis die Finnen das Signal nicht verstanden und den Weg zum Smartphone zu spät einschlugen«, sagt er. »Diese Beispiele begreift jeder: Sowas passiert, wenn wir nicht rechtzeitig reagieren.« Dann begründet Röhrl kurz, warum die zur Diskussion stehende Entwicklung Qundis betrifft, und zeigt die Optionen auf: nichts tun, langsam reagieren, ein schnelles und energisches Projekt durchziehen oder das nötige Wissen dazukaufen. »Ich baue mit der externen Variante Druck auf unsere Entwickler auf, die wissen, dass wir schon einmal ein Unternehmen übernommen haben, als wir auf einem Feld nicht weiterkamen«, berichtet er. Dann fordert er jeden in der Runde auf, seine Meinung zu sagen. Besonderen Wert legt er auf die Meinungsbildner: »Das sind nicht unbedingt die besten Entwickler, aber die besten Motivatoren – wenn sie überzeugt sind, ziehen sie die anderen mit.« Offensichtlich überzeugt Röhrl seine Mitstreiter regelmäßig von der Notwendigkeit, rasch zu handeln: In den vergangenen drei Jahren hat Qundis 90 Prozent des Produktportfolios erneuert und fährt einen strammen Wachstumskurs. Das beeindruckt auch Externe. Qundis wurde 2016 mit dem Titel »Innovativster Mittelständler Deutschlands« ausgezeichnet.

Wie das Beispiel von Qundis zeigt, ist es für den Start einer erfolgversprechenden digitalen Transformation nicht ausreichend, wenn der Chef seinen Heureka-Moment hat. Zumindest für die Führungsgruppe muss der Unternehmer oder der Vorstandsvorsitzende solch ein Aha-Erlebnis organisieren, bei dem intuitiv klar wird, dass sich das Unternehmen auf den Weg in die digitale Zukunft machen muss.

Diese Überzeugungsarbeit fällt in vielen Familienunternehmen leichter – die erfolgreichen haben einen »eingebauten« Überlebensinstinkt – als in großen börsennotierten Konzernen. Dort wirken die Governance-Strukturen oft bremsend, weder Betriebs- noch Aufsichtsräte brennen in der Regel auf tiefgreifende Veränderungen, und die wenigsten Mitglieder dieser Gremien zählen sich zu den »Digital Natives«. Nach dem Erweckungserlebnis muss die Führungsgruppe als Multiplikator quer durchs Unternehmen klarmachen, wie dringend sich das Unternehmen der digitalen Transformation stellen muss. Dies sind die wichtigsten Aufgaben, die das Management zu erfüllen hat, um die ganze Mannschaft für das Thema zu sensibilisieren und zu begeistern.

### Führung in die Hand nehmen

Barrieren im Kopf wie »für uns nicht relevant« und »machen wir schon lange« muss das Topmanagement überwinden. Dazu kombiniert es überzeugende Argumente mit unternehmerischer Vision, um alle Beteiligten zu informieren, überzeugen, inspirieren und zu mobilisieren. Widerstände und Bedenken finden sich immer bei unterschiedlichen Gruppen. Eigentümer – vor allem bei Familiengesellschaften oder aktiven Investoren –, Mitarbeiter und Führungskräfte, aber auch Vertriebspartner oder Zulieferer wollen dort abgeholt werden, wo sie heute stehen. Jede dieser Gruppen kann ein Katalysator – oder ein Hindernis – für die Transformation werden. Es gilt, Kopf und Herz abzuholen. Den Kopf durch überzeugende Geschäftslogiken, neue Best-Practice-Beispiele, Tools, Methoden – das Herz durch Erfolgsbeispiele, Heldengeschichten und auch persönliche Betroffenheit.

### Benchmarking zur Standortbestimmung

Um den Grad der Dringlichkeit für ein Digitalisierungskonzept zu ermitteln, hilft eine sachliche und objektive Standortbestimmung. Dazu sollte das Management zehn kritische Fragen zur aktuellen Strategie des Unternehmens beantworten:

- Antizipieren wir die Auswirkungen der digitalen Revolution auf Geschäftsmodell und Ertragszahlen?
- Schaffen wir aktiv ein Ökosystem von Partnern, Kunden und Zulieferern, das auch in der digitalen Welt besteht?
- Lassen wir Raum für eine Digitalstrategie, die auch aktuelle Umsätze kannibalisieren darf?
- Prüfen wir, ob wir innerhalb der geltenden Regeln mit den eigenen Stärken und neuem Geschäftsmodell in ganz neue Branchen vordringen können?
- Sehen wir vor, uns von heute wertvollen Teilen des Portfolios zu trennen, weil sie zu wenig Potential für die digitale Zukunft haben?
- Reflektiert unsere aktuelle Strategie das hohe Tempo und die große Ungewissheit im digitalen Zeitalter?
- Ziehen wir in Betracht, mit welcher Wucht künftige technische Entwicklungen unser Geschäft verändern können?
- Schicken wir die besten Köpfe in die Teams, die an der Digitalisierung arbeiten?
- Priorisieren und allokieren wir Kapital, Talent und Managementkapazität entsprechend unserer Digitalstrategie?

- Haben wir einen plausiblen Zeitplan und aussagekräftige Kennziffern definiert, um Erfolg oder Misserfolg verlässlich zu messen?

Aus den Antworten auf diese Fragen, die aus der Digital-Quotient-Diagnostik (DQ) von McKinsey stammen, ergibt sich eine recht präzise Standortbestimmung. Wer sich dafür interessiert und wissen will, wo das eigene Unternehmen steht und wie sich daraus ein Benchmarking, ein Abgleich mit dem Durchschnitt der eigenen Branche, entwickeln lässt, kann weiterlesen unter www.mckinsey.com/business-functions/digital-mckinsey/how-we-help-clients/digital-quotient.

## Digital live erleben

In der Bibel steht: »Selig ist, wer nicht sieht und trotzdem glaubt.« In der echten Welt zählen aber nur reale Erfahrungen. Die Situation heute erinnert mich an die Zeit vor 25 Jahren. Auch damals gab es ein Schlüsselerlebnis: Toyota schaltete eine zweiseitige Anzeige: Links eine S-Klasse von Mercedes, rechts zwei Lexus S 400 plus ein Flugticket für die Concorde nach New York – zum gleichen Preis. Kosten wurden Anfang der 1990er Jahre als wichtig erkannt. Prompt pilgerte die ganze deutsche Industrie nach Japan und kehrte mit Lean Production und Six Sigma zurück. Angespornt von Toyota, Honda und Sony haben wir so unsere internationale Wettbewerbsfähigkeit wiedererlangt.

Beim Thema Digital läuft es heute genauso, wie die Beispiele am Anfang des Kapitels zeigen. Es muss ja nicht immer das Silicon Valley sein – ein Gang durch die Berliner Start-up-Szene ist ebenfalls lehrreich. Das Investment ist überschaubar, der Nutzen riesig. Wer die Augen wirklich geöffnet bekommen möchte, muss sich heute mit der digitalen Szene in China – vor allen in Shanghai, Hangzhou und Peking – vertraut machen.

## Mit einem Hackathon schon mal den digitalen Geist atmen

Um in der Mannschaft die Dringlichkeit des digitalen Wandels deutlich zu machen, hilft es, sich von den Digital Natives ein probates Arbeitsmittel auszuleihen: den Hackathon. Die Wortschöpfung aus »Hacking«, dem Eindringen in fremde Computersysteme, und »Marathon« bezeichnet Kreativsitzungen, bei denen kleine crossfunktionale Gruppen technikaffiner Tüftler so lange zusammengebracht werden, bis sie eine pfiffige Lösung für eine Aufgabe gefunden haben. Nach dem Motto »bauen, testen, feinschleifen« setzen die Teams, die allerdings weitgehend freie Hand haben, auf Tempo und Pragmatismus. Facebook beispielsweise hat so den »Gefällt-mir«-Button entwickelt. Inzwischen nutzen Unternehmen in vielen Branchen das schnelle und kostensparende Tool.

Die Vorteile liegen auf der Hand: Aufwendige Besprechungsrunden, Lenkungsausschüsse und Arbeitsgruppen sind überflüssig, auch kleinere Organisationen können so ihre knappen Entwicklungskapazitäten optimal nutzen, um schnell zu marktfähigen Produkten und Serviceangeboten zu kommen.

Inzwischen nutzen große Unternehmen Hackathons sogar, um externe Talente an Problemen tüfteln zu lassen. So startete der Konsumgüterkonzern Unilever einen Hackathon-Wettbewerb, in dem die Teams originelle Ideen entwickeln sollten, wie das Unternehmen die Kaufentscheidung von Konsumenten im Sinne seiner Marken beeinflussen kann, ehe sie den Supermarkt aufsuchen. Dem Siegerteam winkte eine Prämie von 30 000 britischen Pfund sowie eine andauernde Partnerschaft mit dem Konzern.

Der Einzelhandelskonzern Sainsbury's lud 2015 alle seine 161 000 Mitarbeiter ein, Ideen einzureichen, wie Technik das Leben der Kunden und Mitarbeiter erleichtern könnte. Die besten sechs Ideen wurden im Rahmen eines Hackathons in Sainsbury's Digitallabor in London innerhalb von 24 Stunden in Prototypen überführt. Der Geschäftsleitung war das Thema so wichtig, dass sowohl der CEO als auch der Chairman daran teilnahmen.

Um Unternehmen die Innovationsquelle Hackathon zu erschließen, hat sich inzwischen eine Szene mit spezialisierten Anbietern gebildet: Die Hacker League beispielsweise hat seit 2011 schon über 600 dieser Kreativsitzungen organisiert – und wurde 2013 von Intel übernommen. AngelHack, gegründet 2011, rühmt sich eines Netzes von 97 000 Entwicklern, Designern und Unternehmern. Die Angels veranstalten öffentliche Hackathon-Events auf der ganzen Welt, an denen tausende von Entwicklern teilnehmen. Sie organisieren aber auch Kunden-Hackathons, etwa für Comcast, MasterCard, Hearst, HP, Hasbro oder UBS.

### Auch eigene Mitarbeiter decken Schwächen auf

Die meisten Unternehmenslenker setzen jedoch auf die eigenen Mitarbeiter. So forderte Bosch-Chef Volker Denner die Belegschaft auf, »Disruption-Discovery-Teams« zu bilden. Die sollten sich überlegen, mit welchen Digitalideen sie das Geschäftsmodell von Bosch angreifen können – nach dem Motto: »Besser, wir finden die Schwachstellen, als dass es andere tun.« In nur sechs Wochen reichte die Belegschaft 1 800 Ideen ein. Denner und seine Führungsmannschaft wählten die interessantesten aus und stellten die Teams anschließend für acht Wochen von der Tagesroutine frei. Währenddessen konnten sie ihre Ideen ausarbeiten und so entweder Vorlagen für neue Geschäftsmodelle entwickeln oder zumindest die Schwachstellen der aktuellen Modelle deutlich machen.

Wie alle Projekte, die ein Unternehmen gründlich verändern sollen, muss auch die digitale Transformation notwendig vom Unternehmer – dem Vorstandsvorsitzenden oder Eigentümer – angestoßen und vorangetrieben werden. Nur was vorgelebt wird, ahmt die Belegschaft nach. Inspirierende Unternehmensführer orientieren sich dann an der legendären Rede, mit der US-Präsident John F. Kennedy im September 1962 ankündigte, noch im gleichen Jahrzehnt einen Menschen zum Mond zu befördern. Seine Begründung, warum er solch ein ehrgeiziges Ziel setzte, war interessant: »Wir haben uns dazu entschlossen, nicht weil es einfach wäre, sondern weil es schwierig ist; weil uns dieses

Ziel hilft, unsere besten Kräfte und Fähigkeiten zu mobilisieren und zu organisieren.« Der Versuch, nach den Sternen zu greifen, bringt das Beste in Teams hervor – darin steckt ein guter Rat für Unternehmensführer.

## 3.2 Art der Veränderung bestimmen

Alle Unternehmen müssen reagieren – aber nicht alle gleich. Zunächst einmal ist es wichtig, die Dringlichkeit zu verstehen. Ein Blick auf die digitale Reife der eigenen Branche gibt ersten Aufschluss – B2C ist tendenziell bereits stärker durch Digitalisierung betroffen als B2B. Ein weiterer wichtiger Aspekt ist der Umfang des Einsatzes von Assets. Während im Handel vergleichsweise wenig Assets vonnöten sind (»asset light«), sieht dies in Chemie und Bergbau ganz anders aus (»asset heavy«).

**Die Art der Veränderung lässt sich in vier Archetypen gliedern**

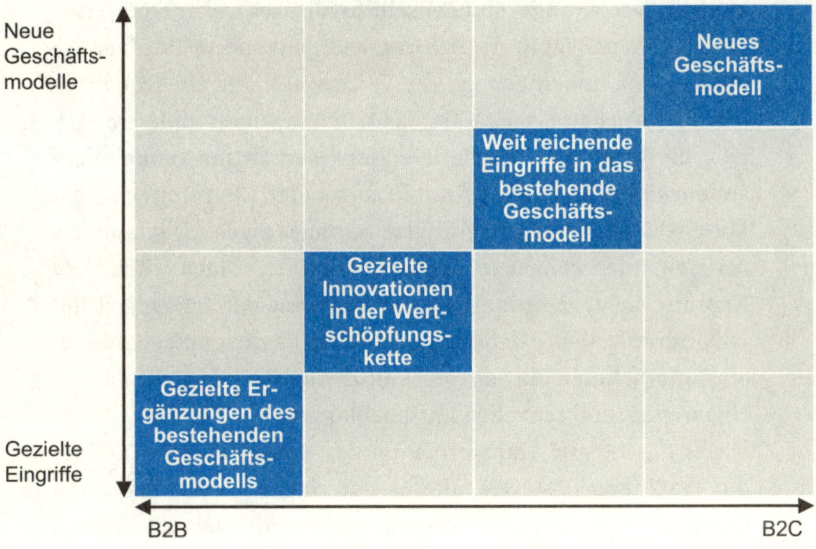

Die Position der eigenen Branche bedingt Art und Tempo der Reaktion: Wer wie etwa die Öl- und Gasbranche oder die Chemieindustrie bislang von der Digitalisierung kaum betroffen ist, kommt typischerweise mit gezielten funktionalen Eingriffen über die Runden. Je weiter es aufwärtsgeht, desto größer und dringlicher ist der Veränderungsbedarf. Und jenseits des Wendepunkts haben meist nur noch Unternehmen eine Chance, die ihr Geschäftsmodell komplett neu erfinden.

### Wer sich oben rechts findet, braucht ein ganz neues Geschäftsmodell

Ein Beispiel hierfür ist das ehemalige Verlagshaus Axel Springer. Der Vorstandsvorsitzende Mathias Döpfner hatte frühzeitig erkannt, dass beginnend mit den sogenannten Rubrikenanzeigen für Autos, Wohnungen und Jobs die Erlösgrundlage für das Zeitungsgeschäft wegbrach. Und er antizipierte, dass das Internet – die Digitalisierung – einerseits die Lesegewohnheiten seiner Kunden verändern, andererseits zum attraktiven Medium für Werbung heranwachsen würde und so das Fundament des alten Geschäftsmodells des Zeitungs- und Zeitschriftenhauses weiter erodiert.

Schon seit Beginn des Jahrtausends investierte Döpfner die immer noch hohen Erträge des Verlagsgeschäfts konsequent in digitale Geschäfte. Einen Teil kaufte er zu, unter anderem Portale, die heute ein sehr florierendes Geschäft mit Immobilienannoncen (Immowelt) und mit Jobangeboten (Stepstone) haben. Mit ebenso viel Ehrgeiz gründete Springer eigene Digitalunternehmen. Auch wenn man den Vorstandsvorsitzenden selten ohne Krawatte sieht, verordnete er dem Haus eine durchgängige Digitalkultur und sorgte dafür, dass in den gekauften und gegründeten Unternehmen die Start-up-Kultur erhalten blieb, mit flachen Hierarchien und schnellen Entscheidungen.

Für die digitale Transformation des Verlags opferte Döpfner die Tradition: 2014 verkaufte er mit einem ganzen Paket von Objekten nicht nur die Programmzeitschrift Hörzu, die dem

Gründer Axel Springer einst das Geld für den märchenhaften Aufstieg zum mächtigsten Zeitungszar Europas verdiente, sondern auch die erste von ihm gegründete Tageszeitung, das Hamburger Abendblatt. Die Funke Mediengruppe übernahm das immer noch recht profitable Portfolio von Printprodukten. Springer verdient indes mehr Geld denn je: Im Geschäftsjahr 2015 stammten rund 70 Prozent des Ergebnisses vor Steuern, Zinsen und Abschreibungen (EBITDA) aus digitalen Geschäften.

## Weitreichende Eingriffe in das bestehende Geschäftsmodell

Auch der Textilhandel ist schon weit oben auf der Betroffenheitskurve angekommen. Beim ehrwürdigen US-Modehaus Nordstrom, gegründet 1901, begann der Wandel mit einer Erkenntnis: »In unserer Branche kommt das meiste Wachstum künftig aus dem E-Commerce«, sah Blake Nordstrom, Chef des Familienunternehmens, schon 2003, »das ist das Feld, auf dem wir die Schlacht gewinnen oder verlieren.« Deshalb stieß er eine weitgehende Veränderung des alten Geschäftsmodells an.

Sukzessive installierte Nordstrom seinen Onlineshop und sorgte von Anfang an für eine konsequente Verschränkung der Vertriebskanäle: Bald schon konnten Kunden ihre online bestellten Waren in den stationären Geschäften abholen. Umgekehrt hatten die Filialen Onlinekontakt zum Lager und konnten sofort prüfen, ob ein Teil, das ein Kunde nicht in der richtigen Größe oder Farbe im Geschäft vorfand, verfügbar ist, und gleich die Lieferung organisieren.

Den erfahrenen Händlern war klar, dass im Mittelpunkt immer das Kundenerlebnis stehen muss. Beispielsweise prüft das Verkaufspersonal die Verfügbarkeit im Lager nicht etwa im Hinterzimmer in den Zahlenkolonnen des Warenwirtschaftssystems, sondern zeigt der Kundschaft das bestellte Stück im munteren Layout eines Tablet-Computers. Und wer etwa in Deutschland die Nordstrom-Webseite aufruft, wird auf Deutsch begrüßt, mit dem Hinweis, dass alle Preise in Euro ausgezeichnet sind und dass nur niedrige internationale Versandkosten anfallen.

Im Wettbewerb mit den reinen Onlinemodehäusern setzt Nordstrom auf einen handfesten Vorteil: das Einkaufserlebnis in den Geschäften. Hier wird der Kundschaft buchstäblich der rote Teppich ausgerollt, eine verführerische Modewelt aufgebaut. Hier können die Kunden die Stücke anschauen, anfassen, anprobieren. Konsequent spürten die Händler den Bedürfnissen der Käufer nach: Den modisch unsicheren Kunden bieten sie den Nordstrom Trunk Club an, der online per Fragebogen die Bedürfnisse erhebt, passende Stücke vorschlägt und versendet. Und Nordstrom Racks offeriert on- und offline Schnäppchen.

Sämtliche Nordstrom-Formate laufen auf der gleichen Technik, machen dem Kunden aber ganz unterschiedliche Angebote. Ziel sind die attraktiven Multi-Channel-Shopper. Sie geben laut Marktforschung drei- bis viermal so viel Geld bei einem Anbieter aus wie Kunden, die nur im Geschäft oder nur online kaufen. Den nahtlosen Service in beiden Welten lässt sich Nordstrom einiges kosten: Bis 2020 wollen die Amerikaner 1,5 Milliarden Dollar in ihre technische Plattform investieren.

### Gezielte Innovationen in der Wertschöpfungskette

Anders als Nordstrom verordnet sich die Lufthansa derzeit noch kein neues Geschäftsmodell, sondern belässt es in Sachen Digitalisierung bei einigen, allerdings weit reichenden Eingriffen in die Wertschöpfungskette. Vor allem geht es um die Prozesse von der Information des Kunden über die Buchung bis zum Check-in und Boarding. Hier hat die Elektronik massiv Einzug gehalten. Die Lufthansa-Webseite und die Buchungs-Apps für Mobilgeräte haben längst die ehemalige Rolle des Reisebüros übernommen: Wer die Bordkarte nicht schon elektronisch auf dem Smartphone mitbringt, besorgt sie sich selbst. Selbst beim Boarding sind die Lufthanseaten schon überflüssig, am Gate liest ein Gerät den QR-Code auf der Bordkarte oder im Handy und gibt den Weg ins

Flugzeug frei. Und sogar das Lesematerial wird digital – in der neuesten Weiterentwicklung kann der Passagier vor dem Start aktuelle Zeitungen und Zeitschriften herunterladen. Ab hier wird's analog, ein Beamer, der uns ans Ziel strahlt, ist noch nicht erfunden, wir brauchen das Flugzeug und den Piloten.

## Gezielte Ergänzungen des bestehenden Geschäftsmodells

Branchen, die primär B2B betreiben und für die wesentliche Assets, etwa Patente, Marke, Kundenbeziehungen oder Marktverständnis, erfolgskritisch sind, haben aktuell verhältnismäßig stabile Geschäftsmodelle. Die Digitalisierung macht aber erheblichen Druck auf die Kostenposition. Daher nutzen Unternehmen in dieser Lage die Digitalisierung meist, um ihre Effizienz zu verbessern, wie das Beispiel eines multinationalen Ölkonzerns zeigt.

Dort vergibt die Einkaufsabteilung jährlich hunderttausende Aufträge – von der Beschaffung von Teilen für Bohrgestänge bis zu Serviceleistungen auf den Ölfeldern quer über alle Kontinente. Den Einkäufern war es nie gelungen, Preistransparenz herzustellen, denn es gab einfach zu viele Variablen in zu vielen Ländern. In einem Fall variierten beispielsweise die Kosten pro Bohrung in Schiefergestein enorm. Das Unternehmen stellte ein Datenteam zusammen, das Informationen im eigenen Finanzressort, den operativen Abteilungen, aus Wettbewerbs- und Investorenpräsentationen sowie aus veröffentlichten Berichten sammelte. Ein Softwareprogramm arbeitete sich dann durch die Millionen Daten, passte sie an, suchte Korrelationen und Wahrscheinlichkeiten für Preise. Das Datenwerk analysierte ein Team von Ingenieuren und Einkäufern. Sie machten daraufhin Vorschläge, wie das Design der Bohrrohre angepasst werden musste und wie sich Beschaffung und die Auswahl der Bohrcrew ändern sollte. Als Resultat sparte das Unternehmen 700 000 Dollar pro Bohrloch, bei 1 300 Löchern fast eine Milliarde Dollar – dank Big Data, der intelligenten Auswertung großer Datenmengen.

Es gibt natürlich auch weit einfachere Beispiele. Rio Tinto ersetzt die Fahrer in seinen australischen Mienen durch selbstfahrende Lastwagen. Caterpillar erhöht die Auslastung des Equipments durch vorausschauende Wartung (»Predictive Maintenance«), basierend auf den ständig von den Maschinen gefunkten Betriebsdaten. So steigert Caterpillar die Auslastung um 30 bis 40 Prozent – ein großer Effekt mit relativ wenig Aufwand.

### Hürden erkennen – um sie leichter zu überwinden

Wenn quer durchs Unternehmen klar ist, dass sich etwas ändern muss, und wenn das Management herausgefunden hat, wie groß der Veränderungsbedarf ist, bleibt noch ein vorbereitender Schritt, ehe die Transformation startet. Es gilt, möglichst jetzt schon herauszufinden, an welchen Hürden das Digitalisierungsprojekt scheitern kann. Drei Erkenntnisse weisen auf die größten Hindernisse. Wer sie antizipiert, erhöht die Chance auf einen gelingenden Wandel:

- *Gerade eine effiziente Organisation bremst oft den nötigen Wandel.* Wenn es gut läuft, fehlt die Einsicht in die Notwendigkeit, Spezialisierung und Arbeitsteilung liegen quer zum nötigen crossfunktionalen Ansatz der digitalen Transformation.

- *Ausgerechnet die besten und effizientesten Führungskräfte stehen dem Projekt oft im Weg.* Kein Wunder, sollen sie doch vieles aufgeben, was das Unternehmen – und sie selbst – erfolgreich gemacht hat. Das beginnt beim Unternehmenslenker selbst. Gerade erfolgsverwöhnten Alphatypen fällt es häufig schwer, den eigenen Kurs zu korrigieren.

- *Eingefahrene Denk- und Arbeitsweisen in funktionalen Silos sind ebenfalls ein Hemmnis.* Denn eine erfolgreiche digitale Transformation richtet den Fokus aller Mitarbeiter auf den Kunden, seinen Nutzen und sein Erlebnis – über alle Kontaktpunkte vom Erstkontakt bis zum Reparatur- oder Ersatzteilservice lange nach dem Kauf.

Wie lassen sich die Bremsen lösen? Durch überzeugende Führung mittels Kommunikation. Thorsten Dirks, der ehemalige Chef von Telefonica Deutschland, hat erkannt: »Wenn Mitarbeitern nicht mindestens genau so viel Aufmerksamkeit gewidmet wird wie der Technologie und den Prozessen, wird die digitale Transformation nicht gelingen.«

## 3.3 Relevante Assets identifizieren

Wo anfangen? Es geht zunächst um den Kern des Geschäfts, den Kundennutzen. Was sind die relevanten Assets, die Stärken des Unternehmens, die unbedingt in die digitale Welt transferiert werden müssen? Und welche sind es nicht? Ist es die selbstentwickelte Technik oder Technologiekompetenz? Sind es Kundenbeziehungen oder eine starke Marke? Produkte? Dienstleistungen? Oder sind es detaillierte Kunden- oder Produktdaten? Was zählt wirklich? Wenn das klar ist, wird aus der Bedrohung eine Chance. Denn etablierte Unternehmen haben nicht per se schlechtere Aussichten als Start-ups oder Branchenfremde, im Gegenteil. Keinesfalls sollten sie alles Bestehende über Bord werfen. Wenn sie ihre Stärken in die digitale Welt transferieren, bleibt ihnen ihr Vorsprung erhalten. Es geht darum zu erkennen, wo die neue Technik dem Unternehmen am meisten bringt und wie diese hilft, das Unternehmen zu erneuern.

Worum es gerade nicht geht, ist das Stückwerk, das viele mit dem Begriff Digitalisierung verbinden. »Wir programmieren nicht nur Apps, sondern bauen Lösungen um unsere Produkte herum, die begehrenswert sein sollen«, sagt Bosch-Chef Volkmar Denner. Das gelänge immer häufiger, zum Beispiel im Hausbereich: »Wir sind der Apple der Heizungsbranche, wir haben die Heizung zu einem Designobjekt gemacht.«

## Starke Marke

Markus Lange-Swarovski vom österreichischen Kristallhaus Swarovski setzt auch digital auf die größte Stärke seines Traditionshauses, den Glanz der Marke. Neben der eigenen Webseite hat er eine Verkaufsplattform aufgemacht, auf der Produkte anderer Luxushersteller, in denen Swarovski-Kristalle verarbeitet sind, angeboten werden. Die Anziehungskraft der Marke Swarovski lockt die Kundschaft auf die Seite, und wenn die dann etwas aus der Kollektion von Oscar de la Renta, Stuart Weitzman oder Escada ordert, erhält das Kristallhaus eine Provision.

## Kundenbeziehung

Auch Disney hat bei der Digitalisierung konsequent auf seine größte Stärke gesetzt: das Wissen, was Disney-Kunden wirklich wollen, sowie die Fähigkeit, ihnen das anzubieten. Der Claim der Themenparks lautet: »Making memories to last a lifetime.« Disney nutzt digitale Technologie, um den Kunden vom Erstkontakt bis zur Erinnerung alles möglichst leicht und angenehm zu machen – von der Planung über den Aufenthalt im Freizeitpark bis zur Abreise und darüber hinaus. Mit My Disney Experience (Webseite und mobile App) kann der Kunde seinen Aufenthalt planen, beispielsweise Reservierungen für spezielle Attraktionen oder Restaurants vornehmen, Informationen checken oder Fotos nach der Abreise kaufen.

Das MagicBand ist ein wasserfestes Plastikarmband, das alle unter My Disney Experience gemachten Buchungen wie ein Zentralschlüssel zugänglich macht: Es dient als Eintrittskarte am Eingang des Freizeitparks oder als Zimmerkarte im Disney Resort Hotel, speichert Reservierungen für Restaurants und erlaubt die Benutzung der »Fast Lane«, vorbei an den Menschenschlangen vor stark nachgefragten Attraktionen. Gleichzeitig sammelt Disney damit Mengen an Daten zum Kundenverhalten, die genutzt werden, um mit noch passgenaueren Angeboten die Kundenzufriedenheit weiter zu steigern.

### Installierte Kundenbasis

Caterpillar, Weltmarktführer bei Baumaschinen und anderem schwerem Gerät, will mit einem spezifischen Vorteil, den auch viele andere Maschinenbauer haben, neue Erlösquellen erschließen: mit der »installed base«, den vielen Maschinen, die rund um den Globus bei Kunden im Einsatz sind. Von den drei Millionen aktiven Caterpillar-Fahrzeugen haben rund 400 000 zahlreiche Sensoren ab Werk montiert. Sie liefern Caterpillars Datenplattform Vital Information Management System (VIMS) umfangreiche Daten und ermöglichen so zum Beispiel datengetriebene Überwachung (etwa Diebstahlschutz), Steuerung (Einsatzplanung der Fahrzeuge) und Optimierung (Vermeidung ungeplanter Stillstandszeiten durch Überwachung »vitaler« Elemente wie Getriebe oder Motor).

Selbst Großkunden mit vielen Caterpillar-Fahrzeugen kommen nicht auf die nötigen Datenmengen – die Masse macht's, ein Vorteil für den Hersteller. Ältere Modelle und auch Fahrzeuge anderer Produzenten können mit kostengünstigen Sensorkits nachgerüstet werden. Caterpillar vermietet seinen Kunden Softwarepakete (»Software as a Service«) zum Managen ihres Fuhrparks und zur Steigerung der Produktivität.

### Kundenkenntnis

John Deere, der in Kapitel 1 vorgestellte Hersteller von Agrarmaschinen, geht noch einen Schritt weiter. Deere sorgt nicht nur für längere Nutzungszeiten seiner Maschinen, wie Caterpillar das tut, sondern hat eine alte Stärke des Unternehmens in die digitale Welt verlängert: Schon immer hilft Deere den Kunden, mehr Ertrag auf ihren Äckern zu erzielen. Heute bekommen die Landwirte über eine App von Deere direkt ins Cockpit des Traktors Empfehlungen für Aussaat und Düngung geschickt, die auf den spezifischen Bodendaten und mikrogenauer Wettervorhersage basieren.

### Emotionale Bindung

Lego nutzt die häufig emotionale Beziehung seiner Kunden zur Marke und interagiert über verschiedene Kanäle mit den Fans. Über Lego Ideas konnten Kinder und Erwachsene neue Ideen für Baukastensets einreichen. Die wurden von den anderen Mitgliedern der Community bewertet, am Ende brachte Lego die beliebtesten Sets auf den Markt.

Der Konkurrent Playmobil verdankt der Kreativität Dritter die mit Abstand erfolgreichste Einzelfigur aller Zeiten: Die Figur von Martin Luther wurde zum fünfhundertjährigen Jubiläum der Reformation im Jahr 2017 von der Evangelischen Kirche, der Deutschen Zentrale für Tourismus und der Tourismus-Zentrale Nürnberg bei Playmobil in Auftrag gegeben – und wurde bereits 500 000 Mal verkauft. Dabei wird die Figur des streitbaren Reformators nicht einmal im Einzelhandel vetrieben.

Auch Biertrinker entwickeln emotionale Bindungen an ihre Lieblingsmarke. Darauf setzt Heineken und hat es geschafft, mit Unterhaltungsangeboten und interaktiven Spielen mehr als 20 Millionen Likes auf Facebook zu sammeln – ein Mehrfaches von dem, was Wettbewerber zusammenbringen.

Erfolgreicher noch als Lego und Heineken setzt allerdings eine 2000 Jahre alte Organisation die Anziehungskraft ihrer weltbekannten Marke in Social-Media-Erfolg um: die Katholische Kirche. Mehr als zehn Millionen Menschen folgen Papst Franziskus auf Twitter, wo er den Schäfchen rund um die Welt eifrig Kurznachrichten schickt.

## 3.4 Transformationsanspruch festlegen

Erkennen und kommunizieren: Zunächst muss sich die Unternehmensführung über das Ziel der Transformation klar sein und es deutlich formulieren. Dann muss sie über Tragweite und Auswirkungen der Veränderungen nachdenken und sie beschreiben. Schließlich kommt der schwierige Part: Es gilt, Ziel und Veränderungen der Mannschaft zu kommunizieren und dabei Begeisterung für die und Spaß an den anstehenden Aufgaben zu erzeugen.

Hilfreich ist allemal ein konkretes Ziel. So kündigte Mathias Döpfner, der Vorstandsvorsitzende von Axel Springer, 2009 an, dass innerhalb der nächsten zehn Jahre die Hälfte von Umsatz und Gewinn aus dem digitalen Geschäft kommen sollte – und lieferte: Im Geschäftsjahr 2015 stammten 62 Prozent des Umsatzes und sogar 70 Prozent des EBITDA von digitalen Aktivitäten. Auch Gisbert Rühl setzt seinem Stahlhandelsunternehmen Klöckner ein quantitatives Ziel: Bis 2019 soll die Hälfte aller Transaktionen über die neue digitale Plattform laufen.

Jeffrey Immelt von General Electric dagegen formuliert sein Ziel verbal, dafür aber mit sehr hohem Anspruch: GE soll das weltweit führende digitale Industrieunternehmen werden. In seinem Geschäftsbericht stellt sich das Unternehmen schon heute als »The Digital Industrial« vor.

## 3.5 Gute Führung erkennt Veränderungsbedarf und handelt

Professor Heribert Meffert über »Verhaltenslücken« im Management langjähriger Marktführer und die fatalen Folgen des »Innovator's Dilemma«.

In einem Führungsgespräch über »Unternehmensstrategien in stagnierenden und schrumpfenden Märkten« präsentierte ich ein Schaubild über Lebenszyklen einzelner Branchen. Dabei habe ich beispielsweise den Onlinehandel in eine frühe Phase raschen Wachstums und die Automobilindustrie in ein fortgeschrittenes Stadium reifer Märkte positioniert. Der Vertriebsvorstand eines Automobilkonzerns bemerkte hierzu: »Solang diese profitable Marktposition so bleibt, stört mich das nicht.« Es schloss sich daran eine rege Diskussion über den Zusammenhang der richtigen

Einschätzung der Lage und rechtzeitigem Handeln der Führung an – eine Frage, die angesichts mit intelligenter Digitalisierung autonom gesteuerter Automobile, zum Beispiel Tesla, derzeit wieder hochaktuell ist.

Man kam bei der Diskussion zu dem Ergebnis, dass vor allem in börsennotierten Großunternehmen trotz Früherkennung von Chancen oder Bedrohungen des Geschäfts oft die mangelnde Handlungsbereitschaft der Führung (Vorstand, Aufsichtsrat, Aktionäre) eine erfolgreiche Anpassung verzögert oder verhindert. Demgegenüber dominieren in mittelständischen und kleinen Betrieben Visionäre und experimentierfreudige Unternehmer sowie in Start-ups kreative Macher. Es sind dies die »modernen dynamischen Unternehmer« im Sinne Schumpeters, die große Veränderungen anstoßen, gestalten und erfolgreich am Markt durchsetzen. Charakteristisch hierfür ist nicht nur deren Fähigkeit, von den Bedürfnissen der Kunden aus digitale Technologien in konkreten Kundennutzen zu transformieren, beispielsweise einfacher, bequemer, schneller und sicherer einkaufen, Reisen buchen, Bücher lesen, Fotografieren et cetera. Diese Vision einer kundenzentrierten Geschäftsausrichtung hatte nicht nur Jeff Bezos bei der Gründung von Amazon getrieben, sondern auch die Gründer von Airbnb, Uber, Facebook und vielen anderen erfolgreichen Digitalunternehmen.

Warum aber klafft in etablierten Unternehmen häufig eine »Verhaltenslücke« zwischen dem Erkennen der Lage und dem Handeln der Führung? Vor allem langjährige Marktführer können sich oftmals bei disruptiven Veränderungen nicht erfolgreich im Markt behaupten, siehe Kodak, Leica oder Polaroid. Dieses Phänomen wird im Innovationsmanagement unter dem Begriff »Innovator's Dilemma« diskutiert. Er besagt, dass Marktführer – obwohl sie alles richtig machen – in ihrer Existenz bedroht und von Newcomern verdrängt werden. Die allgemeine Begründung hierfür lautet: »Nichts ist gefährlicher als permanenter Erfolg.«

Meine Antwort ist jedoch nach langjähriger Zusammenarbeit

und Einblick in die deutsche Kodak AG differenzierter. Es ist letztlich auf das Fehlverhalten des Topmanagements im Kodak-Headquarter zurückzuführen. Folgende Gründe waren dafür ausschlaggebend, dass nicht richtig und rechtzeitig gehandelt wurde: Digitale Photographie entsprach nicht den Qualitätsansprüchen, ein neues Geschäftsmodell passte nicht in die Organisation und Kultur der Filmchemie, die Gewinnmargen waren zu niedrig, man fürchtete, das profitable Filmgeschäft zu kannibalisieren, und zu guter Letzt wollte der in Pension gehende CEO ein besonders gutes Geschäftsergebnis nachweisen.

Es mag dahingestellt bleiben, was im vorliegenden Fallbeispiel für den Verlust der Marktführerschaft ausschlaggebend war. Wichtig ist, dass gute Führung als teamorientiertes Change-Management Chefsache sein muss. Der CEO oder Unternehmer muss als Machtpromotor bei wichtigen Zukunftsprojekten richtungsweisende Akzente setzen, mit Fachpromotoren und Experten strategische Ziele als Meilensteine vereinbaren sowie den notwendigen Struktur- und Kulturwandel im offenen, vertrauensbildenden Dialog im Unternehmen durchsetzen.

---

**Fragen, die sich das Management stellen sollte: Wo stehen Sie?**

Wenn selbst der Papst digital unterwegs ist, gibt es keine Zweifel mehr: Die Uhr tickt, Unternehmer und Manager müssen sich den Herausforderungen der Digitalisierung stellen. Wie immer beginnt die Transformation mit einer ehrlichen Selbsteinschätzung. Wo stehen wir, auf welche Stärken können wir bauen, welche Hindernisse sind zu erwarten? Bei dieser Standortbestimmung hilft die Beantwortung der Schlüsselfragen, die wir schon aus dem Einstieg in dieses Kapitel kennen.

**Warum? Schlüsselfragen an das Management zur Selbsteinschätzung**

*Grad der Zustimmung von 1 (sehr niedrig) bis 5 (sehr hoch)*

| | | 1 | 2 | 3 | 4 | 5 |
|---|---|---|---|---|---|---|
| Sense of Urgency | 1 Haben wir die Bedrohung und die Potentiale durch Digitalisierung erkannt? | | | | | |
| | 2 Haben wir eine ehrliche Standortbestimmung gemacht? | | | | | |
| | 3 Haben wir Digitalisierung selbst vor Ort erlebt? | | | | | |
| Art der Veränderung | 4 Ist unser heutiges Geschäft in der digitalen Welt überlebensfähig? | | | | | |
| | 5 Reichen gezielte Eingriffe? | | | | | |
| | 6 Haben wir die neuen Talente für den digitalen Wandel? | | | | | |
| Veränderungs-hürden | 7 Besteht Leidensdruck bei den Eigentümern, Mitarbeitern und Führungskräften? | | | | | |
| | 8 Unterstützen die besten und erfolgreichsten Führungskräfte den Wandel? | | | | | |
| | 9 Stehen unsere »Organisationssilos« der Veränderung im Weg? | | | | | |
| Relevante Assets | 10 Was sind unsere echten Assets – Kunden, Produkte, Technologien usw.? | | | | | |
| | 11 Welche dieser Assets sind in der digitalen Welt noch relevant? | | | | | |
| | 12 Wie können wir diese Assets erfolgreich in die digitale Welt transformieren? | | | | | |
| Anspruch | 13 Treibt der CEO den Wandel persönlich voran? | | | | | |
| | 14 Wie hoch müssen wir zielen, und wie schnell müssen wir handeln? | | | | | |
| | 15 Geht unsere Mannschaft mit? | | | | | |

## Fazit: Auf in die neuen Ökosysteme

Dieses Kapitel hat dargestellt, warum sich Unternehmen auf den Weg in die digitale Welt machen müssen. Aber in welchen neu entstehenden Branchen oder wirtschaftlichen Ökosystemen sie künftig ihren Platz suchen können, wie die Digitalisierung alle Funktionen im Unternehmen verändert und wie das Fundament aus Technik und Organisation für die neue Zeit zu bauen ist, beantworten die folgenden Kapitel. Los geht es mit den neuen Ökosystemen, die von der Automobilindustrie über die Bankenszene bis zur Bauwirtschaft Branchengrenzen aufheben und Akteure in ein Zusammenspiel bringen, die früher nichts miteinander zu tun hatten.

Kapitel 4

# Was? Intelligent die richtigen Dinge tun

Digitalisierung ist ein weit gefasster Begriff – aber ein Programm braucht Struktur. Es geht um neue Ökosysteme, die Weiterentwicklung des Geschäftsmodells und die Aneignung fundamentaler Fähigkeiten.

Wenn Manager heute über die Herausforderungen der Digitalisierung sprechen, treffen sie auf zahllose Begriffsdefinitionen und völlig unterschiedliche Weltanschauungen: Die einen ringen mit der Anpassung ihres Geschäftsmodells. Sie stellen sich die Frage, ob es morgen ihren Markt noch gibt oder ihnen ein Schicksal wie Kodak droht. Andere sind stark auf ihr Geschäftssystem fokussiert und fragen sich, wie die IT die Supply Chain verbessern kann oder helfen kann, ihre Kunden besser zu verstehen. Wieder andere fragen sich, ob ihre IT überhaupt in der Lage ist, mit den neuen Datenströmen umzugehen. Gedanken und Begriffsdefinitionen gehen bunt durcheinander. Für eine tragfähige Strategie brauchen wir aber eine gemeinsame Sprache, ein gemeinsames Verständnis und eine von allen getragene Struktur.

Wir haben dazu in diesem Buch drei Ebenen eingeführt. In der ersten Ebene geht es um unseren Markt der Zukunft: Greifen neue Wettbewerber unser heutiges Geschäftsmodell mit innovativen Technologien an? Stellen sie sogar einst unumstößliche Paradigmen in Frage?

Auf der zweiten Ebene geht es darum, ob unser Geschäftsmodell den Herausforderungen gewachsen ist: Nutzen wir die

**Was? Schlüsselfragen an das Management**

| | | | |
|---|---|---|---|
| Neue Ökosysteme bauen | 1 Greifen Wettbewerber unser Geschäftsmodell mit neuen Technologien an? | 2 Nutzen wir das Potenzial digitaler Technologien, um uns neu zu erfinden? | 3 Entstehen an den Grenzen traditioneller Branchen neue Profit Pools? |
| Geschäftsarchitektur weiterentwickeln | 4 Nutzen wir Digitalisierung wirklich voll, um das Kundenerlebnis fundamental zu verbessern? | 5 Entwickeln wir neue Produkte radikal und schnell genug, um vorne zu sein? | 6 Schöpfen wir die Effizienzpotenziale durch Digitalisierung oder Advanced Analytics konsequent aus? |
| Fundament stärken | 7 Setzen wir State-of-the-Art-Technologien und -IT ein? | 8 Haben wir eine agile, flache Organisation und fördern unternehmerisches Handeln? | 9 Bringen wir neue Talente ins Unternehmen und bauen gezielt Partnerschaften aus? |

digitalen Möglichkeiten, um das Kundenerlebnis fundamental zu verbessern? Heben wir konsequent schlummernde Effizienzpotentiale durch Digital und Advanced Analytics? Und auf der dritten Ebene geht es um das Fundament, die IT-Technik und die Organisation: Setzen wir State-of-the-Art-Technologien ein? Sind wir für neue digitale Talente attraktiv, und bauen wir gezielt Partnerschaften aus?

Auf jeder der drei Ebenen stellen sich den Unternehmen spezifische Aufgaben auf dem Weg in die digitale Zukunft. Bei den neuen Ökosystemen geht es darum, seinen Platz in den entstehenden Märkten zu finden, die Geschäftsarchitektur muss umgebaut werden, um in den neuen Ökosystemen erfolgreich zu arbeiten, und das Fundament aus Technik, Organisation und Kultur muss wiederum die Voraussetzungen schaffen, dass die neue Geschäftsarchitektur arbeitsfähig ist.

In jeder der drei Ebenen stellen sich dem Management spezifische Fragen. Auf der Ebene der neuen Ökosysteme ist einerseits

**Was? Neue Ökosysteme, Geschäftsarchitektur und Fundament**

## Neue Ökosysteme bauen

*Themenwelten*

- Vernetzte Fahrzeuge
- Digitale Gesundheit
- Digitale Medien und Telekommunikation
- Digitaler Handel
- Intelligente Gebäude
- Digitale Logistik
- FinTech
- Digitale Energie
- E-Government und E-Education
- Digitale Landwirtschaft
- Intelligente Infrastruktur
- …

## Geschäftsarchitektur weiterentwickeln

*Kundenerlebnis*

- Multikanalhandel
- Digitales Marketing und Social Media
- Preisgestaltung
- Ende-zu-Ende-Digitalisierung
- Digitale Front-end-Prozesse
- Kundenbeziehungen und Lebenszyklusmanagement
- Kombination von physischem und digitalem Kundenerlebnis
- …

*Produktinnovation*

- Offene Entwicklungsumgebung
- Produktdesign
- …

*Wertschöpfung*

- Digitale Wertschöpfungskette
- Digitale Produktion
- Digitalisierung von Unterstützungsfunktionen
- Digitaler Einkauf

## Fundament stärken

*Technologie*

- IT-Architektur der 2 Geschwindigkeiten
- Big Data und Advanced Analytics
- Cybersecurity
- Eingebettete Software
- Konnektivität
- …

*Kultur und Organisation*

- Digitale Führungskräfte, z.B. CDO
- Kultur: funktionsübergreifende und flache Hierarchien
- Digitales Talentmanagement
- Partnermanagement
- Agilität
- …

die Bedrohung des eigenen Geschäftsmodells durch Wettbewerber mit fortschrittlichen Techniken abzuschätzen, andererseits sind die Chancen durch ebendiese neue Technik zu erfassen. Bei der Beurteilung der Geschäftsarchitektur geht es darum, wie weit das Unternehmen die Potentiale in Sachen Vermarktung, Innovation und Wertschöpfung schon nutzt, die durch die Digitalisierung eröffnet werden. Und beim Fundament lautet die Frage, wie fit Technik, Prozesse und Kultur für die Herausforderungen der digitalen Welt sind.

### Die neuen Ökosysteme, die Geschäftsarchitektur und das Fundament

Branchengrenzen gab es in der Old Economy, die digitale Revolution fegt sie hinweg. Ganz neue Ökosysteme von Unternehmen entstehen, um die Nachfrage zu befriedigen. Wer baut die voll vernetzten, autonom fahrenden Autos von morgen? Braucht man noch Banken für die Geldgeschäfte der Zukunft? Kommt die Ausrüstung für die smarten Häuser von den Heizungslieferanten von heute, oder greifen ganz andere Unternehmen die Wertschöpfung ab? Die Digitalisierung beschert uns ganz neue wirtschaftliche Ökosysteme, Märkte, auf denen die Anteile neu verteilt werden. Darum geht es im Kapitel 4 – wir beschreiben die spannendsten Entwicklungen.

Aber sie verändert auch die interne Geschäftsarchitektur der Unternehmen – von der Art, wie Marketing betrieben wird, bis zur Organisation der Wertschöpfungskette –, was sich in den Unternehmensfunktionen ändern muss, erzählt Kapitel 5. Welche neuen Anforderungen die Digitalisierung an das Fundament stellt, auf dem Unternehmen ihre Arbeit aufbauen, von der IT-Architektur bis zur digitalen Kultur, steht in Kapitel 6. Und am Ende dieses Kapitels schreibt Professor Heribert Meffert, ob sich die Betriebswirtschaft ob der rasanten Veränderungen neu erfinden muss.

### Was: Neue Ökosysteme bauen

Die spektakulärsten Entwicklungen gibt es in den neuen Ökosystemen, wo es für die traditionellen Marktführer um alles geht. Branchengrenzen werden neu gezogen, alte Stärken zählen plötzlich wenig, unerwartete symbiotische Allianzen werden gebildet. In diesem Kapitel befassen wir uns mit den spannendsten Ökosystemen, die derzeit wachsen: Es geht um Mobilität und intelligente Gebäude, um Onlinehandel und digitalisierte Versorgungsunternehmen, um Logistik, Finanzen, Gesundheit, Medien und die öffentliche Verwaltung.

## 4.1 Immer online, gern elektrisch, oft auf Autopilot: Mobilität im digitalen Zeitalter

Dominik Wee über die Zukunft des Autofahrens.

So ein Ärger: Die Schlagzeilen für das erste Serienauto, das autonom, also ohne Fahrer, über die Straßen fuhr, feierten weder General Motors noch Mercedes, auch nicht Toyota oder Audi. Tesla, das Elektroauto des exzentrischen Quereinsteigers Elon Musk, reich geworden im Silicon Valley, bekam den globalen Applaus. Einige spektakuläre Unfälle später ist klar: mehr PR als technischer Durchbruch. Im Tesla wird ein Autopilot eingebaut, der als »Level 3« klassifiziert ist (»Kann in einigen Situationen autonom fahren, muss aber ständig überwacht werden«), erst ab »Level 5« kann sich der arbeitslose Fahrer ganz irgendwelchen anderen schönen Dingen zuwenden. So ist das Rennen noch offen – und auch wenn Silicon-Valley-Größen wie Tesla energisch arbeiten, ist doch der Abgesang auf die gute alte deutsche Autoindustrie verfrüht.

Einigkeit besteht, dass sich die Branche von Grund auf verändern wird. Eine Umwälzung, wie sie zuletzt das Smartphone in unser Alltagsleben brachte, erwarten Experten für die nächsten

Jahre im Auto. Bald fährt es elektrisch und autonom, gehört uns nicht mehr, sondern wird nur nach Bedarf benutzt, oder wir stellen es zur Nutzung zur Verfügung, wenn wir es nicht brauchen. Die Revolution wirft viele Fragen auf, zu denen die Antworten noch fehlen: Was wird aus den hunderttausenden Beschäftigten, die heute Verbrennungsmotoren und Getriebe zusammenbauen – wenn Elektroantriebe doch viel simpler aufgebaut sind und kein Getriebe brauchen? Endet der Trend zur Urbanisierung, ziehen wir wieder gern aufs Land, wenn wir auf dem Weg ins Büro statt zu lenken auch arbeiten können? Wie sieht der öffentliche Nahverkehr von morgen aus – ersetzen dann Minibusse, die von Autopiloten gelenkt werden, via App Fahrgäste mit beieinanderliegenden Zielen einsammeln und bis vor die Haustür fahren, herkömmliche Busse und Bahnen?

Die Manager in den Chefetagen der Autoindustrie, Deutschlands größter Branche, sind auf Veränderung eingestellt. Die »Neuerfindung des Automobils« erwartet beispielsweise Dieter Zetsche, Vorstandsvorsitzender der Daimler AG, für die nächsten Jahre. Und Bill Ford, Chairman der Ford Motor Company, registrierte schon 2014 die gefürchtete »Disruption«, die Revolution des Geschäftsmodells, »aus jeder Ecke: von der Art des Antriebs unserer Autos bis zum Modell des Besitzens oder Teilens«. 88 Prozent der von uns befragten Automobilmanager erwarten, dass bis 2030 einige etablierte Autohersteller und Zulieferer vom Markt verschwunden sein werden. Und 75 Prozent sind sicher, dass neue Wettbewerber wie Google oder Uber bis dahin einen signifikanten Anteil am Gesamtumsatz der Industrie erobert haben werden.

Der »Sense of Urgency«, die erste Voraussetzung für eine digitale Transformation, ist bei den traditionellen Autoanbietern also geweckt. Der Kampf lohnt sich: Nach einer McKinsey-Studie wächst der weltweite Umsatz mit der Automobilität bis 2030 mit einer Jahresrate von 4,4 Prozent auf rund 6,7 Billionen Dollar. Zwar stagniert der klassische Fahrzeugverkauf in etablierten Märkten wie Europa und Nordamerika, dafür wächst er in Asien auf jährlich 75 Millionen Fahrzeuge, 28 Millionen mehr als 2015.

**Neue Dienstleistungen um die Automobile der Zukunft werden eine wichtige Ertragssäule (in Mrd. US-Dollar)**

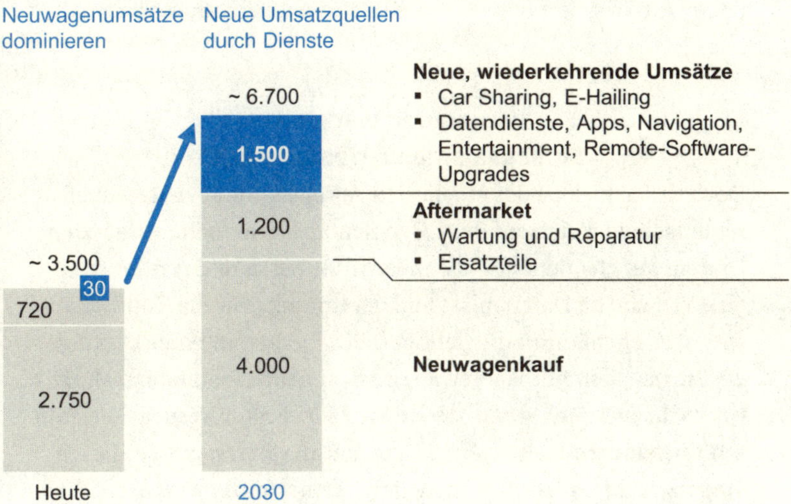


Neben den Verkaufserlösen und den Umsätzen aus Kundendienst und Reparatur schießen die regelmäßig wiederkehrenden Umsätze in die Höhe: 1,5 Billionen Dollar pro Jahr zahlen Kunden dann für alle digitalen Dienste rund ums Auto.

Doch die Branche steht nicht allein vor einer digitalen Revolution, auch in der analogen Welt bleibt wenig, wie es war. Bis 2030, prophezeit die Studie, könnte der Marktanteil der Autos mit Elektromotoren von heute 2 auf bis zu 65 Prozent steigen – vor allem durch die stark steigende Nachfrage nach Hybridfahrzeugen.

Die Autobauer müssen rund um den Elektroantrieb ein ganz neues Ökosystem aufbauen: Wer baut die leistungsstarken und schnell aufzuladenden Batterien, die spätestens im vollelektrischen Fahrzeug nötig sind? In ihnen steckt ein erheblicher Teil der Wertschöpfung des Autos von morgen. Wer sorgt für eine Lade-Infrastruktur, ohne die sich der Elektroantrieb nicht durchsetzen wird? Immerhin haben sich die deutschen Premiumanbieter, Audi, BMW und Mercedes, Ende 2016 entschlossen, die Autobahntankstellen entsprechend auszurüsten. Und wie reagieren sportlich akzentuierte Automarken, die sich über Motortechnik und Sound differenziert haben, auf leise surrende Elektromotoren?

## Vernetzung wird zum Schicksalsthema der Industrie

Doch das Schicksal der etablierten Autobauer und vieler Zulieferer entscheidet sich auf dem digitalen Spielfeld: beim vernetzten Fahren, auf Neudeutsch »Connectivity«, bei dem das Auto stetig eine Vielzahl an Daten misst und übermittelt. Für die Kundschaft wird das Thema immer wichtiger: 2014 gaben in einer Umfrage 20 Prozent der Autokäufer an, dass sie auf eine andere Marke wechseln würden, wenn deren Modelle besser vernetzt seien. 2015 bekannten sich schon 37 Prozent der Befragten zu diesem Vorsatz. Und anders, als mancher Datenschützer erwartet, sorgen sich die Konsumenten wenig darum, welche digitale Spur sie hinterlassen: 76 Prozent der befragten Autofahrer haben nichts dagegen, ihre Daten zu teilen.

So wird Software in Zukunft für Differenzierung unter den Automodellen sorgen. Schon heute besteht die Steuerungssoftware von Automobilen im Schnitt aus rund 100 Millionen Zeilen Code, bis 2030 soll die Zahl auf 300 Millionen Zeilen wachsen. Die klassischen Autobauer stehen deshalb vor der Aufgabe, mehr Softwarekompetenz aufzubauen. Bisher bleiben typischerweise nur rund 30 Prozent der Wertschöpfung, die an Software in einem Auto steckt, bei den Herstellern. Wettbewerber Tesla und der Newcomer Google dagegen behalten die Softwareentwicklung komplett in eigener Hand. Und alle Autobauer stehen vor der Aufgabe, Ökosysteme von externen Entwicklern für einen Auto-App-Store aufzubauen.

Das voll vernetzte Auto der Zukunft wird ein komplettes Ökosystem um sich herum installieren – vom Hersteller über Telekommunikationsanbieter, Versicherungen, Sensor- und Chipfabriken bis zu den großen Internetplattformen wie Amazon und

**Einige Hindernisse bestehen noch – Onboard-Technologien**

Fahrzeuginterne Sensoren
- Wie kann durch die Verwendung von Sensoren die Insassensicherheit verbessert werden?
- Wie können Sensordatenformate standardisiert werden?

Softwareplattform
- Wie gelangen Softwareupdates sicher und reibungslos in die Fahrzeuge?
- Wie schaffen wir eine Zahlungsbereitschaft für funktionale Softwareupdates?

Umgebungssensoren
- Wie kann der Fahrer die Fahrzeugumgebung und die Insassen im Blick behalten? Welche Grenzen wird es geben?

Konnektivität
- Wie stellen wir reibungslose Funktion trotz Funklöchern sicher?
- Welche Daten gehen in die Cloud, welche verbleiben im Auto?

Hochleistungsrechner
- Wie können wir sichere und verlässliche Hochleistungsrechner in das Auto bringen?
- Welche Aufgaben sollten lieber an Bord statt in der Cloud bearbeitet werden?
- Wie schützen wir uns vor Hackern?

Datenspeicherung an Bord
- Was wird kontinuierlich gespeichert, und wie verhindert man Datenverluste oder Hackerangriffe?
- Wer hat auf die Daten im Auto Zugriff (Polizei, Versicherung usw.)?

Neu konzipierte Mensch-Maschine-Schnittstelle (MMS)
- Wie lässt sich die MMS neu erfinden?
- Wie beeinflussen *Siri*, *Alexa* und Augmented Reality die Fahrzeugsteuerung?
- Gibt es neue Standards?

Lokalisierung/Navigation
- Wie viele Datenpunkte brauchen wir, um dynamisches Verkehrsmanagement sicherzustellen?

Uber. Teil der Aufgabe: die völlige Integration dieses Systems in das digitale Ökosystem der Käufer und Mitfahrer, also der nahtlose Anschluss an Android und iOS.

Aus dem stetig fließenden Datenstrom entwickeln die Systempartner eine Fülle von Angeboten: Fahrassistenten halten schon heute das Auto in der Spur oder bremsen im Notfall automatisch, morgen gönnen sie dem Fahrer eine Pause und steuern autonom. Sie zeigen aber auch freie Parkplätze in der Nähe an, orten das Auto, wenn Diebe damit unterwegs sind, und offerieren Concierge-Services, reservieren Tische im Restaurant oder Hotelzimmer. Sensoren überwachen die Mechanik, melden Inspektionsbedarf und Verschleiß. Die Versicherer wiederum lassen sich die Gelegenheit nicht entgehen, aus den Fahrdaten – von der Kilometerleistung über die Durchschnittsgeschwindigkeiten, Zahl der Eingriffe von Assistenzsystemen bis zum Muster der Bremsvorgänge – ein individuelles Risikoprofil des Autohalters zu errechnen und zur Basis für die Haftpflichtpolice zu machen.

Die digitalen Dienste erschließen die Autofahrer künftig nicht mehr über Touchscreens, sondern ganz einfach über die Sprache. Der digitale Assistent im Auto ist verknüpft mit dem zuhause: Wer morgens im Bad Siri oder Alexa, die Sprachroboter von Apple und Amazon, gebeten hat, mittags einen Tisch beim Lieblingsitaliener zu bestellen, wird von seinem Auto dann automatisch dorthin gefahren, denn es weiß bereits Bescheid. Vieles davon ist heute schon technisch machbar, doch einige Aufgaben sind noch nicht erledigt – vom Umgang mit Funklöchern, in denen die Internetverbindung mau ist, bis zur Frage, welche Daten wo aufbewahrt werden.

Am weitesten in Sachen Vernetzung sind die Lkw-Bauer. Viele Nutzfahrzeuge sind schon heute mit ihrer Umgebung so verbunden, dass in Echtzeit ihre Position und Geschwindigkeit überwacht werden können. In Zukunft wird die Konnektivität aber zum entscheidenden Ansatzpunkt, um neue Geschäftsmodelle zu etablieren, prophezeit eine aktuelle Studie. Dies kann für Truckhersteller beispielsweise »Capacity as a Service« sein – also die flexible Bereitstellung von Transportkapazitäten und das direkte Management von Fahrzeugflotten. Schon heute sagen 49 Prozent der Entscheider in der Branche, dass dieses Geschäft attraktiver werden könnte als der Verkauf von Fahrzeugen.

Ein Aspekt des vernetzten Fahrens regt die wirtschaftliche Phantasie der Branche besonders an: das selbststeuernde Auto.

Wieder fahren die Lastwagen vorweg. Die McKinsey-Studie prophezeit, dass schon 2025 jedes dritte verkaufte Nutzfahrzeug in Europa in bestimmten Situationen, vor allem auf der Autobahn, vollautonom fahren kann. Das drückt die Kosten: Auf den Fahrer entfallen heute 30 bis 40 Prozent der gesamten Betriebskosten eines schweren Lastwagens. Selbstfahrfunktionen können diese Kosten um die Hälfte senken und gleichzeitig für geringere Standzeiten und höhere Auslastung sorgen.

Mit autonom fahrenden Personenwagen experimentiert schon Uber, der globale Taxi-Konkurrent. Auch hier geht es vor allem um die Kosten: Wenn es Uber gelingt, seine Autos ohne Fahrer auf Tour zu schicken, sinken die Kosten um 30 Prozent. Noch ist das Unternehmen eine Jobmaschine: 2015 nahm Uber rund 1,2 Millionen neue Fahrer in sein Netzwerk auf.

Die Entwicklung von Systemen, die sicheres autonomes Fahren ermöglichen, ist das derzeit ehrgeizigste Projekt der Branche. Basis ist allemal ein exakter Navigations- und Kartierungsdienst. Um hier nicht gegen neue Konkurrenten wie Google abzufallen, haben sich die deutschen Autobauer Daimler, BMW und Audi verbündet und gemeinsam den Kartendienst Here für 2,8 Milliarden Euro von Nokia gekauft. Beim autonomen Fahren braucht es Redundanz: Die Daten und Peilungen, die das Auto unterwegs misst, werden laufend mit den Karten abgeglichen, dabei geht es um höchste Exaktheit im Zentimeterbereich. Eine typische Peilung überprüft etwa den Abstand des Fahrzeugs vom Bordstein. Dazu müssen die Karten »automotive grade« sein, Google beispielsweise erreicht die Klassifizierung nicht. Here bediente zu Nokia-Zeiten 80 Prozent des Weltmarkts mit seinen Karten und setzte rund drei Milliarden Euro um, auch die neuen Eigentümer beliefern natürlich die ganze Branche.

Bei Here ist gut zu beobachten, wie sich heute die alte Linearität in der Beziehung zwischen Kunde und Lieferant aufhebt: Here ist Lieferant der Autobauer. Die Hersteller wiederum generieren aus dem Einsatz ihrer Autos riesige Datenmengen, die sie Here zur Verbesserung des Produkts verkaufen.

## *Daimler* gerät ins Schwärmen

Wenn sich Automodelle künftig ebenso über ihre digitalen Fähigkeiten differenzieren wie heute über Motorleistung oder Komfort, müssen gerade die deutschen Premiumhersteller ganz vorn dabei sein. Für die Organisation schauen sie sich schon mal etwas im Silicon Valley ab.

So setzt Daimler auf Schwarmorganisation: Zu bestimmten Projekten sollen sich Mitarbeiter in Schwärmen zusammenfinden, unabhängig von Abteilungsgrenzen, autonom, vernetzt und außerhalb der Hierarchien. Rund 20 Prozent aller Mitarbeiter, über 50 000 Menschen, will Konzernchef Dieter Zetsche in solchen Schwärmen an Projekten arbeiten lassen. Alles dreht sich um die Zukunft der Mobilität, für die Daimler unter dem Schlagwort »Case« die Richtung vorgibt: »connected, autonomous, shared and electric«.

Toyota hat gleich das Ziel ausgegeben, sich von einem Autobauer zu einer Plattform für Mobilitätsdienste zu entwickeln. Der Konzern hat dazu die Connected Company gegründet. Das erste Produkt wird seit Anfang 2017 in San Francisco getestet: der Dienst Get Around, der Carsharing von privat an privat vermittelt. Eine Smart Key Box und die passende Software machen Toyotas auch nachträglich zu vernetzten Mietautos, die per Mobilfunk gebucht werden und digitale Schlüssel haben. Das mittelfristige Ziel ist ehrgeiziger: Toyota will ein eigenes digitales Betriebssystem durchsetzen, über das der Autobauer das Ökosystem rund um die Mobilität kontrolliert und sich den Löwenanteil der Wertschöpfung sichert.

Selbermachen ist aber natürlich nicht die einzig mögliche Strategie. Autobauer wie Fiat fahren genau den entgegengesetzten Kurs: Weil sie knappe Entwicklungsbudgets haben, kooperieren sie bei den Megathemen vernetztes und autonomes Fahren mit Softwaregiganten wie Google. Dazu passt der Trend bei den klassischen Automobilzulieferern, von denen die meisten längst nicht mehr Einzelteile, sondern komplette Systeme verkaufen – oft genug voller Softwaresteuerungen. So liefert etwa Continental nicht wie früher nur Reifen, sondern komplette Fahrwerks- und Antriebskomponenten. Auch Conti entwickelt Produkte rund um das »connected car«, beispielsweise eHorizon. Das System soll das Auto vorausschauend steuern. Es nutzt ortsbezogene Fahrzeugdaten, die von Sensoren erfasst und an eine Cloud gesandt werden. Aus den Daten antizipiert der Rechner im Auto die Verhältnisse auf dem eingeschlagenen Weg, stellt etwa Motor und Getriebe direkt vor einer starken Steigung optimal ein.

Auch ZF Friedrichshafen liefert nicht länger allein Getriebe – ohnehin eine bedrohte Spezies, denn Elektroautos kommen ohne aus. Das Traditionsunternehmen verkauft heute komplette Fahrwerks- und Antriebskomponenten, Fahrassistenz-, Brems- und Lenksysteme und arbeitet auch an Elektroantrieben sowie einer Lösung für das autonome Fahren.

So nehmen die Zulieferer heute den Autobauern viele Entwicklungsarbeiten ab, es kann eine neue Riege von Herstellern wachsen, die im Wesentlichen die Komponenten zusammenbaut und die Kernkompetenzen in der Verbindung zum Endkunden sieht. Bewegte Zeiten also in der Mobilitätsbranche: Die Digitalisierung bringt die gewohnte Machtverteilung durcheinander. Die alten Autobauer aber haben immer noch eine starke Ausgangsstellung: Sie haben die Marken, sie haben die Kunden, sie haben die Infrastruktur für Vertrieb und Service. Wenn sie noch einen Schuss Unternehmungsgeist aus dem Silicon Valley importieren und sich außerdem strategisch klug in Kooperationen organisieren, haben sie alle Chancen, den Verteilungskampf zu bestehen.

## 4.2 Digital Commerce: Ein Kanal reicht nicht – der mobile Kunde wechselt zwischen realer und virtueller Welt

Oliver Ehrlich über die Zukunft des Einzelhandels.

»All business is local« – niemand weiß das besser als die Manager der über 100 Jahre alten Drogeriekette Budnikowsky in Hamburg. Seit 2016 ist das Budni-Geschäft auch digital: Der Einzelhändler bietet seinen Kunden eine App an, die nicht nur zum Sammeln von Treuepunkten taugt. Basierend auf dem bisherigen Einkaufsverhalten, das die bis dato physische Kundenkarte für die Treuepunkte erfasst, berechnet das dahinterliegende Programm, was dem geschätzten Kunden noch gefallen könnte – genau wie bei Amazon (»Kunden, die dieses Produkt gekauft haben, interessierten sich auch für ...«). Budnis App-Nutzer können dann auch schnell schauen, ob das Produkt in ihrer Filiale vorrätig ist, und bald sollen sie auch mit dem Handy zahlen können. »Unser Ziel ist, unser gesamtes Produkt- und Serviceangebot nach den Wünschen jedes einzelnen Budni-Kunden auszurichten«, sagt Christoph Wöhlke, Geschäftsführer des norddeutschen Familienunternehmens.

Der Händler hat die Zeichen der Zeit erkannt. »In zehn Jahren sind nur noch 10 Prozent aller Handelsumsätze reine Offline-Umsätze«, prophezeit Oliver Samwer, Mitgründer von Rocket Internet, wozu beispielsweise Delivery Hero oder Home24 gehören. Keine Frage: Der etablierte Einzelhandel steht vor dem Umbruch. In den europäischen Märkten stagnieren weitgehend die Umsätze, trotzdem wachsen vielerorts noch die Verkaufsflächen. Gleichzeitig drängen auf breiter Front neue Onlinewettbewerber vor, die sich längst nicht mehr auf Bücher, Unterhaltungselektronik, Mode und Möbel beschränken, sondern sich aufmachen, selbst die letzte Offline-Bastion, den Lebensmittelhandel, im Sturm zu nehmen: Seit Herbst 2016 liefert Amazon in Berlin das komplette Supermarktangebot ins Haus.

**Bereits heute beeinflussen zahlreiche Kanäle Kaufentscheidungen**

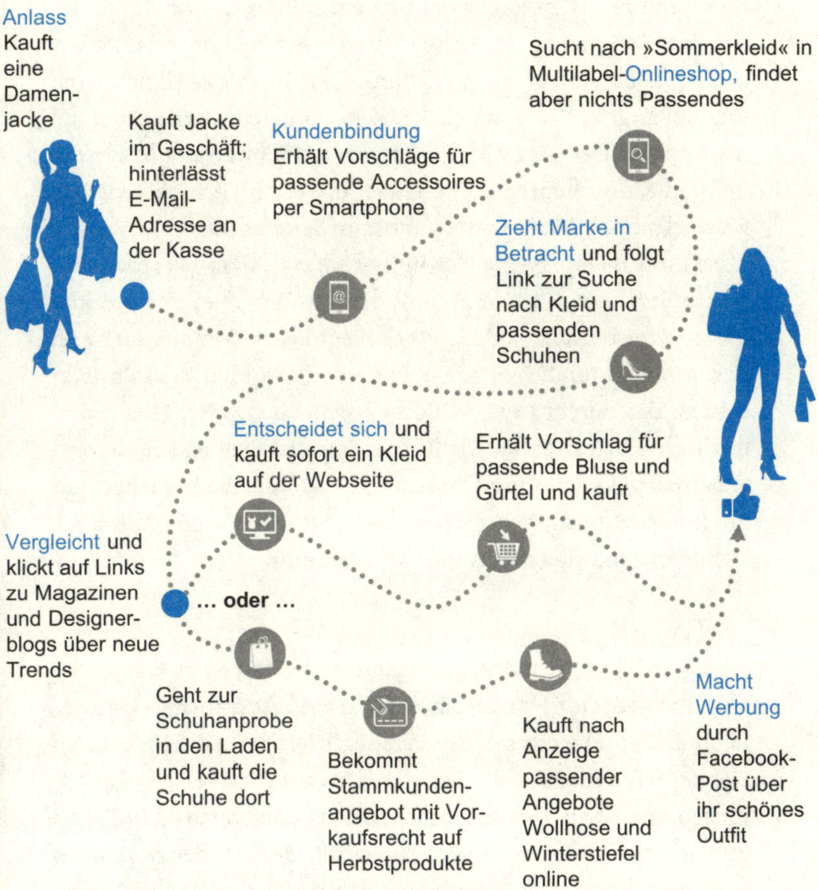


Gleichzeitig sehen sich die stationären Händler mit gestiegenen Erwartungen der verehrten Kundschaft konfrontiert. Die will heute Serviceangebote und Bequemlichkeit – bei der Beratung, an der Kasse und auch bei der Lieferung –, wie sie es von den besten Onlineshops gewohnt ist. Und weil Kunden heute mehr Auswahl und mehr Angebotstransparenz denn je haben, wird vor dem Kauf mehr recherchiert als früher. Das führt dazu, dass sie innerhalb eines Einkaufsprozesses häufig die Vertriebskanäle wechseln: Mal nutzen sie die stationären Geschäfte nur als Showroom und bestellen lieber online, mal prüfen sie vor einem Besuch des Geschäfts, ob der gewünschte Artikel dort vorrätig ist, mal schauen sie vor einem Offline-Kauf in ihrem Handy nach Empfehlungen, Warnungen, Kritiken zu einem Artikel, der sie interessiert. Der Weg bis zur Kaufentscheidung verläuft für die meisten Konsumenten schon längst per Multi-Channel, wie das Beispiel aus der Mode in der Grafik auf Seite 93 zeigt.

Schon 2014 ergab eine McKinsey-Umfrage, dass 94 Prozent der Konsumenten sich vor dem Einkauf aktiv über relevante Produkte und Preise informierten. 70 Prozent lasen Kommentare und Bewertungen, und 87 Prozent sagten, sie würden kein Produkt kaufen, das durchgängig schlecht besprochen wäre. Hier dokumentieren sich zwei der wichtigsten Trends, die den Handel verändern: »the empowered consumer«, also der Verbraucher, der dic Informationshoheit erobert hat, und »always on«, die Konsumenten sind via Smartphone ständig online.

## Advanced Analytics helfen bei der Personalisierung des Angebots

Beim dritten Megatrend, der Personalisierung des Angebots im Handel, setzt Amazon die Standards mit Hilfe so genannter »Advanced Analytics«, die per Rechner die Datenmengen (»Big Data«) durchforsten. Den Erstbesucher begrüßt der Handelsriese noch ganz neutral mit den Bestsellern der Woche; erkennt er einen Kunden wieder, gibt es Vorschläge, die auf früheren Käufen und Recherchen basieren. Während der Suche nach einem Buch oder Gegenstand gibt es zum Suchverlauf passende Anregungen. Hat der Kunde schließlich einen Artikel in den Einkaufskorb gelegt, empfiehlt Amazon sinnvolle Ergänzungen: das Papier zum Drucker, das Fitnessarmband zum Trimmgerät. Mehr als ein Drittel seines Umsatzes generiert Amazon über solche Empfehlungen – was nicht nur Budnikowsky in Hamburg auf die Idee gebracht hat, die Idee zu kopieren.

Beim Angriff auf die stationären Händler stützen sich Amazon, Zalando und Co. auf eine Reihe von Vorteilen. So können die durchweg jungen Unternehmen meist deutlich agiler agieren als die behäbigen Traditionsunternehmen des Handels: Sie haben flache Hierarchien, junge und gut ausgebildete Mitarbeiter und müssen vor Veränderungen nicht den Geist des »Das-haben-wir-schon-immer-so-gemacht« überwinden. Ein weiterer Vorteil liegt in der Technik: Ihre IT ist exakt für den Zweck des Onlinehandels aufgebaut, während sich die stationären Händler oft mit über Jahrzehnte gewachsenen Datenverarbeitungssystemen abplagen, die mit Neuem schnell überfordert sind. Doch der größte Trumpf der Onlinehändler liegt in ihrer Einstellung ihren Kunden gegenüber: Sie planen jeden Kontaktpunkt entlang des Wegs vom Erstkontakt bis zum Kauf (»Customer-Journey«) so, dass der Besucher es einfach hat und unterwegs gut unterhalten wird – das Kundenerlebnis steht im Zentrum des Bemühens.

Doch die etablierten Einzelhändler müssen nicht resignativ die weiße Fahne hissen. Im besten Fall halten sie entscheidende Trümpfe in der Hand: eine starke Marke, vertrauensvolle Kunden sowie die physische Präsenz über ihre Filialen – die Basis für das Multi-Channel-Geschäft.

### Stationäre Händler schlagen zurück

Die pfiffigsten Händler schlagen die Internetkonkurrenten mit ihren eigenen Waffen und setzen auf Technik, welche die Vorteile des Online-Einkaufserlebnisses in das stationäre Geschäft transportiert. Das Modehaus Burberry staffiert in seinen Geschäften das Personal mit iPads aus, über die die Verkäufer gemeinsam mit dem Kunden den legendären Trenchcoat persönlich konfigurieren oder einen Artikel direkt bestellen, wenn der nicht in der richtigen Größe oder Farbe in der Filiale vorrätig ist. Der Kunde kann sich aussuchen, ob er das bestellte Stück am Folgetag abholen möchte oder ob es ihm nachhause geliefert wird. In den Shops haben die Spiegel Sensoren, die Informationen von RFID-

Chips auffangen, die in den Kleidungsstücken angebracht sind. Wenn eine Kundin einen Burberry-Trenchcoat oder ein anderes Stück vor den Spiegel hält, erscheinen auf dem Glas jede Menge Informationen zu Material, Schnitt und Vorbildern.

Das britische Edelkaufhaus House of Fraser experimentiert mit kleineren Online-only-Filialen, in denen Kunden über spezielle Terminals Artikel aus dem House-of-Fraser-Onlineshop ordern und dann optional auch in dem Store abholen können. Und der US-Filialist Hointer zeigt seine Modekollektion in den Shops – aber wer etwas anprobieren möchte, bestellt es sich über sein Smartphone in seiner Größe in die Umkleidekabine, wo das Teil von einem Roboter, der aus dem Lager auftaucht, angeliefert wird. Auch in den Heimwerkermärkten von Orchard in Kalifornien übernehmen schon Roboter den Service: Sie verstehen sogar die menschliche Sprache und machen sich nach mündlicher Bestellung auf den Weg zu den Regalen, um den gewünschten Artikel zu holen. Adidas experimentiert in einigen Flagship-Stores mit Digitaltechnik: Die Herzogenauracher Sportartikler vermessen vor Ort mit einem digitalen Scanner die Füße der Kunden und produzieren sofort auf einem 3-D-Drucker eine perfekt passende Einlage für die Sportschuhe des Sortiments.

Auch das Mobiltelefon wird zur Waffe im Kampf um den Kunden. Einige Händler schicken Besuchern über eine App Navigationshilfen, an welcher Stelle im Laden sie beispielsweise Artikel aus der aktuellen Werbung finden. Oder sie führen sie wie der Textilhändler American Eagle Outfitters zu Angeboten, von denen die schlauen Algorithmen basierend auf früheren Käufen oder Anfragen meinen, dass sie genau diese Kundin brennend interessieren. Inzwischen orten einige Händler wie das Modehaus Meat Pack in Guatemala über ihre App potentielle Kunden, die gerade in der Nähe sind, oder sogar solche, die sich gerade im Geschäft der Konkurrenz umschauen, und schicken diesen zeitlich auf wenige Minuten begrenzte Sonderangebote oder Rabattcoupons auf das Smartphone, um sie in den eigenen Laden zu locken.

Die Unternehmen nutzen die tiefe Verbundenheit der Konsumenten zu ihren Smartphones. In einer weltweiten Erhebung von Motorola bekannten 60 Prozent der Befragten, dass sie ihr Mobiltelefon mit ins Bett nehmen. 54 Prozent gaben an, sie würden im Falle eines Brands ihr Handy noch vor ihrer Katze retten. Längst halten die schlauen Telefone eine Schlüsselstellung bei den Kaufentscheidungen der Konsumenten: Der Recherche- und Entscheidungsprozess hat sich ins Internet verlagert. Doch auch im Geschäft nutzen die Kunden ihr Handy noch eifrig: Sie vergleichen Preise und versuchen, Produktinformationen zu finden. Schon 2015, so schätzen Experten, waren in den USA fast 70 Prozent der Verkäufe in stationären Geschäften digital beeinflusst. Die Folge: In den Jahren seit 2010, sagt eine Studie des Kreditkartenunternehmens Mastercard, hat sich die Anzahl der Kunden in physischen Geschäften mehr als halbiert, trotzdem sind die stationären Umsätze um 17 Prozent gestiegen. Die Kunden kommen nicht mehr, um sich zu orientieren, sie kommen, um zielgerichtet zu kaufen.

### Kunden wollen nahtlos zwischen den Kanälen wechseln

Händler, die ihre Kunden auf dieser Reise durch die Vertriebskanäle nicht verlieren wollen, müssen ein nahtloses, alle Kanäle umspannendes Einkaufserlebnis bieten. Die gezielte Investition in Multi-Channel-Kunden lohnt sich: Die US-Kaufhauskette Macy's beispielsweise hat in den vergangenen Jahren viel Geld in den Ausbau kanalübergreifender Dienste investiert. Heute registriert der Händler, dass die Kunden, die über alle Kanäle bei Macy's kaufen, ein Mehrfaches des Umsatzes bringen, gegenüber Kunden, die nur über einen Kanal kaufen. Auch der britische Händler John Lewis erzählt eine ähnliche Erfolgsgeschichte: Gut 60 Prozent der Onlinekäufer bei John Lewis nutzen »Click & Collect« – sie bestellen online und holen die Ware in der nächstgelegenen Filiale von John Lewis ab. Mehr als die Hälfte dieser Kunden nutzt

**Technologien und Kundenverhalten verändern sich rapide**

**Wichtigste digitale und Multichannel-Konsumtrends**

| | |
|---|---|
| Alle Kanäle sind recht | Omnichannel-Shopping ist nicht mehr neu, sondern die Norm |
| Der überinformierte Kunde | Preise, Optionen und Bewertungen sind jederzeit verfügbar |
| Die ganze Welt in der Tasche | Smartphones sind zutiefst persönliche Geräte und Rückgrat unseres Alltags |
| Digital- und Präsenzkäufe verschmelzen | Intelligentere Geräte und ortsbezogene Dienste nach Maß |
| Polarisierendes Kauferlebnis im Laden | Hin zu Komfortformaten oder Flagshipstores |
| Ständige Erreichbarkeit | Kunden erwarten rund um die Uhr Service, Informationen und Interaktion |

den Filialbesuch, um im Geschäft auch noch weitere Artikel zu kaufen. So gelingt es John Lewis trotz aller Konkurrenz seit Jahren, sowohl die Online- als auch die Offlineumsätze zu steigern – und die Briten widerlegen damit die Sorge vieler Händler vor einer Kannibalisierung stationärer Umsätze durch das Onlinegeschäft.

Die Bedeutung des physischen Geschäfts erkennen umgekehrt auch die bislang reinen Onlineversender. So eröffnete der US-Modeversender Bonobos eine Reihe von reinen Showroom-Läden, in denen die Kundschaft die Artikel anprobieren kann, damit auch wirklich die Größe stimmt. Die Order läuft dann allerdings nur online, kaufen kann man in diesen Geschäften nichts. Selbst der Versandhausriese Amazon hat inzwischen in den USA die ersten physischen Läden eröffnet – für Bücher, womit bei Amazon einst alles begann. Weil König Kunde es so will: Wer nur einen Vertriebskanal bedient, fällt zurück, Multi-Channel bedient die Erwartungen der Verbraucher.

### Intermediäre machen dem Handel den Kundenkontakt streitig

Wie verändert die digitale Dynamik den Handel in den nächsten Jahren? Vieles deutet darauf hin, dass die Wettbewerbsintensität weiter zunimmt: So tauchen analog zu Uber im Taxi-Geschäft oder Airbnb im Hotelgeschäft auch im Handel neue Intermediäre auf. Sie vergleichen Preise und Angebote der Händler und geben den Verbrauchern Einkaufsempfehlungen. Über diese aus Kundensicht komfortable Bündelung des Handelsangebots machen Vergleichsplattformen wie Shop.com oder Zulily den traditionellen Händlern den wichtigen direkten Kontakt zum Kunden streitig und entführen gleichzeitig einen Teil der Wertschöpfung. Ein Anbieter wie Wish geht sogar noch weiter: Wish verbindet über seine Smartphone-App Konsumenten direkt mit Herstellern und Großhändlern von Mode und Accessoires in China und ersetzt damit die klassische Händlerfunktion komplett. Kunden müssen zwar mehrere Wochen Lieferzeit in Kauf nehmen, werden dafür aber mit bis zu 80 Prozent niedrigeren Preisen belohnt. Die App hat schon über 150 Millionen Nutzer – das zeigt das Bedrohungspotential für den klassischen Handel.

Egal ob online oder offline: Der Handel muss dem Kunden Mehrwert bieten, wenn er im Geschäft bleiben will. Nur wer sich kontinuierlich mit den Kundenbedürfnissen weiterentwickelt, nur wer konsequent die Möglichkeiten der heutigen Multi-Channel-Welt nutzt, nur wer die nötigen Daten- und Analysefähigkeiten aufbaut, um entlang der gesamten Wertschöpfungskette effizienter zu werden und den Kunden individuell anzusprechen, wird langfristig im wettbewerbsintensiven Handelsumfeld überleben. Wie Einzelhändler in der komplexen Welt der Vertriebskanäle gewinnbringend agieren, welche Voraussetzungen sie schaffen und welche Fähigkeiten sie aufbauen müssen, schildert Kapitel 5.1: Präsenz auf allen Kanälen.

## 4.3 Wer braucht noch Banken? FinTechs bedrohen das alte Geschäftsmodell

Philipp Siebelt über die digitale Zukunft der Finanzbranche.

Beim besten Willen: Der Firmenkredit ist nicht zu bewilligen. Wenn Unternehmer das heute von ihrer Hausbank Santander zu hören bekommen, bleibt trotzdem noch Hoffnung. Santander schickt die abgewiesenen Kunden zum Kooperationspartner Funding Circle, einem so genannten FinTech, eine Wortneuschöpfung aus »Finance« und »Technology«. Funding Circle nennt sich »Kreditmarktplatz für kleine und mittlere Unternehmen«. 56 000 Privatanleger und institutionelle Investoren haben auf diesem Marktplatz seit 2010 gut 2,2 Milliarden Euro riskiert und an 19 000 Unternehmen in fünf Ländern verliehen – vor allem an solche, die bei den risikoscheuen und an starre Richtlinien gebundenen Banken alten Schlags kein Geld mehr bekommen haben.

Funding Circle verspricht seinen Geldgebern ein »attraktives Risiko-Rendite-Profil« und eine professionelle Bonitätsbewertung der Kreditnehmer. Auf der Webseite steht eine Liste mit kürzlich vergebenen Krediten: Für 100 000 Euro Betriebsmittelkredit eines produzierenden Unternehmens, Laufzeit zwei Jahre, bekommen die Geldgeber knapp 6,5 Prozent Zins pro Jahr. 50 000 Euro Warenvorfinanzierung kosten den Kreditnehmer drei Jahre lang je 10,8 Prozent Zins, und 30 000 Euro Wachstumskapital kosten stramme 16,6 Prozent im Jahr – verlockende Renditen in Zeiten des Nullzinses, passend zur ehrgeizigen Mission, die Funding Circle verkündet: »Wir wollen das veraltete Bankensystem revolutionieren.«

Diesen Willen teilen die meisten der weltweit rund 12 000 FinTechs. Bei den Investoren sind die Finanz-Start-ups beliebt: Allein 2015 überwiesen sie ihnen rund 21 Milliarden Dollar Kapital. Einige werden inzwischen schon mit mehr als einer Milliarde

Dollar bewertet, etwa unser Beispiel Funding Circle, aber auch SoFi (Studentenkredite, Immobilienfinanzierung) oder der Lending Club (Privatkredite).

### Es steht einiges auf dem Spiel

Das etablierte Geldgewerbe zeigt den Neuen deutliche Schwächen: Die Banken haben ihre Wertschöpfungskette noch lange nicht digitalisiert, überforderte und wild gewachsene IT-Systeme, alte Gewohnheiten und neue regulatorische Vorgaben bremsen regelmäßig die Bemühungen. Überdies haben sich die meisten Institute von der Finanzkrise nicht erholt, der Nullzins setzt die Margen unter Druck. Kostensenkungsprogramme stehen durchweg auf der Tagesordnung.

Gerade das Privatkundengeschäft macht den meisten Banken wenig Freude. Die Einlagen sind inzwischen fast ein Negativgeschäft, gleichzeitig sind die Kunden nur widerwillig bereit, für Girokonten und Onlinebanking Gebühren zu zahlen. Die Bankdienstleistung wird von vielen als Commodity wahrgenommen, da gilt: Hauptsache günstig.

Und so treiben die frechen FinTechs die ehrwürdigen Banken vor sich her. Sie arbeiten schneller, innovativer und billiger, mit jungen Belegschaften, ohne IT-Altlasten und ohne regulatorische Zwänge. Sie verstehen, was die Kunden wollen, und liefern einfach zu bedienende Apps mit schlanken digitalen Prozessen. So dauert die Kontoeröffnung bei N26, einem FinTech mit Banklizenz, das sich auf die Kontoführung per Smartphone spezialisiert hat, weniger als zehn Minuten: Einfach die persönlichen Daten in die Banking-App eingeben und durch einen Videoanruf identifizieren, und schon gibt es Zugang zu einem voll funktionsfähigen Konto mit Kreditkartennummer. Bei einer normalen Sparkasse um die Ecke dauert die Kontoeröffnung typischerweise drei bis fünf Tage.

Und sie sind kreativ, bieten Produkte an, die es vorher nicht gab. Bei Auxmoney zum Beispiel leihen über eine Plattform Privatleute anderen Privaten Geld. Und Kreditech mit dem Motto »Financial Freedom for the Underbanked« berechnet die Kreditwürdigkeit nicht nach Schufa-Daten, sondern hat einen Algorithmus entwickelt, der in Sekunden 20 000 Datenpunkte nach Eintragungen zu einem Antragsteller absucht und mit Hilfe selbstlernender künstlicher Intelligenz analysiert: Da fließen Äußerungen in den sozialen Medien ein, die Likes und die Freunde, dazu alle möglichen Onlinedaten bis hin zur benutzten Hardware, wo es den Algorithmus interessiert, welcher Browser läuft und welches Betriebssystem in Gebrauch ist. Aus diesem Sammelsurium berechnet Kreditech die Kreditwürdigkeit – mit Erfolg. Das Hamburger Start-up hat schon mehr als drei Millionen Kreditanträge bearbeitet.

Ersetzen werden und wollen die Neuen die Geldhäuser nicht: Sie konzentrieren sich stets auf einzelne Teile der Wertschöpfungskette. Vor allem greifen die FinTechs die etablierten Banken im Privatkundengeschäft an. Sie profitieren von veränderten Gewohnheiten und technischen Möglichkeiten: Beispielsweise besitzt die Mehrheit der Deutschen ein Smartphone, eine zentrale Voraussetzung für mobile Transaktionen. Prompt werden schon mehr als 20 Prozent aller Spar- und Anlageprodukte online gekauft; bis 2020, so sagen Prognosen, soll der Mobilanteil auf 35 Prozent steigen. Doch die mobilen Anleger landen nicht unbedingt bei der alten Hausbank. So feiert sich beispielsweise das FinTech weltsparen.de auf seiner Webseite als »Deutschlands Nr. 1 für Festgeld«. Das agile Jungunternehmen vermittelt das Geld der Privatanleger auch an ausländische Banken, wenn dort ein höherer Zins lockt.

Angebote für Geschäftskunden, wie sie Funding Circle macht, sind noch nicht so zahlreich. Zwar zählen auch in diesem Segment die Trümpfe der FinTechs, die durchweg günstiger, bequemer und nutzerfreundlicher sind. Allerdings müssen doch spezifische Fachkenntnisse über Bedürfnisse und Restriktionen dieser Zielgruppe hinzukommen – Beratung ist essentiell. Die Anstrengung kann sich für FinTechs lohnen: Gerade kleine und mittlere

**Potentielle Wirkung der Digitalisierung über zwei bis drei Jahre (Anteil des Gewinns in Prozent)**

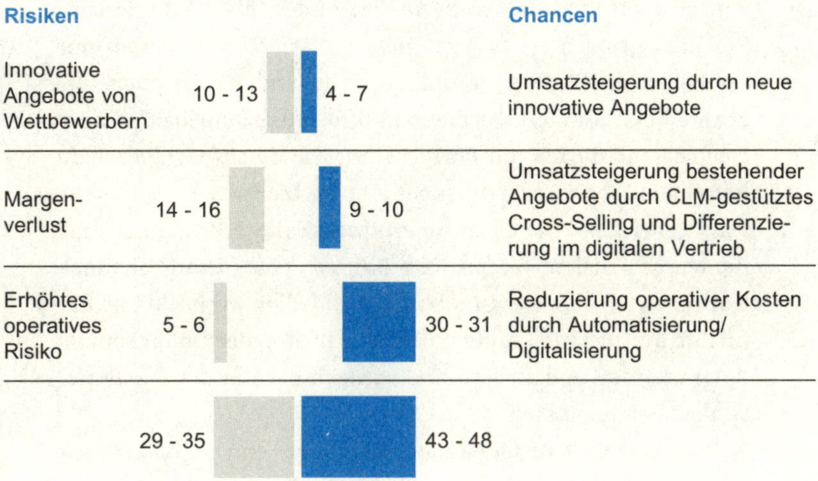


Unternehmen (KMU) zeigen sich offen für Onlinebetreuung in Finanzdingen, das ergab eine europaweite Umfrage.

Die etablierten Banken, in Zeiten des Nullzinses sowieso auf der Suche nach einem neuen Geschäftsmodell, werden von den FinTechs gehörig herausgefordert. Wenn sie nicht reagieren – das ergab eine McKinsey-Hochrechnung der Effekte –, sind in wenigen Jahren bis zu 35 Prozent ihrer Gewinne bedroht. Als Kehrseite der digitalen Bedrohung tut sich jedoch auch hier eine neue Chance auf: Wenn es den Banken gelingt, sich einerseits einiges von den FinTechs abzuschauen und in die eigenen Prozesse zu übernehmen und andererseits mit den jungen Wilden sinnstiftende Kooperationen einzugehen, können sie nicht nur den Niedergang abwenden, sondern sogar ihre Gewinne deutlich über 40 Prozent steigern.

## Die Bank der Zukunft

Wenn sie die Chance ergreifen wollen, sollten sich die Banken zunächst auf ihre Stärken besinnen. Anders als die aggressiven FinTechs bringen sie bereits einen großen Kundenstamm mit, sie haben ein breites Produktportfolio und haben über Jahrzehnte beim Kunden Vertrauen in ihre Marke aufgebaut. Und in Deutschland dürfen nur FinTechs mit Banklizenz Geldgeschäfte betreiben. Wer keine hat, ist auf eine Partnerbank angewiesen – was der wieder neue Chancen eröffnet. Zur Stärke können auch die teuren Filialen werden – im Rahmen eines Omni-Channel-Konzepts, bei dem die Kunden frei die Medien wechseln und mobil ihre Kontostände prüfen, über den Laptop per Onlinebanking Aktien kaufen und sich ab und zu doch gern in der Filiale persönlich beraten lassen.

Vor allem aber verfügen die Banken über einen – bisher nicht gehobenen – Schatz an Daten, von Kundentransaktionen über Kreditausfallraten bis zu Reaktionen von Anlegern auf Zinsänderungen. Diese riesigen Datenmengen werden mit dem Begriff »Big Data« belegt. Die klassische Datenverarbeitung konnte sie nicht analysieren und verarbeiten, weil sie zu groß, zu komplex und zu schlecht strukturiert waren. Dank kapazitätsstarker Rechner, effizienter Logarithmen und intelligenter Programme, zusammengefasst »Advanced Analytics« genannt, lassen sich heute daraus Vorhersagen künftiger Entwicklungen errechnen.

Advanced Analytics eröffnet Banken die Chance, Bedürfnisse ihrer Kunden besser zu verstehen und einzelne Kundengruppen zielgenauer anzusprechen, etwa mit maßgeschneiderten Anlageprodukten. Außerdem können Big-Data-Analysen helfen, Kreditrisiken besser abzuschätzen. Und sie können die Basis für ganz neue Produkt- und Dienstleistungsangebote schaffen – Facebook oder Google exerzieren auf ihren Feldern vor, wie so etwas geht. Beispielsweise können Banken eine Software entwickeln, die vorhandene Transaktionsdaten plus einige externe Quellen, etwa das Zahlungsverhalten bei PayPal, analysiert, um sofortige Entscheidungen über einen Kreditantrag zu erlauben. Wer seinen

Big-Data-Schatz intelligent auswertet, hat alle Chancen, sich als »Datenunternehmen« im Zentrum eines datenbasierten Ökosystems zu behaupten. Natürlich geht es auch in Zukunft um finanzielle Transaktionen, aber viel breiter als heute können sich die Banken zu Dienstleistern für den Alltag der Kunden entwickeln.

Die Bank der Zukunft (siehe Grafik auf Seite 106) baut um eine digitale Plattform ein Ökosystem von eigenen Diensten sowie von Partnerangeboten auf. Wenn beispielsweise ein Kunde auf der Bankwebseite Konditionen für eine Hypothek recherchiert, bietet der Versicherungspartner der Bank gleich den Schutz vor Feuer- und Wasserschäden an. Vielleicht ist auch ein Hersteller von Badarmaturen im Netzwerk, der stilvolle Wasserhähne fürs neue Heim offeriert. Andere Bankkunden werden beim Einkaufsbummel über ihre Handydaten lokalisiert und bekommen dann dank der Zusammenarbeit mit einem Einzelhändler einen Einkaufsgutschein, der sie in die nahe Filiale locken soll.

Zugegeben: Für eine traditionelle Bank ist der Weg vom reinen Finanzdienstleister hin zur digitalen Plattform, die Kunden Angebote in allen Lebenslagen macht und an Provisionen von Partnerunternehmen verdient, recht weit. Zumindest die technischen Grundlagen müssen sich die Geldhäuser nicht allein erarbeiten. Es bietet sich die Zusammenarbeit mit den FinTechs an, in Verbindungen ganz unterschiedlicher Intensität.

Am losesten ist eine Allianz mit einem FinTech. So hat die Londoner Metro Bank mit dem FinTech Zopa einen Deal, der beiden Seiten nützt: Metro hat in den Nullzins-Zeiten Schwierigkeiten, die Kundeneinlagen gewinnbringend einzusetzen, und Zopa, die weltweit erste Plattform für persönliche Kredite – eine Privatperson legt bei Zopa Geld an, ein anderer bekommt das Geld als Kredit – hat mehr Kreditanfragen als private Geldgeber. Nun stellt Metro Bares zur Verfügung und verdient so mehr Zins als für übliche Anlagen, beide Partner profitieren.

Engere Verbindung bringt eine Beteiligung: So kaufte sich 2015 die Credit Suisse für 165 Millionen US-Dollar bei Prosper ein und bekam dafür nicht einmal 10 Prozent der Anteile: Das

**Die Bank der Zukunft möchte sich zum digitalen Dreh- und Angelpunkt im Kundenalltag entwickeln**

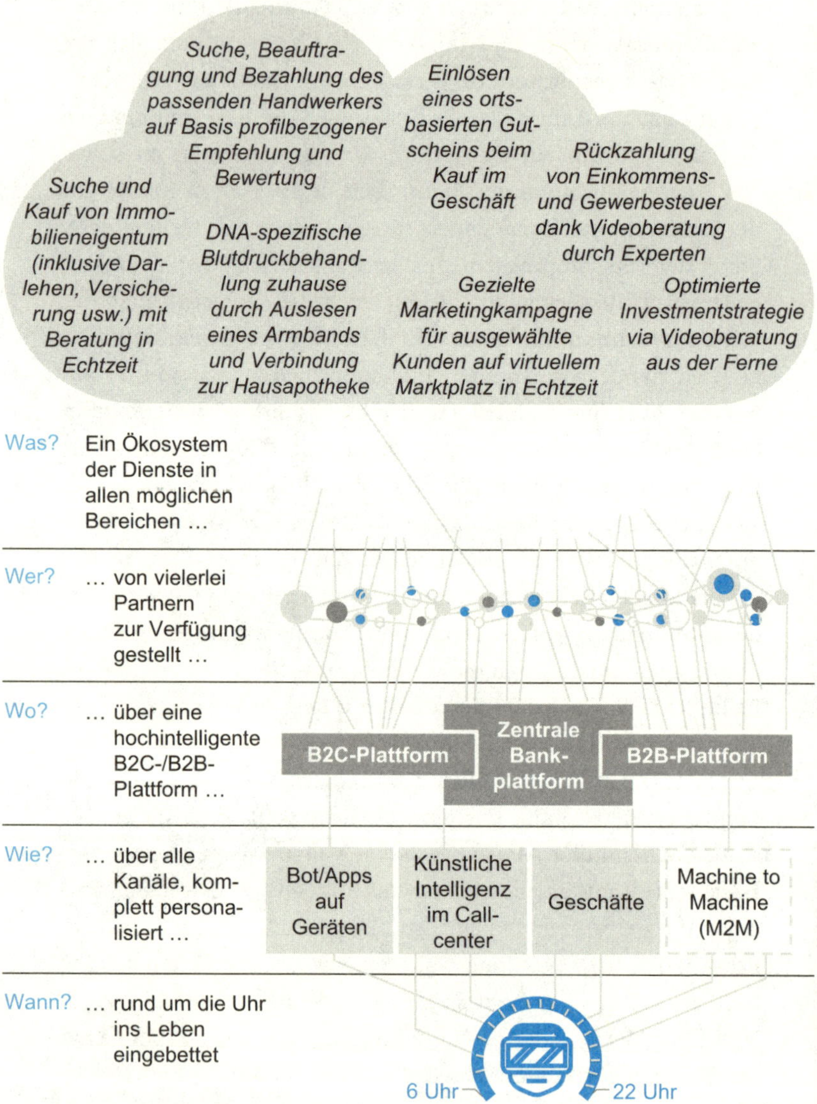

FinTech, eine Plattform für die Vermittlung von Krediten direkt von und an Privatleute, wurde in der Finanzierungsrunde mit 1,9 Milliarden Dollar bewertet. Noch radikaler kauft sich die Banco Bilbao (BBVA) in die digitale Zukunft ein: Die 150 Jahre alte spanische Großbank übernimmt reihenweise FinTechs. 2016 übernahm BBVA die kalifornische Holvi, die sich als Onlineanbieter auf kleine und mittlere Unternehmen konzentriert. 2015 hatte BBVA einen Anteil von 30 Prozent an Atom gekauft, der ersten Onlinebank Englands, die den Kundenkontakt ganz auf Mobilgeräte optimierte. BBVA hatte vorher schon die amerikanische Onlinebank Simple, das spanische Big-Data-Start-up Madiva Soluciones sowie Spring Studio, ein kalifornisches Designbüro, gekauft.

Da zeigt sich eine andere Stärke der etablierten Banken: Trotz allgemein beklagter Kapitalknappheit haben sie natürlich das Geld, sich interessante Ideen und Köpfe einzukaufen. Doch mit der Übernahme von FinTechs ist der Weg in eine erfolgreiche digitale Zukunft noch lange nicht sicher. Dazu müssen die Finanzinstitute und alle ihre Mitarbeiter sich zumindest auf den Grundgedanken einlassen, der allen FinTechs eigen ist: jedes Geschäft konsequent vom Kundenbedürfnis und Kundenerlebnis her zu denken.

## 4.4 Digital Health: Die erste Innovation im Gesundheitswesen, die nachhaltig die Kosten senken kann

Stefan Biesdorf über den steinigen Weg zur Digitalisierung des Gesundheitswesens.

Das Smartphone zählt Schritte, das Fitnessarmband Fitbit speichert Kalorienverbrauch, Herzfrequenzen und Trainingseffekt, die App mySugr prognostiziert auf Basis der Daten zum Bewegungsverhalten und zur aufgenommenen Nahrung Diabetikern den Verlauf der Blutzuckerkurve, und die App Tinnitracks spielt

**Digitalisierung des schwedischen Gesundheitssystems mit Hilfe aktueller E-Health-Technologien könnte bis 2025 brutto 25 % einsparen**

*Gesundheitsausgaben in Schweden (in Mrd. SEK)*

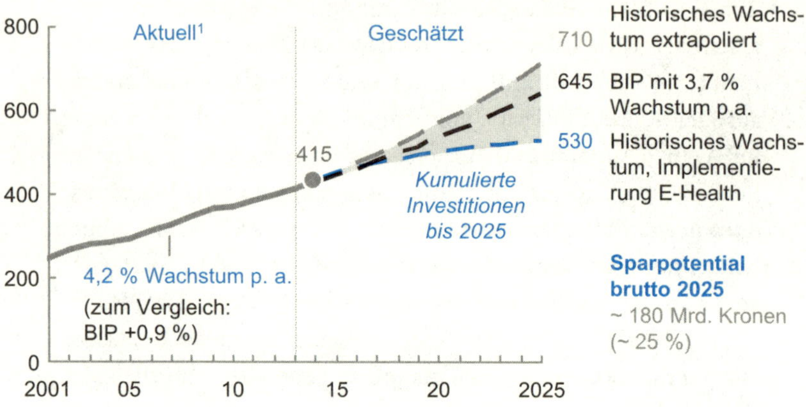


1 Historische Daten 2001 - 10 aktualisiert gemäß Ausweitung der Definition von Gesundheitsausgaben ab 2011
2 Schätzung auf Grundlage der Daten 2005 - 13 zu Gesamtgesundheitsausgaben und Anzahl Besuche/Aufenthaltstage bei Primärversorgung und Krankenhäusern

(Quelle: IHS Global Insights; Statistics Sweden)

Hörsturzgeschädigten Musik ein, die auf das individuelle Pfeifen abgestimmt ist und die Malaise im Ohr neutralisiert – digitale Gesundheitsangebote sind bei Kranken und Gesunden längst angekommen und werden eifrig heruntergeladen. Jeder vierte Deutsche, das ergab eine Infas-Umfrage, nutzte 2016 solche Smartphone-Programme. Angst vor einem Missbrauch der anfallenden Daten haben die wenigsten: 59 Prozent sind für die Einführung der elektronischen Patientenakte, in der alle Gesundheits- und Patientendaten gesammelt werden, und 77 Prozent würden gern über digitale Kanäle auf die eigenen Gesundheitsdaten zugreifen.

Langsamer als die Patienten nehmen die Institutionen des Gesundheitswesens die Möglichkeiten der Digitalisierung an. Dabei können sie erheblich profitieren: Eine konsequente Digitalisierung der Wertschöpfungskette verheißt beispielsweise für das schwedische Gesundheitssystem substanzielle Einsparungen bei den Kosten. In zehn Jahren ist eine Bruttoersparnis von bis zu 25

Prozent möglich. Das reicht zwar nicht, um die Ausgaben absolut zu senken, würde aber den erwarteten Kostenanstieg deutlich bremsen.

Gerade der Gesundheitssektor zeigt große Potentiale für die Digitalisierung. Allgegenwärtige Sensoren plus schlauen Algorithmen (»Advanced Analytics«) zur Auswertung der anfallenden Datenmengen könnten die Medizin revolutionieren – wenn nicht eine systemimmanente Bremse eingebaut wäre.

Die lässt sich am Beispiel von myTherapy veranschaulichen, einer App, die Patienten dabei unterstützt, ihre Medikamente gemäß ärztlicher Vorgabe einzunehmen – welches Medikament, wie viel, wann und wie oft. Gerade ältere multimorbide Patienten müssen eine Vielzahl von verschiedenen Medikamenten nebeneinander einnehmen. In zahlreichen Studien konnte gezeigt werden, dass dies nur den wenigsten Patienten gelingt. Nach Einschätzung der WHO liegt für Industriestaaten die Medikamenten-Adhärenz – also die vorschriftsmäßige Einnahme ärztlich verordneter Medikamente – bei langzeitigen Therapien nur bei 50 Prozent. Für Deutschland schätzen die Kassenärztliche Bundesvereinigung und der Bundesverband Deutscher Apotheker die möglichen Kosteneinsparungen auf rund 1,8 Milliarden Euro oder rund 1 Prozent der gesamten Gesundheitsausgaben der gesetzlichen Krankenversicherung.

In der digitalen Welt gibt es mobile Lösungen, um genau dieses Thema anzugehen. Mit Hilfe der App myTherapy kann man einfach die Barcodes auf den Verpackungen mit dem Smartphone scannen, die vorgegebenen Medikamenten-Einnahmezeiten eintragen und erhält dann zeitgerechte Erinnerungen vom Smartphone. Durch Spielelemente wird der Nutzer bei der Stange gehalten, und so profitiert nicht nur der Patient von besserer Adhärenz, sondern auch das Gesundheitssystem, weil es die Folgen von mangelhafter Medikamenteneinnahme nicht mehr teuer reparieren muss.

### Es fehlt ein taugliches Geschäftsmodell

Prima Idee – aber leider kein taugliches Geschäftsmodell. Deutsche Patienten sind es gewohnt, Gesundheitsleistungen umsonst abzurufen. Sie zahlen allenfalls 99 Cent für das Herunterladen der App. Krankenkassen verlangen klinische Studien zur Wirksamkeit, ehe sie über eine Finanzierung nachdenken – in jede solcher Studien investiert die Pharmabranche Millionen, unmöglich für ein Start-up. Und Ärzte sind wenig motiviert, für solche Apps bei ihren Patienten zu werben. Das mag damit zu tun haben, dass Ärzte die verschiedenen Anwendungen nicht kennen oder mit mangelndem Vertrauen in die Qualität der mobilen Anwendung – ob bezüglich der Zuverlässigkeit oder dem Datenschutz spielt da schon fast eine nachrangige Rolle. Zumal ein Arzt, der solch eine Anwendung empfiehlt, nicht unmittelbar, also finanziell, davon profitiert, im Zweifel aber Aufwand für das Erklären hat. Hier ergibt sich eine schwierig zu lösende Zwickmühle: Zwar gibt es nachgewiesenermaßen einen Mehrwert durch Digital Health auf Systemebene, aber niemand mag dafür zahlen. Der Patient hat bereits über seiner Beiträge bezahlt, die Kasse will nur für nachgewiesenen individuellen Mehrwert zahlen, und der Arzt möchte nicht derjenige sein, der für seinen Aufwand nicht vergütet wird.

So steht die grundsätzliche Mechanik des deutschen Gesundheitsmarkts der flächendeckenden Nutzung der Digitalisierung im Weg: Basis für die Vergütung sind so genannte »Fee-for-Service«-Modelle, das heißt, es werden Abrechnungsposten für einzelne Leistungen verrechnet. Die Qualität der Behandlung und der erreichte Erfolg sind dabei keine Vergütungskomponenten. Die USA, in Sachen Gesundheitskosten bislang nicht eben ein Vorbild, schlagen jetzt einen anderen Weg ein: Dort gehen die großen staatlichen Krankenversicherer Medicaid und Medicare voran und bauen in die Vergütungsmodelle für Krankenhäuser eine Qualitätskomponente ein. Solche resultatbasierten Modelle schaffen einen finanziellen Anreiz für Leistungserbringer, noch stärker auf die Qualität der Behandlung zu achten: Medicare belegt Krankenhäuser mit zu hohen Wiedereinweisungsquoten mit

Strafzahlungen. Von derlei Überlegungen hält die deutsche Medizinerlobby bislang wenig: Hierzulande wird für gute Leistungen ebenso viel bezahlt wie für schlechte.

In einigen US-Bundesstaaten werden noch weitergehende Änderungen der ärztlichen Vergütung umgesetzt. Sie messen zum Beispiel das Ergebnis der Behandlung anhand mehrerer Qualitätsparameter. Überdurchschnittlich gute Leistungserbringer erhalten dann einen finanziellen Zuschlag. Bei der Beurteilung von Entbindungen gehen beispielsweise die Quote an Komplikationen, die Häufigkeit der Wiedereinweisung von Mutter und Kind sowie der Anteil teurer Kaiserschnitte in die Beurteilung ein. Nur wenn das Krankenhaus den Durchschnitt erfüllt oder besser ist, bekommt es den vollen Betrag überwiesen, sonst gibt es Abzüge.

Das ist ein revolutionärer Schritt, denn er verlagert das Risiko von den Versicherungen hin zu Krankenhäusern und Medizinern. Es setzt einen Anreiz für qualitativ bessere, effektiv erbrachte Leistungen – auch unter Einbeziehung der Möglichkeiten von digitalen Gesundheitsanwendungen, die der Arzt empfehlen kann, um insgesamt bessere Versorgungsergebnisse zu erzielen. So werden etwa im US-Staat Delaware Online-Arztberatungen vergütet: Die Aetna Krankenversicherung bezahlt den Internetdoktor, wenn Hausarztpraxen geschlossen sind, ein normaler Arzttermin nicht kurzfristig vereinbart werden kann oder der Versicherte unterwegs ist.

In Deutschland fehlt es noch an den Voraussetzungen für die digitale Medizin. Wer die Zusammenarbeit der Akteure im Gesundheitswesen optimieren will, muss nicht nur den reibungslosen Datenaustausch möglich machen. Nötig ist vielmehr ein tragfähiges Geschäftsmodell für digitale Innovation, wie es eine resultatbasierte Vergütung für digitale Gesundheitsdienstleistungen bieten könnte.

Der Grundgedanke dabei: Digitale Gesundheitsanbieter bieten ihre Services kostenlos für gesetzlich versicherte Patienten an. Eine Vergütung wird nur dann von der Krankenkasse bezahlt, wenn sich in den Daten des jeweiligen Patienten nachweisen lässt, dass die Nutzung der App zu niedrigeren Kosten geführt hat. Dies ist mit komplexen mathematischen Modellen möglich, wenn ausreichende Nutzerzahlen und granulare Daten zur Verfügung stehen – Daten, die es in dieser Form heute bereits im deutschen Gesundheitswesen gibt, die aber für solche Zwecke (noch) nicht zur Verfügung stehen.

Gleichzeitig muss die Eintrittsbarriere für digitale Gesundheitsinnovatoren gesenkt werden: Wer sinnvolle Services anbietet, soll nicht fürchten müssen, verklagt zu werden, weil Datenschutzrichtlinien verletzt oder regulatorische Randbedingungen unwillentlich nicht eingehalten worden sind. Es braucht eine Novellierung des Datenschutzes: Wenn der Patient die Nutzung seiner eigenen Gesundheitsdaten durch Drittanbieter ausdrücklich wünscht, sollte der Gesetzgeber dem nicht im Wege stehen. Patienten sollten das Recht bekommen, ihre Daten für Drittanbieter freizugeben; das Gesundheitssystem hat die Aufgabe, einen technischen Zugriff auf die bestehenden Daten einfach und sicher zu ermöglichen.

## Wer schafft die zentrale und offene Innovationsplattform?

Dazu braucht es eine offene Innovationsplattform, die auf die stark standardisierten Abrechnungsdaten der Krankenkassen zugreift und diese auch den digitalen Entwicklungspartnern zur Verfügung stellt. Diese zertifizierten Drittanbieter, so die Theorie, bringen die Neuerungen ins Gesundheitssystem: Sie kurbeln den Innovationsmotor an, so wie es in den USA schon passiert. Für den Zugang zu den Gesundheitsdaten der Patienten müssen die Drittanbieter im Gegenzug die eigenen Daten auf der Plattform zur Verfügung stellen; nicht nur um ein »Lock-in« der Nutzer zu vermeiden, sondern um messen zu können, ob die Nutzung einzelner digitaler Lösungen zu einer messbaren Verbesserung der Ergebnisse geführt hat. Und weil es sich um sensible Daten handelt, müsste eine vertrauenswürdige Instanz wie das Gesundheitsministerium oder das Bundesversicherungsamt mit Hilfe eines leistungsfähigen Identitäts-, Zugangs- und Datenfreigabemanagements darüber wachen, dass keine Unbefugten zugreifen.

Damit die Digitalisierung des Gesundheitswesens in Deutschland nicht bei Fitnesstrackern und Blutdruck-Apps steckenbleibt, muss jemand diese zentrale und offene Innovationsplattform schaffen. Das Gesundheitsministerium zeigt für solch einen Kraftakt bislang noch wenig Neigung, zu stark weichen die Wünsche und Forderungen der Protagonisten des Systems voneinander ab. Prädestiniert wären die großen Krankenkassen, denn die haben schon einen umfänglichen Datenschatz. Am wenigsten Interesse zeigen bislang die Vertreter der Mediziner, die im Zweifel gegen alles Digitale argumentieren. So drängt die Lobby beispielsweise auf das Verbot ärztlicher Onlineberatung – in Großbritannien ist dies längst Standard.

Der britische Gesundheitsdienst NHS hat schon früh mit digitaler Medizin experimentiert. Nach einigen Irrwegen stellt er jetzt 4,7 Milliarden Pfund für eine Digitalisierungsagenda bereit. Ziel ist es, zwischen 8 und 11 Prozent der gesamten Gesundheitskosten zu sparen. Die Briten zielen sowohl auf die Verbesserung der Produktivität – Optimierung von Krankenhäusern und Arztpraxen durch Services wie Online-Arztterminbuchung, Patientenerinnerungsservices oder auch Online-Arztberatung – als auch auf die Nachfrageseite: Der NHS propagiert digitale Helfer, die wie Bewegungszähler und Fitness-Apps helfen, gesund zu bleiben, dazu Apps, die helfen, Gesundheitsrisiken zu verringern, etwa zum Abgewöhnen des Rauchens, oder solche wie die Diabetes-App mySugr, die helfen, sie zu managen.

Immerhin haben die Briten eines realisiert: Wenn das Gesundheitssystem nicht selbst eine zentrale Plattform aufbaut, tun es andere. Leisten können sich das nur Unternehmen mit sehr langem Atem und sehr viel Geld – wieder einmal sind Apple oder Google dabei.

Apple fährt mit seinem ResearchKit und dem CareKit gleich

zweigleisig: ResearchKit ist eine offene Softwareplattform, die Ärzte und Forscher einlädt, mit Apps anzudocken. Diese Forschungs-Apps, die mit Einwilligung der Nutzer auch auf die Daten der anderen Gesundheits-Apps in seinem Smartphone zugreifen, sollen freiwillige Probanden auf ihr iPhone laden und damit Daten für eine medizinische Studie sammeln. So will Apple sein iPhone zum Werkzeug für die Gesundheitsforschung machen. Inzwischen erforschen Mediziner mit ResearchKit so unterschiedliche Krankheiten wie Asthma, Brustkrebs und Parkinson, namhafte US-Universitäten und Forschungseinrichtungen sind mit an Bord.

CareKit dagegen zielt direkt auf die Patienten. Mit seiner Hilfe sollen sie ihr Befinden besser managen können und auch ihre Vitaldaten automatisch mit den behandelnden Ärzten teilen. Zum Start 2016 bot Apple vier selbstentwickelte Module an: die CareCard, die den Nutzer erinnert, wenn es Zeit ist, seine Medizin zu nehmen oder Sport zu treiben, das InsightDashboard, das Symptome aufzeichnet und ins Verhältnis zu den Maßnahmen aus der CareCard setzt, eine App, auf der die Befindlichkeit festgehalten wird, sowie Connect, eine App, die Daten an den Arzt oder ein Familienmitglied weiterleitet. Apple selbst kann nicht auf die individuellen Daten zugreifen und schwört, die Privatsphäre zu achten und zu schützen. Auch CareKit ist eine offene Plattform – Partner sind eingeladen, Apps mit nützlichen Angeboten zu entwickeln.

Natürlich versuchen auch die etablierten Unternehmen der Gesundheitstechnik, eine Plattform aufzubauen und so einen zentralen Punkt in einem neuen Medizin-Ökosystem zu erobern. Philips bündelt sein Geschäft mit einer Produktpalette von Zahnbürsten bis zu Magnetresonanztomographen zu Philips Healthcare und hat neben der Hardware auch Software zum Managen ganzer Kliniken im Programm. General Electric betreibt seine Health Cloud, die nicht nur Serverkapazität verkauft, sondern auch Software für das Gesundheitssystem vermietet (»Software as a Service«). IBM hat sich für 5 Milliarden Dollar Truven, Explorys und Phytel gekauft, Unternehmen, die über Jahre großen

Mengen an Gesundheitsdaten zusammengetragen haben und diesen Datenschatz als Grundlage für Lösungen im »Population Health Management« einsetzen. Siemens Healthineers verfolgt eine klare Strategie bei der Digitalisierung: Mit Teamplay hat Siemens bereits eine cloudbasierte Plattform für digitale Lösungen etabliert und bei zahlreichen Krankenhäusern im Einsatz.

## »Predictive Maintenance« für Menschen

Auch wenn die Matadore in der digitalen Gesundheitsindustrie noch ihren Platz suchen, mangelt es nicht an Visionen. In den USA arbeiten Pioniere am »Population Health Management«. Die Idee macht nach, was Maschinenbauer mit Hilfe der Digitalisierung schon einführen: »Predictive Maintenance«, die vorausschauende Wartung, die rechtzeitig vor einem Ausfall ein Teil repariert. Auf den Menschen übertragen funktioniert das so: Freiwillige schicken ihre über Gesundheits- und Fitness-Apps gesammelten Vitaldaten an eine zentrale Stelle, die diese auswertet. Zeigen sich besorgniserregende Abweichungen vom Soll, etwa zunehmendes Übergewicht plus steigender Blutdruck, schaltet sich das Programm ein, empfiehlt gezielte Sportprogramme sowie einen Ernährungsplan – beides über eine App, die zugleich die Auswirkungen registriert und erinnert, wenn eine Einheit ausgelassen wird. Das maßgeschneiderte Programm kann sogar ein Sprachroboter als persönlicher Gesundheitscoach erklären, der auch dank künstlicher Intelligenz Fragen beantwortet. So wird schon geheilt, bevor der Mensch wirklich krank ist – »Predictive Maintenance« eben.

Die Frage ist weniger, ob wir in Zukunft digitale Gesundheitsservices nutzen werden; sie lautet vielmehr, wann und wer es sein wird, der diese Services bereitstellt und reguliert. Gesundheitssysteme wie die deutschen gesetzlichen Krankenkassen oder der britische NHS haben noch einen unschätzbaren Vorsprung vor Google, Apple und Co., nämlich den Zugriff auf hochstandardisierte granulare Patientendaten. Diesen Vorsprung kann nur verteidigen, wer sich für Innovationen öffnet und diese zugleich bewusst gestaltet. Das Zeitfenster, dies zu tun, ist jetzt offen. Warten ist keine Option, da sonst die Gefahr besteht, dass – wie bereits in anderen Branchen – die digitalen Champions nicht in Europa beheimatet sein werden.

## 4.5 Connected Buildings: Intelligenz in Häusern

Niko Mohr über die Gebäude von morgen und die spannende Frage, wer sich den größten Anteil an der Wertschöpfung sichert.

Schöne neue Wohnwelt: Wenn morgens um sieben der Wecker klingelt, ist der frisch gebrühte Kaffee schon fertig – die Kaffeemaschine weiß, wann sie starten muss. Rechtzeitig ist auch der Warmwasservorrat auf Temperatur gebracht, das selbstlernende System hat registriert, dass die Familie an Wochentagen ab Viertel nach sieben duschen will. Wenn dann alle ausgeschwärmt sind, beginnt der Roboterstaubsauger seine Arbeit, er hat von der zentralen Schaltstelle die Nachricht: Alle sind weg, der Lärm stört keinen. Die Waschmaschine bekommt das Signal: Stromkosten sind gerade niedrig, keine weiteren Heißwasserverbraucher zu erwarten, und startet das Programm. Vom Arbeitsplatz macht der Hausherr an seinem PC einen kurzen Sicherheitscheck und sieht, dass die Alarmanlage aktiv ist, aber ein Badezimmerfenster offen steht. Via Smartphone steuert er die Kommandozentrale in der Wohnung an, die den Elektromotor am Fenster aktiviert und die Sicherheitslücke schließt.

Zukunftsmusik? Nicht so ganz: Wie in dem beschriebenen Heim der Zukunft funktionieren schon erstaunliche technische Lösungen. Jede Art von Gebäuden wird intelligenter: Privathäuser und Garagen ebenso wie Büros, Einkaufszentren, Bahnhöfe, Fabriken, Unis, Schulen oder Krankenhäuser. Mehr Komfort, mehr

**Connected Home: eine Vielzahl von digitalen Anwendungsmöglichkeiten**

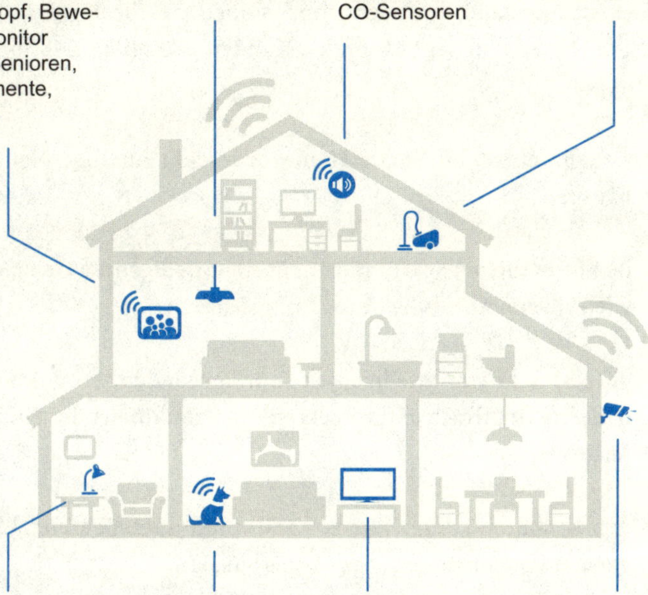


Sicherheit, weniger Energieverbrauch, völlig neue Nutzungskonzepte – das bescheren uns die vernetzten Gebäude der Zukunft. In ihnen sind alle wichtigen Systeme mit Sensoren bestückt und mit dem Internet oder der Cloud verbunden (»Internet of Things«, IoT), von Heizung und Klima über die Fahrstühle bis zur Schließtechnik und Überwachung. Auch sämtliche für Wohlbefinden und Bequemlichkeit essentiellen Geräte kommunizieren so miteinander – vom Medienzentrum rund um den Fernsehschirm über den smarten Herd und Kühlschrank bis hin zu Roboterhelfern fürs Staubsaugen und Bügeln. So breit wie das Feld der Aufgaben ist das Spektrum der Industrien, denen sich hier ein neues Geschäftsfeld auftut. Das Gebäude der Zukunft ist intelligent.

Dieses gerade entstehende Ökosystem »Connected Building« lässt sich anhand von vier Dimensionen beschreiben. In der ersten Dimension geht es um die Kunden. Sie teilen sich in vier Gruppen:

- Konsumenten im Smart Home oder dem intelligenten Zuhause;
- den öffentlichen Sektor mit zukünftig intelligenten Gebäuden wie Universitäten oder Verwaltungsbauten;
- die Industrie mit intelligenten Fabrikgebäuden, Produktionshallen oder Infrastrukturobjekten wie Bahnhöfen oder Flughäfen und
- den gesamten kommerziellen Sektor mit intelligenten Läden, ganzen Einkaufzentren oder Lagerhäusern.

In der zweiten Dimension sortieren sich die Branchen, die für die Kunden arbeiten. Sie entwickeln die meist auf Technologien des Internets der Dinge basierenden Produkte und Dienstleistungen – Infrastrukturkomponenten, die aus den derzeit noch »dummen« »intelligente« Gebäude machen: Viele haben früher einzelne Produkte geliefert, etwa eine Heizung, und können heute mit Hilfe von Sensoren und Software beispielsweise komplette Klimalösungen liefern, die vom Kunden über das Smartphone oder Tablet gesteuert werden.

Die dritte Dimension bildet ab, welche Kundenbedürfnisse mit diesen Angeboten adressiert werden; so zum Beispiel das Bedürfnis nach Sicherheit. Da bietet die Industrie Sicherheitslösungen, smarte Steuerung der Haushaltsgeräte, Energiemanagement oder dergleichen.

**Das Angebot für intelligente Gebäude gliedert sich in vier Bereiche**

| | Beschreibung | Beispiele |
|---|---|---|
| 1 Kunden | Nutzergruppen, die IoT-Technologie in Gebäuden oder städtischen Infrastrukturen nutzen | ▪ Verbraucher<br>▪ Handel<br>▪ Industrie<br>▪ Öffentlichkeit |
| 2 Schlüsselindustrien | Industriezweige, die für Gebäude oder städtische Infrastrukturen Angebote jenseits der reinen IoT-Technologie vorhalten | ▪ Bauwesen<br>▪ Versorgung und Kommunikation<br>▪ Hausverwaltung |
| 3 Use-Case-Gruppen | Beschreibung, wie ein Nutzer die Technologie unabhängig von Schlüsselindustrien einsetzt | ▪ Schutz und Sicherheit<br>▪ Versorgungsmanagement<br>▪ Interaktion mit dem Menschen<br>▪ Intelligente Geräte<br>▪ Information und Unterhaltung |
| 4 Technologie-Stack | Der Technologie-Stack deckt die komplette Bandbreite der IoT-Technologie ab – von Hardware über Softwareplattformen bis hin zu Anwendungen | ▪ Geschäftliche Anwendungen<br>▪ Enablement-Plattform<br>▪ Dateninfrastruktur<br>▪ Konnektivität<br>▪ Hardware<br>▪ IT-Sicherheit |

Die vierte Dimension zeigt, auf welchen Technologien die Angebote aufbauen. An alle Komponenten werden neue Anforderungen gestellt: an Sensorik, Hardware, Datenplattformen, IT-Sicherheit und vieles mehr.

## Commercial: Einkaufen und arbeiten in smarten Gebäuden

Drastisch verändert sich auch das typische Bürogebäude: Es identifiziert die Beschäftigten anhand eines kleinen RFID-Knopfs und öffnet ihnen automatisch die richtigen Türen, berechnet den Weg von Besuchern zu deren Gesprächspartnern und weist mit dynamisch aufleuchtender Beschilderung den Weg dorthin, steuert Fahrstühle anhand der im Onlinekalender verzeichneten Meetings.

Natürlich regelt das Gebäude Heizung und Klima nach Wettervorhersage und ist auch mit Nachbarhäusern vernetzt, an die es beispielsweise überschüssige Wärme abgeben kann, die es entweder im eigenen Blockheizkraftwerk oder über die Solarpanels auf dem Dach erzeugt hat. Bald soll es auch komplette Fassaden an Bürohäusern geben, die über Solarenergie Strom erzeugen. Es werden Modelle diskutiert, nach denen Bauherren dann ihre Fassade oder ihr Solardach an ein Energieunternehmen verkaufen oder vermieten.

Im Gebäude der Zukunft funken alle technischen Einrichtungen, vom Fahrstuhl bis zur Klimaanlage, ständig Daten, die für vorausschauende Wartung (»Predictive Maintenance«) ausgewertet werden: Hier kommt der Monteur nicht, wenn der Fahrstuhl kaputt ist, sondern kurz bevor ein kritisches Teil versagt.

In Amsterdam steht heute schon das vierzehnstöckige Bürogebäude The Edge. Neben den schon bekannten Angeboten in Sachen Sicherheit, Klima und Effizienz wartet das Haus noch mit weiteren pfiffigen Softwarelösungen auf:

- Sensoren, die Bewegungen registrieren, informieren das Reinigungspersonal, welche Bereiche besonders intensiv genutzt wurden.

- Eine dynamische Zuweisung von Arbeitsplätzen dirigiert die Belegschaft so, dass an Tagen, an denen nur relativ wenige im Büro arbeiten, ganze Stockwerke geschlossen bleiben und so Heiz- und Betriebskosten gespart werden.

- Eine automatische Licht- und Temperatursteuerung sorgt für optimale Ausleuchtung jedes genutzten Schreibtischs und für ein angenehmes Klima.

- Roboter-Staubsauger mit professioneller Leistung halten die Räume sauber.

Obwohl das Bürohaus The Edge längst steht, ist die Arbeit an den digitalen Helfern nicht zu Ende. So werden die Smartphone-Apps für die Mieter ständig erweitert. Zuletzt kam ein Programm mit

Informationen über die Verkehrslage rund um das Bürogebäude hinzu, mit Prognosen über die voraussichtlich besten Zeiten, ins Büro zu kommen und abzufahren. Auch ein virtueller Hausmeister, neudeutsch Facility-Manager, passt gut ins Edge. Bislang muss ein humaner Hausverwalter vor Ort nach Heizung, Aufzug und der übrigen Technik schauen: Er prüft, ob Inspektionen fällig oder Probleme aufgetreten sind. Jetzt senden Sensoren in allen kritischen Technikfunktionen ihre Daten an eine Steuerungszentrale. Der virtuelle Hausmeister in Form eines Programms prüft Abweichungen vom Soll und Einsatzzeiten. Er erkennt, wann eine außerplanmäßige Wartung nötig ist, weil ein Teil zu versagen droht (»Predictive Maintenance«), und ordnet turnusmäßige Inspektionen an.

Auch in Supermärkte, Kaufhäuser und Einkaufscenter ziehen Kameras, Sensoren und Steuerungssoftware ein: Kameras und Sensoren verfolgen unsere Laufwege in den Gängen, steuern intelligente Leuchten, die Sonderangebote verführerisch erstrahlen lassen, registrieren, wo wir interessiert stehenbleiben, wo wir zugreifen und wo ein Regal nachgefüllt werden muss. Aber – schöne neue Welt – die Systeme lassen sich natürlich auch nutzen, um zu überwachen, ob das Ladenpersonal wirklich arbeitet und wo Ladendiebe zugreifen. In Einkaufszentren erkennen die Systeme Besucherströme und können diese auch lenken. Wenn es im Erdgeschoss zu voll ist, bekommen Besucher über einen so genannten Beacon, eine Bluetooth-Übertragung, ein Sonderangebot gemeldet: »Kräftige Rabatte im dritten Stock!« All diese Dinge sind heute schon im Versuchsstadium.

### Consumer: Bequem und sicher wohnen

In Privathäusern sind die ersten Bausteine des intelligenten Gebäudes längst erprobt. Seit 2011 schon bieten beispielsweise die Stadtwerke Herne unter der Marke Smart Home ein ferngesteuertes Energiespar- und Sicherheitspaket an. Damit lässt sich per PC die Heizung regeln und das Licht ein- und ausschalten. Kontaktsensoren an Fenstern und Türen melden Eindringlinge und lassen sich direkt mit einem Sicherheitsdienst verbinden.

In die Küche drängen lernfähige Produkte. So hat beispielsweise Whirlpool einen Kühlschrank, den Smart French Door Refrigerator, der bei häufigem Öffnen der Tür automatisch in den Partymodus schaltet und stärker kühlt sowie die Eiswürfelproduktion hochfährt. Bosch Siemens Hausgeräte bietet einen Kühlschrank mit eingebauter Kamera an, der einen Blick per Smartphone hinter die verschlossene Kühlschranktür zulässt; und Miele verkauft eine Waschmaschine, die zum Nachbestellen auffordert, wenn die Waschmittelkartusche leer ist. Gourmia hat jetzt seinen 10-in-1 Multi-Function Robotic Cooker vorgeführt, der in zehn verschiedenen Stilrichtungen, von französisch bis asiatisch, autonom kocht. Vorwerk bietet mit dem Thermomix gleich ein ganzes Ökosystem von Produkten und Services, etwa Rezepte, an.

Die Heizsystemhersteller offerieren gleich komplette Klimalösungen. Und Neatmo hat eine Sicherheitskamera im Angebot, die unterscheiden kann, ob sich ein Hund oder ein Mensch in den Büschen bewegt, und die nur dann Alarm auslöst, wenn die Situation beunruhigend ist. Das System ist so schlau, dass es Menschen und Tiere erkennt, die ins Haus gehören.

Die technischen Voraussetzungen sind heute schon gegeben, auch weil die Preise für Sensoren dramatisch gesunken sind. Der Markt wächst kräftig. 2015 setzten Unternehmen in Westeuropa mit der Ausrüstung von Smart Homes rund 5 Milliarden Dollar um, 2019 soll das Geschäft schon rund 23 Milliarden Dollar einbringen. Gut ein Viertel davon wird dann für das Energiemanagement ausgegeben, rund 20 Prozent für Sicherheitsanlagen, 16 Prozent für die Steuerung von Haushaltsgeräten und je 14 Prozent für Licht und Home-Entertainment. In Europa treiben vor allem zwei Faktoren die Nachfrage: Die hohen Energiepreise – in Deutschland ist eine Kilowattstunde Strom fast dreimal so teuer wie in den USA – machen das Sparen attraktiv, und die alternde Bevölkerung fragt verstärkt Gesundheitsmonitoring sowie Sicherheitsdienstleistungen nach.

### Industrial: Kollege Roboter übernimmt

Ebenso wie Wohnungen, Büros und Geschäfte werden in den nächsten Jahren Industrie- und Logistikgebäude, Bahnhöfe und sogar ganze öffentliche Räume mit Hilfe von Digitaltechnik immer smarter.

In großen Lagerhäusern räumen künftig Roboter auf: Die Güter sind mit Sensoren markiert, so brauchen die elektronischen Helfer kein Ablagesystem und müssen sich keine Position merken, sondern können Pakete immer dort stapeln, wo es im Moment am günstigsten ist. Dank Sensor finden die Roboter das Teil immer wieder. Auch in den Fabriken übernehmen Roboter und Sensoren die Arbeit. Die intelligenten Maschinen im Zeitalter von Industrie 4.0 kommunizieren und interagieren. Sie optimieren nicht nur die Produktion, sondern lassen die gesamte Angebots- und Warenabwicklung automatisch ablaufen.

Flughäfen und Bahnhöfe werden zu Mobilitätsdrehscheiben und verbinden auf intelligente Weise verschiedene Mobilitätskonzepte. Sie sorgen gleichzeitig dafür, dass auch unterwegs bestellte Ware an den Punkt der Wahl geliefert wird.

### Public: Schulen, Universitäten und öffentliche Verwaltung

Die öffentliche Hand ist der größte Immobilienbesitzer des Landes mit Rathäusern, Schulen, Kasernen oder Sporthallen. Die Aufgaben einer smarten Steuerung des Betriebs dieser Gebäude stellen sich ähnlich wie in Privathäusern oder Büros: Auch hier geht es zunächst um Klimatisierung, Energieverbrauch und Sicherheit. Viele öffentliche Gebäude stehen immer wieder über gewisse Zeiträume leer, etwa Schulen in den Ferien oder Ämter am Wochenende, andere sind nicht voll belegt.

Um die gewaltigen Heiz- und Betriebskosten zu senken, wird eifrig geforscht. So arbeitet das Massachusetts Institute of Technology (MIT) mit dem Fraunhofer-Institut und einigen großen Unternehmen wie Ericsson, Philips und VW in der Initiative

»SenseableCity Laboratory« zusammen. Eine der Studien beschäftigt sich mit dem Thema »personalisiertes Raumklima«. »Local Warming«, so nennen die Wissenschaftler ihr Programm, will dafür sorgen, dass nur dort geheizt oder gekühlt wird, wo sich gerade Menschen aufhalten. Per Messungen verfolgt das System die Bewegungen von Personen im Gebäude. Schnell zuschaltbare Infrarot-Heizelemente werden jeweils dort aktiviert, wo sich jemand aufhält. Jeder bekommt sein individuelles Raumklima, die thermale Wolke folgt den einzelnen Menschen, wenn sie sich in einen anderen Raum begeben – mehr Komfort bei sehr viel geringeren Heizkosten ist das Versprechen.

Auch auf der Straße gibt es schon smarte digitale Lösungen. In Ludwigsburg beispielsweise werden Straßenlaternen in der Grundeinstellung schummrig gedimmt. Nur wenn sich Autos, Fahrräder oder Fußgänger nähern, dreht die Lampe auf. Das spart insgesamt bis zu 60 Prozent der Energiekosten für die Straßenbeleuchtung und schützt überdies Insekten, Vögel und Fledermäuse vor der für sie schädlichen dauerhaften Lichteinwirkung. Die intelligente Straßenbeleuchtung könnte auch noch mehr: Über die Masten lässt sich ein öffentliches WLAN-Netz aufbauen, und sie ließen sich auch als Ladestation für Elektroautos aufrüsten. Der Übergang zwischen den Themenwelten Connected Building und Smart City ist hierbei fließend.

### Wer setzt seinen Standard durch?

Viele Anbieter sind mit Einzellösungen rund um das intelligente Gebäude am Markt. Die spannende Frage: Wer wird zum Systemintegrator, entwirft eine Plattform und setzt einen Standard durch, der Insellösungen vernetzt und zusammenführt – und das auch noch benutzerfreundlich? Und für alle Unternehmen, die nur in einem Bereich an dem Boom mitverdienen wollen, stellt sich die Frage: In welchem der entstehenden Ökosysteme florieren auch die Mitspieler? Sie haben grundsätzlich vier Möglichkeiten:

- Sie können sich Partner suchen, mit denen sie gemeinsame Standards verabreden, die sicherstellen, dass die Systeme der Partner miteinander kompatibel sind und kommunizieren können.

- Sie schließen sich einem offenen Ökosystem an, das Schnittstellen zum Andocken von selbstentwickelten Apps bietet, die das eigene System steuern.

- Sie konzentrieren sich auf ein Segment, das für sich allein schon hohen Umsatz verspricht, und verzichten ganz auf den Anschluss an ein Ökosystem.

- Die Ehrgeizigen entwickeln selbst die Plattform für ein Ökosystem.

Um den begehrten Platz im Herzen der entstehenden Ökosysteme konkurrieren mehrere Wettbewerber. In Deutschland hat beispielsweise die Telekom die Initiative ergriffen und mit den Partnern Miele, EnBW, eQ-3 sowie Samsung die Plattform Qivicon für das smarte Zuhause gestartet. Sie lädt alle Anbieter rund um das smarte Haus ein, mit ihren Apps anzudocken, damit die Kunden alle Anwendungen rund ums Haus in einem System aus einem Guss steuern können. Das versucht auch das Konsortium Mosaiq, wo das Technologieunternehmen Cisco mit dem Energie- und Automatisierungskonzern ABB sowie dem Technikriesen Bosch eine Plattform eröffnet hat.

Mit dem gleichen Ziel hat Apple sein HomeKit auf den Markt gebracht. Auch hier gibt es offene Schnittstellen für die Apps von Geräteherstellern und Serviceanbietern. Wenn diese sich anschließen, ist ihr Angebot über alle Apple-Produkte zu steuern, auch über die Sprachassistentin Siri, die man kurz bitten kann: »Mach das Licht im Flur aus!« Innerhalb des Apple-Geschäftsmodells soll das HomeKit weniger neue Erlösquellen erschließen, als vielmehr das Wertversprechen der Apple-Hardware stärken.

Auch der Suchmaschinengigant Google arbeitet an einer Plattform. Schon 2014 hat Google für 3,2 Milliarden Dollar das Start-up Nest gekauft, einen Spezialisten für ferngesteuerte Heiz- und Klimasysteme in Häusern – mit nur mittelmäßigem Erfolg. 2016 startete nun Google Home. Herzstück beim Konsumenten ist ein massiver Lautsprecher, der auch zuhören kann: Er nimmt die Befehle entgegen, welche die heimische Elektronik steuern. Anders als die beiden Wettbewerber lädt Google noch keine Mitstreiter für die Plattform ein, zunächst soll die Technik stehen. Im Google-Geschäftsmodell steht das smarte Haus ganz klar für eine neue Umsatzquelle, auch mit Hardware.

Amazon organisiert ebenfalls eine Plattform für alles rund um das smarte Gebäude. Dafür arbeitet ein Sprachroboter. Die digitale Sprachassistentin Alexa dient als Schnittstelle für die Apps externer Anbieter, deren Produkte und Dienstleistungen die Kunden dann selbstverständlich am liebsten direkt bei Amazon ordern sollen – der Händler will vor allem sein Kerngeschäft stärken. Und auch die anderen Großen schlafen nicht: So hat Samsung die Plattform SmartThings gekauft und erweitert, um im smarten Zuhause eine zentrale Rolle zu spielen.

Auch im B2B-Segment gibt es erste Anläufe. So hat sich mit Mozaiq ein Konsortium aus Unternehmen wie ABB, Cisco und Bosch daran gemacht, die Standardplattform für smarte Gebäude zu werden. Es handelt sich dabei um eine Open Software Plattform, die einfach und benutzerfreundlich dafür sorgen will, dass sich alle smarten Geräte im Haus der Zukunft miteinander verstehen.

---

**NavVis: *Google Maps* für drinnen**

*Das Münchner Start-up* NavVis *war 2016 einer der Gewinner des Digitalpreises »The Spark«, den McKinsey zusammen mit dem Handelsblatt ausgelobt hat. NavVis kartiert in 3-D das Innere von Gebäuden als Grundlage für Indoor-Navigation.*

M3 hat sogar einen Kopf: zwei kleine Räder vorn, zwei große hinten, ein rechteckiger Körper, auf zwei ausfahrbaren Teleskopstangen der »Kopf«. Der Trolley ist ringsum mit sechs hochauflösenden Kameras bestückt, dazu mit drei Laserscannern und diversen Messgeräten. Er wird im Schritttempo durch Räume gezogen und macht ein digitales Bild in 3-D, mit 360-Grad-Fotos und zentimetergenauer Vermessung. Mit dem M3 kartiert das Münchner Start-up NavVis Innenräume. »Es handelt sich um eine Visualisierung, wie man sie von Google Maps und Streetview kennt«, erklärt Felix Reinshagen, einer der drei NavVis-Gründer, »das hat es bis jetzt nicht gegeben.«

Das 2013 gegründete Unternehmen zählt erste Adressen zu seinen Kunden: Daimler, BMW und Siemens sind dabei, der Münchner Flughafen und das Deutsche Museum. Weil das GPS-Signal in Innenräumen nicht zu empfangen ist, sind die NavVis-Kartierungen der beste Weg, ein Navi für Fabriken, Kaufhäuser, Verwaltungen, Museen und andere große Gebäude zu schaffen. Zwar gab es auch vorher schon Angebote, doch die waren umständlich und teuer. Wer statische Laserscanner für die Vermessung einsetzte, kalkulierte mit Quadratmerkosten von 3 bis 5 Euro. Mit dem M3-Trolley kostet die Vermessung nur ein Hundertstel, 3 bis 5 Cent. NavVis bietet auch eine Plattform zur Verarbeitung der Daten und eine Navigations-App an.

Wer sich anschauen möchte, wie die NavVis-Visualisierungen aussehen, sollte die Internetseite des Deutschen Museums in München besuchen. Weil dieses bis 2019 wegen Umbaus geschlossen ist, bietet es einen virtuellen Rundgang an, basierend auf den Daten, die der M3 dort in einem anderthalbtägigen Einsatz gesammelt hat.

Noch hat sich keiner der Wettbewerber durchgesetzt, ist kein Standard installiert – auch ein Grund für die zögerliche Begeisterung der Bauherren. Die smarten Systeme für Sicherheit, Heizung und Licht in den Wohnungen können nicht miteinander kommunizieren, der Kundschaft werden lauter Insellösungen zugemutet. Auch die knappe Verfügbarkeit qualifizierter Handwerker bremst den Erfolg: Der durchschnittliche Elektriker oder Heizungstechniker muss passen, wenn er eine smarte Anlage einbauen soll. Dritter Bremsfaktor sind smarte Kunden: Solange viele vernetzte Gebäude die Kostenersparnis durch die intelligente Steuerung der Heizung durch den Stromverbrauch der vielen Sensoren und Stellmotoren gleich wieder aufheben, rechnen sich die Gebäude nicht. Doch dass es hier etwas zu verteilen gibt, zeigt schon die große Zahl von Start-ups, die sich in dem Gebiet tummeln. Unternehmen wie Tado, Netatmo, ComfyLight, Ecobee und andere sind dabei, den Markt zu entwickeln.

Alles ist also noch offen – wir erleben eine junge Industrie, in der Branchen zusammenwachsen, die bislang keine Berührung hatten. Sie bilden neue Ökosysteme, die großes Wachstum versprechen und eine neue Normalität rund um das stationäre Leben schaffen. Das Wachstum ist stürmisch, aber startet auf bescheidenem Niveau. Ein gemeinsamer Standard für die Steuerung der vielen kreativen Anwendungen muss her – dann gelingt auch der Sprung in ganz neue Umsatzsphären.

## 4.6 Die digitale Revolution erreicht die Energieversorger

Thomas Schumacher über die Strategie der deutschen Stromkonzerne gegen die Eindringlinge auf ihren Stammmärkten.

150 Jahre lang war es eine Lust, ein Elektrizitätsunternehmen zu führen: Die Kunden konnten den regionalen Monopolisten nicht

abwählen, die Nachfrage war gut zu kalkulieren, die Stromerzeugung fand in wenigen großen Kraftwerken statt, die lange nur Kohle, später auch Öl, Gas oder Urandioxid verheizten. Die Preise waren Kosten plus Gewinn, Energieunternehmen ähnelten dem Öffentlichen Dienst, einziger Unterschied: Sie fuhren mächtige Profite ein.

Die Zeiten sind vorbei: Deutschlands Energieversorger kämpfen ums Überleben. Und sie bedrückt mehr als die Lasten des Atomausstiegs und die Herausforderungen durch erneuerbare Energien. Denn gleichzeitig erleben sie eine Revolution in ihren Kundenbeziehungen und in der gesamten Technik ihres Geschäfts.

Seit der Liberalisierung des Strommarkts und dem Ende der regionalen Monopole hat sich eine lebhafte Szene von Anbietern entwickelt, die sich oft ohne eigene Kraftwerke ganz auf den Handel zugekaufter Strommengen konzentriert, wie beispielsweise Yello. Internetportale wie Verivox bieten Preisvergleiche aller Anbieter und übernehmen als Service für die Kunden gleich das An- und Abmelden. Auch die großen digitalen Dienstleister Google, Amazon und Apple drängen sich zwischen die etablierten Stromkonzerne und deren Kunden, indem sie ihre etablierten oder in Aufbau befindlichen Ökosysteme weiter ausdehnen. Wenn die Kunden schon übers iPhone mit einer App die heimische Heizung regeln und die Alarmanlage kontrollieren, liegt es nahe, auch den Stromverbrauch von der Apple-Plattform aus zu steuern – die Energieversorger laufen Gefahr, die Herrschaft über die wichtige Schnittstelle zum Endkunden zu verlieren und zum reinen Commodity-Lieferanten zu degenerieren.

### Die Digitalisierung bringt mehr Wettbewerb

Die Digitalisierungswelle, die jetzt mit Macht die ganze Wertschöpfungskette der Stromkonzerne erfasst, macht deren Lage nicht einfacher. Beispielsweise werden die Endkunden sukzessive mit smarten Stromzählern ausgerüstet. Einerseits eine gute

Nachricht für die E-Werke: Sie müssen kein teures Personal mehr zum Ablesen schicken, denn die pfiffigen Geräte sind mit Sensoren sowie Internetverbindung ausgerüstet und funken ständig alle Verbrauchsdaten – allerdings nicht notwendig immer zu den Energieversorgern. Sie können auch in einer Cloud landen, auf den Servern externer Rechenzentren.

In Großbritannien soll es ab 2020 in jedem Haushalt ein »Smart Meter« geben, und die Daten der Kunden sollen nicht mehr nur in den Händen des einzelnen Energieversorgers landen, sondern in einer Cloud mit der Idee, den Wettbewerb zu befeuern – definitiv eine schlechte Nachricht für die Energieversorger. Denn die verlieren die Hoheit über die sensiblen Daten. Jetzt kann die Konkurrenz die Verbrauchsmuster der einzelnen Kunden studieren und ihnen maßgeschneiderte Angebote machen – im Zweifelsfall preiswerter als bisher. In Deutschland ist noch nicht entschieden, wer die Datenwolken kontrollieren wird. Die üblichen Verdächtigen wie Amazon, Google, aber auch RWE und Eon haben den Hut in den Ring geworfen, ebenso die Preisvergleichsplattform Check24. Sie alle ringen um die Kundenbeziehung, und es ist noch nicht ausgemacht, wer letztlich den Zugang zum Kunden behalten wird.

Auch am anderen Ende der Wertschöpfungskette der Elektrizitätskonzerne ist nichts mehr wie früher. Statt weniger großer Kraftwerke speisen heute tausende dezentrale Erzeuger ihren Strom in die Trassen – Zeit und Menge sind unkalkulierbar, denn die Energiequellen Sonne und Wind halten sich nicht an Vorgaben. Die technische Antwort sind smarte Stromnetze, die an tausenden Einspeiseknoten die aufgenommenen Energiemengen messen und die Daten digital an einen Zentralrechner funken.

Schlecht für die von den Stromkonzernen abgespaltenen Netzbetreiber: Die zentrale Treuhänderfunktion, die sie bislang halten, indem sie den Einspeisern Geld überweisen und die Energie via Strombörse oder direkt weiterverkaufen, ist bedroht. Weil alle Daten zu den eingespeisten Mengen digital verfügbar sind, erlaubt die Blockchain-Technik auch direkte Geschäfte zwischen privaten Energieerzeugern und Endverbrauchern. Das Prinzip von Blockchain: Kaufvorgänge werden nicht über eine zentrale Plattform abgewickelt, sondern im Verbund aller Computer, die am System teilnehmen. Die Rechner dienen als vernetztes, dezentrales Register, das sich nicht manipulieren lässt. Sie speichern Transaktionen in laufend erweiterten, digitalen Blöcken, die bei jedem Geschäft an sämtliche beteiligten Rechner übertragen werden. Hat ein Block eine gewisse Größe erreicht, wird ein neuer geschaffen. Zusammen bilden sie eine Kette – die Blockchain. Da sich das System selbst organisiert, fallen praktisch keine Kosten an.

Im Ernstfall bleibt den Netzbetreibern nur das margenarme Durchleitungsgeschäft. Und selbst das ist ihnen langfristig nicht sicher: Seit Batterien und andere Speichertechniken immer leistungsfähiger werden, steigt die Chance für private und gewerbliche Verbraucher, sich mit eigenen Sonnenkollektoren und Windrädern ganz vom Netz der Energieunternehmen abzukoppeln.

### Die Stromkonzerne wollen ihre gesamte Wertschöpfungskette digitalisieren

Doch der Weckruf ist angekommen. Die Stromkonzerne setzen bei ihrem Befreiungsschlag auf die Technik, mit der Google und Co. sie selbst unter Druck setzen: Sie versuchen, ihre gesamte Wertschöpfungskette zu digitalisieren.

Eine entschlossene Digitalisierung der Prozesse kann erhebliche Ressourcen freisetzen. Wenn sie die gesamte Wertschöpfungskette umfasst, lässt sich das operative Ergebnis eines Energieversorgers um fast ein Viertel steigern. Heute sind beispielsweise noch Heerscharen von Angestellten unterwegs, um Netze und Leitungen in Schuss zu halten. Wenn von allen kritischen Stellen Sensoren Leistungsdaten an die Server funken, berechnen Programme passgenau den Zeitpunkt für gezielte vorausschauende Wartung (»Predictive Maintenance«), rechtzeitig, bevor es an der Stelle zum Ausfall kommt. Das spart Personaleinsatz und minimiert Ausfallzeiten. Dazu gehören natürlich auch die digitale Vernetzung der Mitarbeiter im Außendienst und der Wegfall unnützer Papierdokumentation.

Das größte Potential liegt an der Schnittstelle zu den Kunden. Hier gibt es in der Regel viel Spielraum für Verbesserungen. Eine Digitalisierung aller Kontaktpunkte zu den Verbrauchern spart nämlich nicht nur Kosten, sondern erhöht auch die Kundenzufriedenheit: Die meisten Menschen geben nun einmal lieber ihre Daten selbst via Smartphone oder PC ein, als endlos in der Warteschleife des Callcenters deutsche Schlager zu hören. Das bedeutet noch lange nicht, dass die Kunden nur über digitale Kanäle mit ihrem Energieversorger kommunizieren wollen. Sie erwarten den gleichen Service auch auf anderen Kanälen: Deshalb müssen auch die Mitarbeiter in den Callcentern und den stationären Vertretungen der E-Werke mit einem Klick sämtliche Verbrauchsdaten und -profile des Kunden parat haben, wenn der bei ihnen vorspricht. Ebenso müssen sie ihm sofort Informationen oder Angebote auf das Mobiltelefon oder den heimischen Rechner schicken können.

Übrigens werden inzwischen sogar schon die Callcenter mit digitalen Kollegen besetzt: Sprachcomputer, so genannte Chatbots, sind heute so weit, dass sie die Anliegen der Kunden verstehen können, dann die Daten durchforsten und, wenn schon nicht mündlich, so doch verbal Auskunft erteilen. Diese Roboter setzen auf lernende Systeme, sogenannte künstliche Intelligenz, und sind sogar in der Lage, Emotionen der Anrufer aufzunehmen und beispielsweise verärgerten Kunden mit besonders einfühlsamen Worten zu antworten.

### Kundenbindung über digitale Kontakte

Fortschrittliche Energieunternehmen fördern die Kundenbindung, indem sie den Abnehmern über eine App Informationen über Energieverbrauch und Kosten geben sowie sie über Sparmöglichkeiten informieren. Andere halten den Kontakt über regelmäßige Blogs oder Onlineforen, oder sie informieren per SMS, wenn der Servicetechniker im Anmarsch ist. Einige arbeiten auch an ihren Produktversprechen, wie der RWE-Ableger Innogy, der den Kunden »smarte Energielösungen« verspricht. Das beginnt mit der Möglichkeit, »grünen Strom« aus erneuerbaren Quellen zu beziehen, reicht aber bis zu Lösungen, bei denen der Kunde mit Solarzellen und Batterien ausgerüstet wird, um ihn teilautark zu machen. Eon positioniert sich gleichzeitig in einer aufwändigen Kampagne als Problemlöser für alle Fragen rund um die Energie der Zukunft. Auch hier spielen die digitalen Kanäle eine Schlüsselrolle für die Kommunikation mit Kunden und Menschen, die es noch werden sollen.

Bei jeder Interaktion mit den Kunden fallen Daten an. Diese werden im Kampf um die Stromkunden von morgen zur wichtigen Waffe. Vor allem, wenn es den Energieunternehmen gelingt, die Hoheit über die intelligenten Zähler und das Nutzerverhalten der Verbraucher zu erhalten, schaffen sie die Basis für maßgeschneiderte Angebote: Beispielsweise können Stromkonzerne das Management der Klimatisierung von Gebäuden übernehmen und dafür kräftige Rabatte anbieten. Die Idee lässt sich auch in größere Dimensionen übertragen: Stromunternehmen können sich mit Immobilienentwicklern und Anlagenherstellern verbünden und das Energiemanagement für ganze Siedlungen, Industrieanlagen oder Bürokomplexe übernehmen.

Auch in den smarten und vernetzten Gebäuden selbst können die Energiekonzerne neue Erlösquellen finden, wenn es ihnen gelingt, neben dem Strom auch die Fernsteuerung für die Elektrogeräte zu liefern. Eon hat schon einen Schritt in diesen Markt getan und sich mit 20 Prozent an dem Start-up Thermondo beteiligt, einem deutschlandweit agierenden Heizungsbauer, der nur $CO_2$ sparende Anlagen verkauft. Thermondo schwört auf Energieeffizienz und bietet seinen Kunden Komplettpakete für die Umrüstung von Privathäusern auf Brennwertkessel, Solarthermie oder Brennstoffzellen. Die Kommunikation läuft via Internet, Thermondo plant mit Hilfe schlauer Algorithmen, stellt alle notwendigen Anträge bei den Ämtern, besorgt öffentliche Fördermittel und übernimmt nach dem Einbau auch die Koordination mit dem Energieversorger sowie Schornsteinfeger und Servicekräften – eine schöne zentrale Position in einem neuen Ökosystem rund um die Hausheizung. So etwas hätten Eon und die Branchenkollegen gern auf dem Strommarkt.

### Herausforderungen in drei Dimensionen

So sehen sich die Energieunternehmen vor einer dreidimensionalen Herausforderung: Durch die Digitalisierung wird die hergebrachte Ordnung zerstört. Es entstehen neue wirtschaftliche Ökosysteme, in die sich die Stromkonzerne einordnen müssen. Die smarten Netze und Zähler schaffen neue Geschäftsmodelle und Konkurrenten, die vernetzten Gebäude eröffnen neue Märkte.

Um erfolgreich weiterzuexistieren, müssen die Energieriesen ihre Geschäftsarchitektur weiterentwickeln: Sie digitalisieren alle Prozesse, kommunizieren technisch, aber auch inhaltlich anders mit ihren Kunden und erweitern ihr Produktangebot. Das alles geht nur, wenn sie zuvor ihr Fundament stärken: von der IT-Architektur der zwei Geschwindigkeiten bis zu neuen Fähigkeiten der Analyse von Big Data.

Die digitale Transformation der Energieunternehmen ist zweifellos ein Großprojekt und die Frage nach dem Versorger der Zukunft noch weitgehend unbeantwortet. Aber die Stromerzeuger können auch Großes erreichen: mehr Produktivität, mehr Umsatz, verlässlichere Netze, neue Geschäftsfelder und zufriedenere Kunden. Und sie haben eine seltene Chance: Nach 150 Jahren können sie die Strategie, die Struktur und die Prozesse des Unternehmens noch einmal ganz neu erfinden. Wer sich nicht bewegt, wird wahrscheinlich von den neuen Wettbewerbern marginalisiert. Wer dagegen sein Geschäft digital revolutioniert, erschließt die Chance auf die Märkte der Zukunft.

### Übersicht der wichtigsten Handlungsfelder der digitalen Transformation für Energieversorger

| | | | |
|---|---|---|---|
| Neue Ökosysteme | **Neue Themen** | ▪ Intelligente Netze<br>▪ Intelligentes Wohnen<br>▪ Vernetzte Gebäude<br>▪ Verteilte Energieerzeugung | ▪ Energiedienstleistungen<br>▪ Vorbeugende Wartung<br>▪ Digitale Abrechnung<br>▪ Digitaler Energiehandel |
| Geschäftsarchitektur | **Kundenerlebnis** | ▪ Digitale Frontendprozesse<br>▪ Multikanalhandel<br>▪ Digitales Marketing und Social Media | ▪ Nahtloses Kundenerlebnis über alle Kundenschnittstellen<br>▪ Lebenszyklusmanagement des Kunden<br>▪ Customer Journey Management |
| | **Produkt und Value Proposition** | ▪ Offene Entwicklungsumgebung<br>▪ Digitale Innovation | ▪ Intelligente Produkte und Komponenten |
| | **Wertschöpfung** | ▪ Automatisierte Backend-Prozesse<br>▪ Analytics und Intelligence | ▪ Ende-zu-Ende-Digitalisierung<br>▪ Mitarbeiterproduktivität |
| Fundament | **Technologie** | ▪ System- und Datenarchitektur<br>▪ Interaktive Mobilgeräte | ▪ Konnektivität<br>▪ Big Data und Advanced Analytics<br>▪ Datensicherheit |
| | **Organisation und Kultur** | ▪ Projektkultur<br>▪ Funktionsübergreifende Kooperation<br>▪ Flache Hierarchien | ▪ Digitales Talentmanagement<br>▪ Agilität |

## 4.7 Telefonriesen unter Druck: Wer positioniert sich im Zentrum neuer Ökosysteme rund um die Kommunikation?

Thomas Schumacher über den Verteilungskampf zwischen Hardwareproduzenten, Inhalteerfindern und Telekommunikationsunternehmen.

Der Auslöser der Revolution ist winzig: 6 mal 5 Millimeter in der Fläche, 1 Millimeter dick – dies sind die Abmessungen der eSIM. Aufregend sind aber nicht die Miniaturmaße dieser neuen Speicherkarte, die am Ende wie ihre größeren Vorgänger ein mobiles Gerät mit dem Internet und dem Telefonnetz verbinden wird. Die Revolution steckt im kleinen »e« für »embedded«, fest eingebaut.

Bislang kommen SIM-Karten von einem Mobilfunkanbieter und werden meist vom Kunden per Hand eingebaut. Die programmierbare eSIM wird vom Hersteller verbaut, in Smartphones, Tablets, Fitness-Tracker, Smartwatches, Spielekonsolen, 3-D-Brillen, Kameras oder medizinische Geräte im Haushalt – alles, was ständig online ist. Ganz nebenbei soll man mit den sogenannten Wearables – Uhren, Armbänder, was man eben so am Leibe trägt – auch telefonieren können.

Die Aussicht begeistert Kunden, verunsichert aber die Telekommunikationskonzerne. In den frühen Tagen des Mobilfunks hatten sie eine beherrschende Funktion: Die Übertragungskapazitäten waren knapp und in ihrer Hand, sie teilten den Kunden die SIM-Karten zu und waren in einer zentralen Position mit hoher Wertschöpfung. Doch spätestens mit der Einführung des LTE-Übertragungsstandards wurde Übertragungskapazität zur Commodity. Wenn künftig auch noch die SIM-Karte frei auf einen beliebigen Anbieter zu programmieren ist, verlieren die Mobilfunkunternehmen vielleicht ihr wichtigstes Kundenbindungsmittel – Gewinne und Umsätze im Beziehungsgeflecht zwischen Telekommunikationskonzernen, Geräteherstellern, Internet-Plattformen und Content-Anbietern werden neu verteilt.

### Wer gewinnt im Kampf um den besten Platz in den neuen Ökosystemen?

Es entstehen neue Ökosysteme, und alle Marktteilnehmer wollen einen Platz im Zentrum erobern, mit der höchsten Wertschöpfung, statt an der Peripherie als Randanbieter zu darben. Gewinnen die Gerätehersteller wie Apple oder Samsung, die künftig über die eSIM den Telekommunikationsdienstleister für ihre Smartphones vorbestimmen oder ihren Kunden den Anbieterwechsel mit einem Klick ermöglichen? Sie können auch, ein naheliegender Gedanke, selbst Übertragungskapazitäten und Infrastruktur am Markt einkaufen und die Mobilfunkanbieter ausbooten. Oder es gilt »content is king«, ein Schlagwort, mit dem sich Unterhaltungsanbieter wie Netflix Mut machen? Das Videostreaming-Unternehmen setzt stark auf selbstproduzierte Serien und gewinnt damit Millionen neue Kunden. Auch Amazon, ein Quereinsteiger in die Szene, bietet eigene Sitcoms.

Facebook setzt auf ein Zukunftsfeld der digitalen Medien: die virtuelle Realität (»Virtual Reality«), in der die Wirklichkeit vom Computer so nachgestellt wird, dass sie physikalisch erlebbar wird. Das Social-Media-Unternehmen hat für 2 Milliarden Dollar die Firma Oculus gekauft, deren Datenbrille Oculus Rift für allerlei digitale Abenteuer gut ist: Von der virtuellen Verfolgungsfahrt, bei der die Spieler in Kurven die Schwerkraft zu spüren meinen, bis zu ganz ernsthaften virtuellen Rundgängen durch zum Verkauf stehende Immobilien tricksen die Computer das Hirn aus, lassen uns real erleben, was nur virtuell passiert.

In diesem Feld sind eine Reihe Anbieter unterwegs, allen voran Sony mit seiner Playstation. Zusammen mit der verwandten erweiterten Realität (»Augmented Reality«) tut sich ein verlockendes Wachstumsfeld auf: Die neue Branche, die bislang gerade zwischen 3 und 5 Milliarden Dollar pro Jahr umsetzt, soll bis spätestens 2025 auf 80 bis 100 Milliarden Umsatz wachsen, prophezeit eine Studie der Investmentbank Goldman Sachs. Während heute fast nur Spiele verkauft werden, soll dann der Umsatz mit Geschäftskunden fast die Hälfte betragen. Datenbrillen können

**Digitale Akteure nehmen der Telekommunikationsbranche systematisch Geschäft ab**

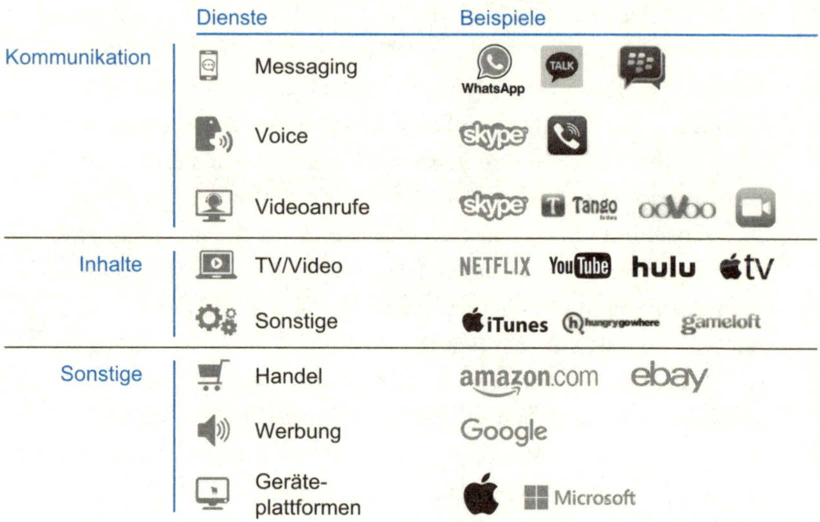


Konstrukteuren mit eingeblendeten Informationen helfen, Chirurgen mit vorgegebenen Linien das Skalpell führen und selbst Soldaten das Gewehr richten.

Viel zu verlieren haben die großen Telekommunikationsunternehmen. Ihre einst gutbezahlten Sprach-, Messaging- und Videodienste werden heute längst gratis von aggressiven Wettbewerbern angeboten. Auch in Sachen Content und Plattformen sind sie in der Defensive. Schon seit 2013 sinkt der Gesamtumsatz der Telekommunikationsunternehmen in den USA und Europa um rund ein halbes Prozent pro Jahr. Jetzt droht eine Beschleunigung des Abstiegs: Im schlimmsten Fall, so rechnen diverse Prognosen vor, erodiert der Umsatz der Industrie bis 2020 sogar um bis zu 30 Prozent.

Um den Trend zu stoppen, nutzen einige Konzerne ihre noch vollen Kassen und kaufen sich in Unternehmen ein, die Inhalte und Programme produzieren, die über die Telekommunikationsinfrastruktur verbreitet werden können. Ende 2016 bot der US-

Telefonriese AT&T gut 85 Milliarden Dollar für Time Warner, zu deren Portfolio Filmstudios und der TV-Sender CNN gehören. Vor einigen Jahren schon hatte der Kabelanbieter Comcast das Medienhaus NBC Universal übernommen. Und Mobilfunkanbieter Verizon sicherte sich 2015 den Onlinepionier AOL, 2016 dann auch Yahoo. Auch sie folgen dem Beispiel von Netflix und versuchen, sich über eigene Inhalte eine nicht zu kopierende Positionierung zu schaffen, die es ihnen ermöglicht, Inhalte und Infrastruktur-Dienstleistungen zu koppeln.

Doch Übernahmen allein werden die Profitabilität der Industrie nicht retten. Damit die Telekommunikationskonzerne nicht als schlecht honorierte Commodity-Lieferanten von Basisinfrastruktur enden, müssen sie gleich auf zwei Feldern besser werden: Zum einen müssen sie dem über all die guten Jahre behäbig gewordenen Kerngeschäft eine radikale Schlankheitskur verordnen, zum anderen müssen sie Wachstumsmärkte identifizieren und Ideen entwickeln, wie sie die auch erobern können.

Beim Abspecken der Kosten hilft genau das Phänomen, das die Notwendigkeit für schlankere Prozesse erst ausgelöst hat: die Digitalisierung. Von der Kundengewinnung über die Registrierung, den Bezahlvorgang, die Rechnungsstellung, die Servicefunktionen bis zur Vertragsauflösung steht jeder Prozessschritt entlang der Customer-Journey auf dem Prüfstand. Und an allen Stationen gibt es die Chance, teure menschliche Arbeit durch digitale Assistenz zu ersetzen. Ziel ist die so genannte »Ende-zu-Ende-Digitalisierung« des Kundenkontakts, mit einem höheren Service-Level zu geringeren Kosten als zuvor. Klar, dass auch Verwaltung und Technik auf lean getrimmt werden müssen. Überraschenderweise sind diese neuen, digitalen Prozesse nicht nur kostengünstiger, sondern führen auch meist zu höherer Kundenzufriedenheit, wenn sie richtig implementiert werden. Anstatt in Callcenter-Warteschleifen zu hängen, wollen viele Kunden ihre Anfragen gern direkt selbst und digital lösen.

Nach der Fitnesskur können die Telekommunikationskonzerne die Zukunftsfelder in Angriff nehmen. Für die sechs wichtigsten sind die Mobilfunkunternehmen in einer sehr guten Ausgangsposition, ihre Netze sind fit für die kommenden Datenströme:

- *Wearables:* Wer vernetzt all die neuen Fitnessarmbänder, Virtual-Reality-Brillen, Smart Watches und Laufschuhe mit dem Internet, und wer verdient mit welchem Geschäftsmodell Geld?
- *Smart Houses:* Über welche Verbindung werden Heizung, Klima, Rollläden, Fahrstühle und all die anderen Funktionen der intelligenten Häuser von morgen gesteuert?
- *Vernetzte Autos:* Autonomes Fahren, Spurhalteassistenten, Notbremssysteme, Servicedaten – wer verarbeitet den gewaltigen Datenverkehr, den die Autos von morgen produzieren?
- *Internet der Dinge:* Keine Maschine ohne Sensoren, die ständig Leistungs- und Abnutzungsdaten übermitteln – wer hebt den Datenschatz?
- *Digital Health:* Der vernetzte Patient sendet bald einen steten Datenstrom – über die Netze der Telekomunternehmen?
- *Cloud-Computing:* Wer betreibt die Datenwolken, also die Rechen- und Softwarezentren, in denen all die Datenströme landen und verarbeitet werden?

Die entscheidende Frage: Welche Rolle werden die Telekommunikationskonzerne auf diesen Wachstumsfeldern spielen? Stellen sie wie bisher nur die Übertragungstechnik, künftig eine preiswerte und austauschbare Commodity? Oder schaffen sie es, in den entstehenden neuen Ökosystemen eine zentrale Rolle einzunehmen: Können sie ihre SIM-Karten in den Geräten platzieren, oder werden sie von den Herstellern verdrängt, die dann die Wahl des Mobilfunkdienstleisters in der Hand haben? Übertragen sie die Daten nur an die Rechenzentren anderer Cloud-Anbieter, oder schaffen sie es, selbst die nötigen Rechner- und Softwareleistungen anzubieten? Und können sie Expertise in der Auswertung der Daten aufbauen und dann ihren externen Partnern Serviceleistungen in Sachen Kundenbetreuung bis hin zur Rechnungsstellung und zum Bezahlvorgang anbieten? Die Rechnung ist einfach: je mehr Dienstleistung, desto höher die Wertschöpfung, desto weniger austauschbar der Anbieter.

### Chancen auf neuen Dienstleistungsfeldern

So dringt beispielsweise der amerikanische Telefonkonzern AT&T energisch in neue Dienstleistungsfelder vor und installiert sich dabei als Zentrum eines neuen Ökosystems: AT&T nutzt seine riesige Kundenbasis und das in über 100 Jahren erworbene Vertrauen, um Sicherheits- und Komfortpakete rund ums Haus anzubieten: Für Abonnementsgebühren zwischen 30 und 65 Dollar pro Monat werden bei Abwesenheit der Bewohner Fenster und Türen überwacht und bei Öffnung ein nahes Sicherheitsunternehmen alarmiert, das nach dem Rechten schaut. Ebenso funktioniert der Alarm bei Rauch, Feuer oder Wassereinbruch. Für die Bequemlichkeit gibt es außerdem Fernsteuerungen für Heizung und Licht, aber auch die Überwachung von Haustieren oder Babysittern per Kamera. Kunden schauen sich das unterwegs auf ihren Smartphones oder Tablets an, über die sie auch die Funktionen steuern.

Damit das alles klappt, müssen im Haus – von Vertragspartnern von AT&T gelieferte – Sensoren, Kameras und Stellmotoren installiert werden. Die liefert das Telefonunternehmen zusammen mit dem Abo für Einmalzahlungen von 30 bis 150 Dollar – nicht ohne darauf hinzuweisen, dass es sich um Ausrüstung von sehr viel höherem Wert handelt. AT&T steuert ein Netz von Ausrüstungspartnern, lokalen Installateuren und lokalen Sicherheitsdienstleistern und hat als Aggregator des Angebots und Herr über die Kundenbeziehung die Chance, den Löwenanteil der Wertschöpfung zu reklamieren. Und ein fest kalkulierbarer Jahresumsatz von 400 bis 800 Dollar pro Sicherheitskunden ist in Zeiten der minimierten Telefongebühren nicht zu verachten. So hat die Idee auch schon Nachahmer gefunden: Der Schweizer Telefonversorger Swisscom macht unter dem Namen Smartlife ein ganz ähnliches Angebot.

Und die simple Kalkulation machen natürlich auch die anderen Wettbewerber im entstehenden Ökosystem: So statten schon Google und Apple ihre Mobilfunkgeräte selbst mit einer eSIM aus, versprechen der Kundschaft nahtlosen Übergang von einem zum anderen Mobilfunkanbieter. Und auf die interessanten neuen Geschäftsfelder drängt ebenfalls Konkurrenz: An den Smart Houses will auch Google mitverdienen; der Suchmaschinengigant hat 2014 Nest akquiriert, ein Kreativunternehmen, das schon mit selbstlernenden Thermostaten und Rauchmeldern am Markt ist. Auch die traditionellen Anbieter in diesem Bereich, Hersteller von Heizungen und Thermostaten bis hin zu Rasenmähern, versuchen in den neuen Ökosystemen Fuß zu fassen und ihre Geräte zu vernetzen.

### Wettbewerb der Geschäftsmodelle

Spannend ist nicht so sehr der Wettbewerb der Anbieter, sondern vielmehr der Wettbewerb der Geschäftsmodelle. Telekommunikationsdienstleister setzen – wie sie es gelernt haben – auf Monetarisierung der Kommunikationsdienstleistung und gehen zumeist auch in den Vertrieb der Hardware. Die Hersteller von Ausrüstung rund ums Haus setzen auf Zusatzdienstleistungen zu ihrer Hardware. Die Mediengiganten aus dem Silicon Valley hingegen setzen auf Daten. Nest von Google will nicht nur Geld mit den smarten Thermostaten verdienen, sondern auch mit den Verbrauchsdaten der Kunden.

Die aggregierten Daten sind wertvoll für alle Industrien rund ums Haus. Auch branchenfremde Unternehmen drängen sich ins Spiel: So hat Amazon beispielsweise begonnen, Serien fürs Internet-TV zu produzieren. Nicht nur, weil sich im Bereich der

Online-Medien viel Geld verdienen lässt, sondern weil sich auch ganz neue Möglichkeiten im Bereich der personalisierten und kontextuellen Werbung bieten. Warum nicht mit einem Klick das Kleid der Lieblingsschauspielerin live im Fernseher kaufen?

Die Schlachtordnung steht, der Verteilungskampf hat begonnen – Ausgang: ungewiss.

## 4.8 Digitale Logistik: Wenn die Drohne zweimal klingelt

Jürgen Schröder über autonom fahrende Lastwagen, voll vernetzte Container und kleine Drohnen, die uns die Pakete ins Haus bringen.

Nie mehr traurige Kinderaugen am Heiligen Abend – so lautete die Begründung, als Amazon 2016 eine Flotte von vierzig Boeing 767 leaste: Weil vor Weihnachten 2013 die Expressdienstleister in den USA vor der Amazon-Bestellflut kapitulieren mussten, waren hunderttausende Geschenkpakete liegengeblieben. Und auch in der Folgezeit beklagten Amazon-Manager in den Spitzenzeiten allzu knappe Transportkapazitäten bei den Geschäftspartnern, Grund genug, sich auf der Langstrecke zum Teil unabhängig zu machen. In den USA fahren inzwischen mehrere tausend Amazon-Lastwagen, das Versandhaus hat eine Lizenz zum Chartern und Befrachten von Schiffen, und für die letzte Meile erprobt das virtuelle Großkaufhaus längst Drohnen und selbstfahrende Vehikel – genau wie das Amazon-Pendant Alibaba in China, das eigens ein Logistikunternehmen namens Cainiao gegründet hat.

Die Logistikbranche sieht's mit doppeltem Missmut: Schlimm genug, wenn die größten Kunden ihre Transporte zum Teil selbst erledigen. Aber noch ärgerlicher wäre, wenn die beiden Onlinehändler herausfänden, dass sie auch die Logistik pfiffiger organisieren können, und sich entschlössen, Spediteuren, Expressdienstleistern und Frachtfluglinien künftig Konkurrenz zu machen.

## Megatrends bereiten den Weg für neue Akteure und Geschäftsmodelle

**Gewerbliche Transporte und Logistik der nächsten Generation**

- Teilweise oder komplette Automatisierung von Fahrfunktionen
- Kommunikation und Datenaustausch zwischen Fahrzeugen und Fahrern, Fahrzeugen und Infrastrukturen
- Künftige Technologien als mögliche Ergänzung zu heutigen Technologien
- Lösungen zur Senkung des Schadstoffausstoßes von Lkws und Pkws
- Wachsende Kundenansprüche erfordern höhere Servicelevels
- Neue Akteure und Geschäftsmodelle

Auch ohne die neuen Wettbewerber werden die Karten in der Branche gerade neu gemischt. Die Entwicklung der Digitaltechnik und neue Trends im Verbraucherverhalten schaffen Raum für neue Geschäftsmodelle. Betroffen sind alle, vom Lkw-Hersteller bis zum Fahrradkurier, doch auch hier gibt es unterschiedliche Entwicklungsmuster: Die Trennlinie läuft zwischen den Logistikern im Langstreckenverkehr und den Spezialisten für die letzte Meile, die Auslieferung an die Kunden.

### Werden die klassischen Spediteure überflüssig?

Auf der Langstrecke schmerzt nicht nur der Verlust an Frachten von Amazon und Alibaba. Hier sind noch ganz andere Verwerfungen möglich. Ein Auslöser ist die bevorstehende Serienreife von Lastwagen, die ohne Fahrer auskommen. Was die klassischen Spediteure zunächst freut – sie können ihre Kosten für den Betrieb der schweren Lastwagen um 30 bis 40 Prozent senken –, ist ein Baustein auf dem Weg, sie überflüssig zu machen. Ihre Kernleistung besteht heute darin, Frachten für ihre Lkw zu akquirieren – was sich über eine unabhängige Onlineplattform viel besser organisieren lässt. Wenn aber die Aufträge digital hereinkommen, wenn die Daten zu Wegstrecken, Kühlketten, Dieselverbrauch und Inspektionsbedarf von Sensoren gefunkt und ebenfalls online zu verfolgen sind und überdies nicht einmal mehr fahrendes Personal gebraucht wird, ist die Einstiegshürde in das Speditionsgewerbe denkbar niedrig – am niedrigsten für die Lkw-Hersteller selbst.

Warum sollen Mercedes und Co. dann nicht gleich die Dienstleistung anbieten, für die sie ihre Lastwagen bauen? Im Personenwagengeschäft probieren es die Autobauer doch schon mit car2go und Drive Now aus. In einer Umfrage von McKinsey unter Entscheidern der Lkw-Industrie sagte fast jeder Zweite, dass »Capacity as a Service«, also Bereitstellung und Management flexibler Transportkapazitäten, für die Hersteller ein attraktiveres Geschäft werden kann als der Verkauf der Fahrzeuge. Was sich

**Internet der Dinge trägt zur Beseitigung von Ineffizienzen in der Logistik bei**

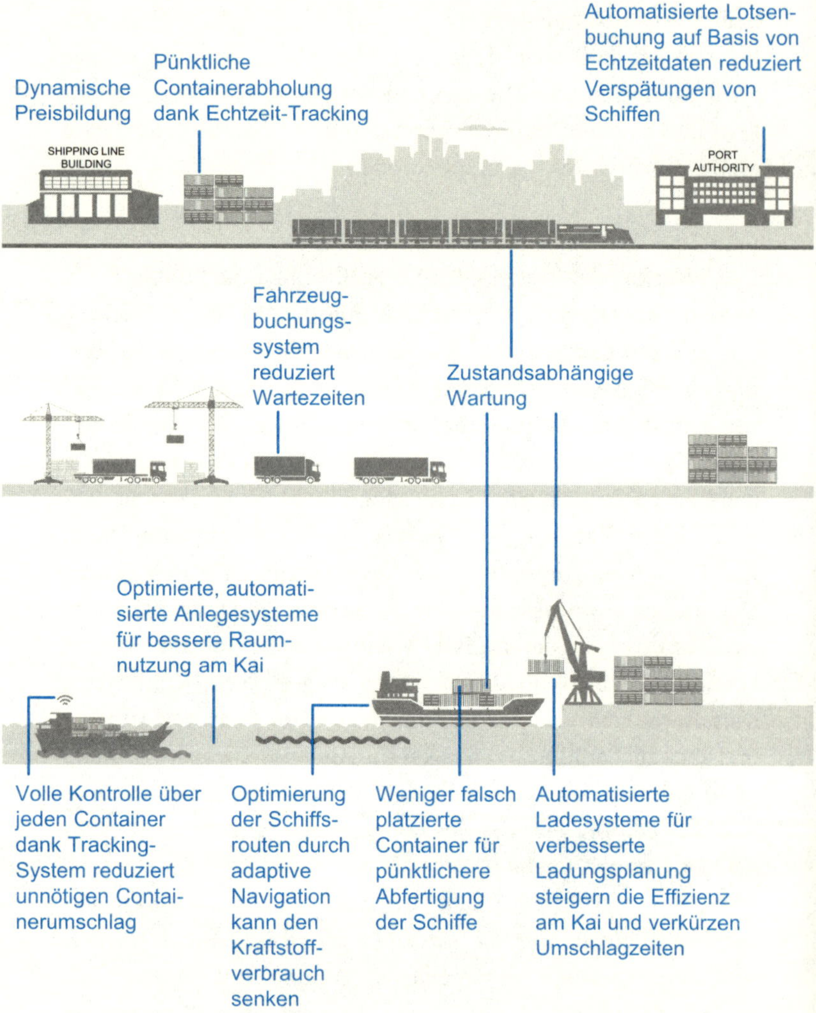

utopisch anhört, ist nicht mehr weit entfernt: Schon 2025 soll jedes dritte verkaufte Nutzfahrzeug in definierten Fahrsituationen, beispielsweise auf der Autobahn, vollautonom fahren.

Schon heute durchlebt die Logistikbranche einen drastischen Wandel durch das »Internet der Dinge«. Ein Beispiel: UPS hat seine Lkw, die Lieferwagen, die Lager und die Fracht mit Sensoren ausgerüstet, die einen steten Strom von Daten an die UPS-Server funken. Mit Hilfe moderner Analysesoftware (»Advanced Analytics«) optimieren die Rechner auf Basis dieser Daten Fahrtrouten und Wartezeiten. UPS spart so etwa 150 Millionen Kilometer Fahrtstrecke pro Jahr, verbrennt fast 30 Millionen Liter Sprit weniger und hat die Wartezeiten der Fahrer um rund 100 Millionen Minuten verringert.

Die Vernetzung im Internet der Dinge hilft in allen Bereichen der Logistik beim Sparen. So können beispielsweise Schifffahrt und Häfen rund 17 Milliarden Euro einsparen, wenn sie ihren Betrieb derartig optimierten.

## Revolution auf der letzten Meile

Die meisten Veränderungen stehen den Logistikern auf der letzten Meile, der Paketauslieferung an den Endkunden, bevor. Weltweit setzten die Paketdienste 2015 mehr als 70 Milliarden Euro um, die Wachstumsraten auf den entwickelten Märkten wie den USA und Deutschland liegen zwischen 7 und 10 Prozent. Lässt sich bei leichten Lieferfahrzeugen der Fahrer einsparen, senkt das die Kosten noch viel mehr als bei schweren Lastwagen: 60 Prozent der Gesamtkosten entfallen auf den Mann oder die Frau am Steuer und die Wegeleistung zur Haustür. Nun tüftelt die Branche, wie sie künftig diesen Vorteil realisieren kann. Nicht so einfach, denn Lieferwagen nach heutigem Muster kann man nicht ohne Fahrer losschicken – sonst müssten sich die Kunden am Zielort im Laderaum selbst bedienen.

Wahrscheinlich werden wir bald eine kleine elektrisch getriebene Variante des klassischen Lieferwagens auf unseren Straßen sehen, in der Fachsprache »Autonomous Ground Vehicle« (AGV) genannt. Das ist der Smart unter den Lieferwagen und hat an den Seiten Schließfächer in verschiedenen typischen Paketgrößen. Wenn das AGV die Kundenadresse erreicht, schickt es eine SMS, damit der Empfänger herunterkommt, einen vorher übermittelten Code eingibt und sein Paket herausnimmt. AGVs werden Aufsicht brauchen, deshalb sitzen im Büro des Expressdiensts Aufpasser, die auf Notsignale und Fehlermeldungen achten sowie die von den in die AGV eingebauten Kameras gelieferten Umgebungsbilder auf Monitoren verfolgen. Ein Kontrolleur kann acht bis zehn der Vehikel im Auge behalten.

Über unsere Gehwege werden schon bald kleine elektrogetriebene Wägelchen unter der Fachbezeichnung »Droids« mit gemächlichen 5 bis 10 Kilometern pro Stunde zu den Kunden rollen. Sie tragen nur ein Paket und parken direkt an der Tür. Die Benachrichtigung und Entriegelung funktioniert wie beim AGV. Weil die Droids klein und langsam sind, drohen von ihrem Betrieb wenig Gefahren. Deshalb reicht ein Aufseher für 50 bis 100 der Wägelchen.

In unwegsamem Gelände abseits der Städte oder für zeitkritische Lieferungen wie Medikamente können demnächst fliegende Drohnen eingesetzt werden. Sie tragen Pakete bis 15 Kilo Gewicht und erreichen ihr Ziel mit recht hohem Tempo auf geradem Weg. Auch sie müssen beaufsichtigt werden, für je acht Drohnen wird ein Kontrolleur veranschlagt.

Auch eine echte Disruption, ein völlig neues Geschäftsmodell, zieht am Horizont herauf: Die setzt auf den Schwarm, das Crowdsourcing. Das Lieferunternehmen betreibt vor allem die Internetplattform, auf der die Aufträge stehen, sowie Verteilstationen. Private Autofahrer oder auch Taxichauffeure können sich registrieren und über eine App überprüfen, ob sie bei einer ohnehin geplanten Fahrt einen Lieferauftrag gleich miterledigen können. So entsteht ein flexibles Netz, für das der Paketlieferdienst noch nicht einmal hohe Investitionen tätigen muss und das nur dann etwas kostet, wenn es auch Umsätze hereinfährt.

So hält es das Start-up Postmates, das für Restaurants ohne eigenen Lieferservice das Ausfahren der bestellten Mahlzeiten übernimmt. Postmates stellt die App, die Restaurants und freiberufliche Fahrer verbindet, und kassiert dafür eine Provision. Inzwischen sind die Kumpel auch für Einzelhändler unterwegs. Nach dem gleichen Geschäftsmodell wie dem der Postmates arbeitet auch UberRush: Wenn die Uber-Chauffeure gerade keine Kunden fahren, liefern sie Pakete aus. Die Aufträge kommen ebenfalls via App.

Neben den neuen Techniken wird sich noch eine aus dem 19. Jahrhundert im Geschäft halten: Fahrradkuriere sind in innerstädtischen Kurier- und Botendiensten schwer zu schlagen. Mengenmäßig wird das kaum ins Gewicht fallen. In zehn Jahren werden die Pedaleure gerade mal rund 2 Prozent vom gesamten Liefermarkt halten, auf die autonom fahrende und fliegende Konkurrenz entfallen dann rund 80 Prozent. Der Rest kommt weiter traditionell per Lieferwagen, vor allem da, wo es um Geschäftskunden mit hohem Paketaufkommen geht.

Am schnellsten werden die autonom fahrenden Systeme in den Ländern auftauchen, in denen das Lohnniveau am höchsten ist. Logistiker in Europa und den USA sollten deshalb jetzt ihre Strategie entwickeln, denn der Aufbau der nötigen Ressourcen im Personal und der IT ist zeitaufwändig. Überdies geht es auch um substantielle Investitionen.

Die haben Amazon noch nie abgeschreckt. Der Händler und beste Kunde der Paketdienste experimentiert längst selbst mit einem Service für die letzte Meile, beispielsweise in München und Berlin, aber auch in einer Reihe weiterer Länder. Im Geschäft mit Lebensmitteln, das in USA schon läuft und 2016 in Berlin gestartet ist, setzt Amazon ebenfalls auf eigene Kräfte. Hier immerhin hält der deutsche Paketdienst DHL gegen. Die Deutsche-Post-Tochter überspringt agil ihre Branchengrenzen und betreibt Allyouneed-Fresh, einen Onlinesupermarkt, der Ende 2016 immerhin über 300 000 Kunden hatte.

Wenn Amazon allerdings tatsächlich die ganze Logistikkette

in eigene Regie nimmt – vom Schiffstransport der Container über die Lkw-Fahrt zum Verteilzentrum bis zur Auslieferung an den Kunden –, fehlt den etablierten Kräften der Branche einiger Umsatz. Kein Wunder, dass die Paketspediteure nach neuen Ideen suchen. So stattet UPS aktuell hundert seiner UPS-Stores in den USA mit 3-D-Druckern aus. Statt im Container aus China bekommt der Endkunde dann seine Sportschuhe, produziert nach der Konstruktion und den Vorgaben von Nike oder Adidas und gern auch noch personalisiert mit Monogramm oder pinkfarbener Lauffläche, vom Druckzentrum um die Ecke schnell per Kurier. Schiffe und Lastwagen werden in dem Fall nicht gebraucht.

---

**_Konux:_ Hoffnung aller Bahnkunden**

*Das Münchner Start-up* Konux *war 2016 einer der Gewinner des Digitalpreises »The Spark«, den McKinsey zusammen mit dem Handelsblatt ausgelobt hat.* Konux *rüstet Maschinen mit innovativen Sensorsystemen aus, die drohende Ausfälle vorher melden können. Großkunde ist die Deutsche Bahn, die ihre Weichen damit ausfallsicher machen will.*

»Unsere Technik erkennt Defekte, ehe sie eintreten«, sagt Andreas Kunze, Chef und Mitgründer der Münchner Konux GmbH. Das Start-up (»2014 hatten wir 4000 Euro in der Kasse und null Mitarbeiter«) hat sich ein ehrgeiziges Ziel gesetzt, erklärt Kunze: »Wir wollen die Plattform für die Predictive Maintenance für die Industrie werden.«

Vorausschauende Wartung ist auch das, was den Konux-Großkunden Deutsche Bahn interessiert. Die hat die Münchner beauftragt, einen Teil ihrer 70000 Weichen mit smarten Sensorsystemen auszurüsten. »In der Verarbeitung und Analyse der Daten entsteht erst der Mehrwert«, sagt Kunze, »und wir wissen, wie man effiziente Logarithmen entwickelt.« 216000 Datenpunkte pro Weiche und Tag fallen an, da galt es zunächst, herauszufinden, welche relevant sind. »Vibrationsdaten und Messungen zum Stromdurchfluss« haben die Konux-Analysen als beste Indikatoren für Verschleiß ausgemacht. »Wir wollen die subjektive Entscheidung, wann eine Wartung durchgeführt wird, durch eine datengetriebene ersetzen«, erklärt Kunze, »und so die Wartungssysteme der Bahn ins 21. Jahrhundert bringen.« Wenn Konux damit die Zahl der Verspätungen reduziert, ist den Münchner Gründern der Dank aller Bahnfahrer gewiss.

---

## 4.9 E-Government: Die Verwaltung geht online

Matthias Daub beschreibt die Digitalisierung der öffentlichen Verwaltung und was die Bürger davon erwarten können.

Revolution in den Amtsstuben: »Keine gedruckten Formulare und keine Briefe mehr«, so lautete in den Jahren nach der Finanzkrise die Vorgabe der Regierung an die dänische Verwaltung. Heute verkehren die Bürger in unserem Nachbarland mit ihren Behörden fast ausschließlich über das Internetportal borger.dk. Alle An-, Ab- und Ummeldungen, Anträge auf Leistungen oder Genehmigungen geben die Dänen dort ein. Jeder Bürger, jedes Unternehmen hat eine vor Hackern gesicherte ID-Kennung, unter der er sich für die Onlinedienste der Verwaltung anmeldet. Die elektronischen Formulare werden digital unterschrieben, und in der Behörde druckt nicht etwa ein Beamter die Bürgerbegehren aus, um sie zu bearbeiten – der Vorgang bleibt digital, Bescheide werden automatisch erstellt. Und das geht oft erstaunlich schnell: Dänische Unternehmensgründer bekommen meist sofort, nachdem sie den Antrag abgeschickt haben, die Bestätigung, dass ihr Start-up als Gewerbe registriert ist.

Kein Warten vor Beamtenschaltern, kein Frust wegen vergessener Unterlagen, statt des Behördengangs ein bequemer Onlineantrag: In Deutschland ist das noch weitgehend eine Zukunftsvision. Eine Untersuchung der Europäischen Kommission ergab 2015, dass hierzulande erst 19 Prozent aller Bürger mit Internetzugang digitale Verwaltungsangebote nutzen. Gleichzeitig belegt eine andere Umfrage, dass 80 Prozent der Bevölkerung bei Situationen wie der Geburt eines Kindes, Umzug oder Gründung eines Unternehmens gern online mit der Verwaltung kommunizieren würden.

### Erst einmal die häufigsten Verwaltungsvorgänge digitalisieren

Gerade die standardisierten, massenhaft auftretenden Verwaltungsvorgänge bieten sich zur Digitalisierung an: So haben etwa 2013 elf Millionen Bundesbürger Briefwahlunterlagen für die Bundestagswahl beantragt, 2017 werden es kaum weniger sein – welche Erleichterung, wenn sich der Behördengang oder der Antrag per Post sparen ließe. Jährlich jeweils acht Millionen Deutsche beantragen einen Personalausweis oder einen Pass – wegen der Legitimierung nicht ganz trivial zu digitalisieren, aber lohnend. Einfacher ist die digitale Ummeldung nach einem Umzug zu realisieren – über fünf Millionen Haushalte pro Jahr wechseln die Wohnung, gut neun Millionen Menschen brauchen dann eine neue Meldebestätigung.

Doch mit den richtigen digitalen Angeboten allein ist es nicht getan, die Bürger müssen sie auch einfach bedienen können. Die fühlen sich an ihrem PC ganz als Konsumenten und erwarten, dass ein Antrag so einfach auszufüllen ist wie eine Bestellung bei Amazon. Eine Klippe ist oft die umständliche Authentifizierung, für die es aber jetzt neue, einfache Methoden gibt. Österreich hat erfolgreich die Handysignatur eingeführt, bei der Interaktionen mit Behörden über das mobile Endgerät bestätigt werden können. In Deutschland kann der Personalausweis zur Authentifizierung und Identifizierung eingesetzt werden. Eingebaut im Chip des Ausweises ist eine »eID«, die jetzt auch standardmäßig aktiviert ist – über die direkte Kopplung mit dem Smartphone kann die Bedienung wesentlich einfacher werden. Doch selbst einfach zu bedienende Angebote setzen sich nicht von selbst durch, die Menschen müssen sie auch kennen und finden. Deshalb setzen die Behörden zur Popularisierung ihrer digitalen Angebote an drei Hebeln an:

- *Neue Angebote schaffen:* bürgerfreundliche Verschlankung und medienbruchfreie Digitalisierung relevanter Behördenwege, zum Beispiel Antrag auf Briefwahl, Meldung bei Umzug, Beantragung von Reisepass oder Personalausweis, Auszug aus Geburtenregister oder Gewerbeanmeldung.

- *Authentifizierung erleichtern:* Förderung existierender Authentifizierungsverfahren und Vorantreiben modernerer Authentifizierungsverfahren, zum Beispiel Handysignatur.

- *Angebot sichtbarer machen:* je eine zentrale Plattform des Bundes als erste Anlaufstelle für Bürger und Unternehmen.

Im föderalen deutschen System schlagen sich die Behörden in Sachen Digitalisierung mit höchst unterschiedlichem Erfolg. Recht weit ist beispielsweise die Bundesagentur für Arbeit, die seit vielen Jahren Zugangsmöglichkeiten über das Internet bietet. Auch die Verwaltung der Stadt Düsseldorf tickt schon digital.

Doch in vielen Amtsstuben wird gebremst. Denn wer nutzerorientierte digitale Angebote entwickeln und deren Bearbeitung automatisieren will, muss fast immer über Abteilungs- und Zuständigkeitsgrenzen hinweg funktionsübergreifende Teams bilden, die an den Aufgaben arbeiten. Das fällt in den starren Strukturen staatlicher Einrichtungen noch viel schwerer als in der freien Wirtschaft. Eine Studie des Fraunhofer-Instituts sieht hierin den Grund für den verhältnismäßig langsamen Fortschritt. Auch das föderale System macht die Umsetzung digitaler Ideen nicht gerade einfacher: Einen neuen Pass beispielsweise beantragen Bürger zwar in ihrer Heimatkommune, für die Umsetzung aber ist der Bund mit seiner Bundesdruckerei zuständig. Wer den Prozess digitalisieren will, muss also die Gebietskörperschaften an einen Tisch bringen. Da geht es schnell eher um Kompetenzen und Zuständigkeiten als um pfiffige, bürgernahe Lösungen.

## Vier Stufen zum Erfolg

Doch ein Erfolg ist möglich – das zeigt das Vorbild von Ländern wie Dänemark oder Israel, deren Verwaltungen uns in Sachen Digitalisierung ein ganzes Stück voraus sind. Bei ihnen kann man sich abschauen, was bei der Umsetzung hilft.

- *Strategie.* Wie immer bildet eine klar formulierte Strategie mit einfach verständlichen und messbaren Zielen die beste Grundlage. Die Dänen führen ihren Erfolg bei der Digitalisierung ihrer öffentlichen Verwaltung heute auf die Eingängigkeit der Vorgabe »keine gedruckten Formulare oder Briefe mehr« zurück, die regelrechte Sogwirkung bei Behörden und Bürgern entfaltet hat. In ihrer Einfachheit und Attraktivität gibt die dänische Devise durchaus ein gutes Vorbild ab – die nächste Bundesregierung könnte sie in ihr Programm aufnehmen und so Bund, Länder und Kommunen auf ein ehrgeiziges Ziel verpflichten. Die Niederlande haben ihren Bürgern versprochen, dass jede Information nur einmal abgefragt wird, was dazu geführt hat, dass Behörden über Ressorts hinweg zusammenarbeiten und Daten austauschen. Der nächste Schritt ist ein Konto, bei dem der Bürger hinterlegte Daten einsehen und verwalten kann.

- *Organisation.* Wer organisiert die Realisierung der Strategie? Dänemark, Großbritannien und Israel haben dazu eine zentrale Digitalisierungsagentur für ihren öffentlichen Sektor installiert. Die treibt die Umsetzung voran und sorgt für schnelle Abstimmung zwischen den Akteuren in der Verwaltung. Außerdem verfügt die Agentur über eigene Haushaltsmittel sowie qualifiziertes Personal, um selbst zentrale Dienste anzubieten oder Projekte umzusetzen. Im föderalen Deutschland müssen sich die IT-Gremien von Bund und Ländern zu diesen Aufgaben zusammenfinden.

- *Umsetzung.* Hier wird es schwierig, denn für die Umsetzungsarbeit braucht eine Digitalisierungsagentur das richtige Management sowie qualifizierte technische Talente. Die sind in vielen Bereichen gesucht und knapp, deshalb ist die Annahme unrealistisch, dass gerade die öffentliche Verwaltung die benötigte Zahl für eine breitangelegte Offensive zusammenbringt. Dann heißt es, sich auf Pilotprojekte zu konzentrieren, die als Vorlage für die Beamten vor Ort dienen können. Vielleicht kann die Bundesregierung aber auch an den Patriotismus appellieren: In den USA hat Präsident Barack Obama den United States Digital Service gegründet. Viele Mitarbeiter dort sind Mitarbeiter von Technologiefirmen wie Google oder Facebook, die ein Sabbatical einlegen und für ein Jahr einen Freiwilligendienst für ihr Land leisten.

- *Technik.* Die Umsetzung wird ohne funktionstüchtige Technik nicht gelingen. Sie muss sicherstellen, dass neue digitale Produkte zügig implementiert werden können. Das gelingt relativ unaufwändig in der bestehenden Systemlandschaft, wenn die Infrastruktur so weiterentwickelt wird, dass neue Anwendungen über standardisierte Schnittstellen an das System andocken können. Dann entsteht eine »IT der zwei Geschwindigkeiten«: Auf dem alten System läuft die gewohnte Routine, daran angedockt laufen aber moderne Angebote, die agil und iterativ angepasst werden können, um neue Ideen zu digitalen Angeboten zügig umzusetzen.

## Es ist Zeit, zu handeln

Das Rezept ist bekannt, nun heißt es handeln. Ebenso wichtig wie die Investitionen in Talente und Technik ist allerdings die Öffentlichkeitsarbeit: Es gilt, den ihrem Staat gegenüber latent misstrauischen Deutschen klarzumachen, welches Potential für die Gesellschaft in der Digitalisierung ihrer Behörden steckt. Und man muss den um ihre Aufgaben fürchtenden Beschäftigten des Öffentlichen Diensts ihre Furcht nehmen, dass vor allem Arbeitsplatzabbau das Ziel ist. Stattdessen gibt es sehr viele lohnenswerte Aufgaben, die intensive und personalintensive Arbeit erfordern – von der Unterstützung der Integration von geflüchteten Menschen bis hin zur praktischen Hilfe in persönlichen Notlagen. Mehr Zeit für andere Aufgaben, weniger Routine, besserer Service für die Bürger – Argumente gibt es genug.

Denn mit den richtigen digitalen Serviceangeboten kann auch das Staatswesen sich bei den Bundesbürgern neu profilieren:

- Als vertrauenswürdiger Anbieter hilfreicher Services, die den Alltag leichter machen, gewinnt er auch bei den Staatsverdrossenen Punkte. Visionäre im Öffentlichen Dienst denken schon an die Installation von digitalen »Lebensassistenten«. Per Sprachroboter kann dieser datenbasierten Rat in vielen Lebenslagen geben – von der Altersvorsorge bis zur Fortbildung, die fit für die Karriere macht.

- Als zuverlässige und unparteiische Instanz sorgt der Staat für eindeutige Identifizierung und macht damit Transaktionen zwischen privaten Parteien schneller und günstiger; der Onlinehandel und seine Kunden profitieren von weniger Betrug und schnelleren Transaktionen.

Eine Bevölkerung, die einerseits älter wird und sich immer mehr auf Städte konzentriert, aber andererseits auch eine Versorgung mit staatlichen Dienstleistungen im ländlichen Raum sicherstellen will, kann enorm davon profitieren, wenn digitale Dienstleistungen rund um die Uhr an jedem Ort und unabhängig von knappen Personalressourcen zur Verfügung gestellt werden. Die Videoberatung der Familienkasse der Arbeitsagentur ist ein erster Schritt in diese Richtung – viele weitere können folgen und dafür sorgen, dass alle Bürger von den Möglichkeiten der Digitalisierung profitieren.

### Fazit: Chancen in neuen Ökosystemen

Die Digitalisierung zerstört alte Geschäftsmodelle und schafft Raum für neue – neben den beschriebenen neun entstehenden wirtschaftlichen Ökosystemen gibt es noch zahlreiche weitere. Smart Citys, Precision Farming, digitales Flottenmanagement und Lösungen für den technischen Außendienst sind Themen, bei denen mit digitalem Denken Geschäftschancen entstehen.

Wenn sich Branchengrenzen auflösen, Märkte neu verteilt werden und überall agile und freche Neugründungen den alten Platzhirschen Kunden abjagen, ist es Zeit für eine kritische Bestandsaufnahme. Ist unser Geschäft in Gefahr, nutzen wir die neue Technik richtig, und erkennen wir die neuen Umsatzchancen? Wer fit sein will für die neuen Märkte, muss an seiner Geschäftsarchitektur arbeiten – darum geht es im nächsten Kapitel.

Kapitel 5

# Was? Geschäftsarchitektur weiterentwickeln

Das digitale Zeitalter verlangt neue Fähigkeiten: Wer in seinen Branchen und in den neu entstehenden Ökosystemen erfolgreich Geschäfte tätigen will, muss quer durch sein Unternehmen Funktionen und Prozesse fit für die neue Ära machen.

Was haben die erfolgreichen Digitalunternehmen gemeinsam? Sie alle denken Produkte und Prozesse strikt vom Kunden und seinen Bedürfnissen her. Deshalb beginnen wir das Kapitel über die Weiterentwicklung der Geschäftsarchitektur beim Kundenerlebnis: Wir beschreiben, wie man den Kunden ein Einkaufs- oder Serviceerlebnis auf vielen Kanälen orchestriert, loten die Chancen der automatisierten Preissetzung aus und tauchen ein in die Welt von Social Media, die das Marketing revolutioniert.

Dann geht es um das Produkt und sein Wertversprechen. Nach der digitalen Philosophie kommen Produkte nicht mehr »perfekt« zur Welt, sondern werden in der Grundausstattung auf den Markt geschickt – und konsequent weiterentwickelt. Kundenreaktionen fließen in Echtzeit in die Fortentwicklung ein, in iterativen Schleifen nähern sich die Produkte und Services der Digitalzeit der Perfektion.

Umwälzende Veränderungen stehen auch in der Wertschöpfung an: das Internet der Dinge, Roboter und künstliche Intelligenz werden die Fertigung, die Supply-Chain und die Verwaltung verändern. Um die Roboter, die Maschinen in der Fertigung und die Supply-Chain zu verbinden, braucht es Konnektivität und technische Plattformen, die mit Sensoren und Aktuatoren interagieren. In diesem neuen Spielfeld beobachten wir gerade eine ganze Reihe spannender Start-ups wie Relayr.

---

### *Relayr*: Eine Plattform für die Industrie

*Das Berliner Start-up Relayr war 2016 der Gewinner des Digitalpreises »The Spark«. Relayr bietet eine Cloud-Plattform, über die Industriekunden eigene Service-Modelle starten.*

Alle schauen nach vorn, nur Josef Brunner, Chef von Relayr, blickt zurück: »Maschinen laufen in der Industrie 10 bis 20 Jahre«, sagt er, »wir sprechen die Sprache der alten Industrieprotokolle.« Relayr hat den ersten Platz bei »The Spark 2016« belegt. Die Berliner betreiben für Industriekunden wie Bosch eine geräte- und protokollunabhängige Cloud-Plattform. Dort fließen die Daten über die Hardware der Unternehmen zusammen – bei Bosch beispielsweise über die Produktpalette an Kühlschränken.

Relayr bietet den Kunden ein Software-Development-Kit an, mit dem sie entweder für interne Zwecke oder für ihre Kunden Apps entwickeln können – bei Kühlschränken bieten sich Themen aus dem Smart-Home-Bereich an. Für die Industriekunden hat Relayr auch ein Set zur Nachrüstung der Maschinen mit Sensoren. Die Auswertung der Daten und ihre Übersetzung in ein Programm für vorausschauende Wartung (»Predictive Maintenance«), die Schäden und Stillstand minimiert, sind ein wichtiges Geschäft für Relayr.

Kaum hatte sich Relayr-Chef Brunner 2014 über die Knausrigkeit deutscher Investoren beklagt, stieg 2015 eine Legende der Risikokapital-Szene ein: Die US-Firma Kleiner Perkins investierte 11 Millionen Euro und verfolgt vermutlich ein langfristiges Interesse. Nun hat Brunner keine Probleme mehr, Industriekunden von der Überlebensfähigkeit von Relayr zu überzeugen: »Wenn sich ein Kunde für uns entscheidet, macht er ein hohes Investment und passt viele Prozesse an. Wenn man auf die falsche Plattform setzt und der Anbieter aufgeben muss, wird das teuer.« Relayr arbeitet aber nicht nur für die Industrie. Der Versicherungskunde Münchner Rück war von der Arbeit der Berliner so angetan, dass er sich über sein Tochterunternehmen HSB Investment selbst beteiligt hat.

---

## 5.1 Omni-Channel: Präsenz auf allen Kanälen

Mathias Kullmann beschreibt, wie Unternehmen alle Vertriebs- und Kommunikationskanäle optimal nutzen.

Eisen und Stahl sind eine eher konservative Branche. Doch im digitalen Zeitalter geht auch die Schwerindustrie neue Wege im Vertrieb. Der chinesische Montankonzern Baosteel bietet seine komplette Produktpalette – von Flachstahl bis zu Aluminiumspezialprodukten – auf seiner Internetplattform Ouyeel an. Nutzerfreundlich finden die Kunden dort auf Knopfdruck alle Informationen. Das Stahlunternehmen hat den gesamten Bestell- und Lieferprozess digitalisiert und bietet auf der Plattform zugleich Dienstleistungen an, etwa die Finanzierung. Die Kunden können auch Angebote vergleichen, denn Baosteel lädt die Konkurrenz ein, über Ouyeel zu verkaufen.

Bedienerfreundlich wie Apple, digitale Prozesse wie Amazon, ein Marktplatz wie Alibaba – und das alles von einem Stahlunternehmen: Baosteel zeigt, dass das Thema »Omni-Channel«, der Verkauf und die Interaktion mit dem Kunden über alle Kanäle, längst nicht mehr auf den klassischen Handel mit dem Endverbraucher limitiert ist – es geht alle Wirtschaftszweige an, von den Dienstleistern wie Banken und Versicherern über die Versorgungsunternehmen bis zu den Branchen mit reinen Geschäftskunden. Für alle gilt: Die Digitalisierung verändert das Informations- und Kaufverhalten von Kunden ebenso wie die Kommunikation und Interaktion zwischen Unternehmen und ihren (potentiellen) Kunden fundamental.

### Omni-Channel ist Herausforderung und Chance für alle Branchen

In Banken und Versicherungen lief bis vor wenigen Jahren zumindest ein Teil der Transaktionen schon aus regulatorischen Gründen nur über einen Kanal. Wer ein Bankkonto eröffnen oder eine Versicherung abschließen wollte, musste zumindest den letzten Schritt offline erledigen und sich in der Bankfiliale, bei seinem Versicherungsagenten oder in der Postfiliale rechtlich legitimieren. Auch diese letzten Schritte zum Vertrag laufen aber durch moderne digitale Legitimierungsverfahren mittlerweile multikanal: So bieten Start-ups wie IDnow, WebID oder auch ein Konzern wie die Deutsche Post längst Legitimierungsverfahren per Video oder Smartphone an und digitalisieren so den letzten Schritt zum Vertrag selbst in diesem regulatorisch komplexen Umfeld.

Strom- und Gasanbieter arbeiten nicht nur mit Hochdruck daran, ihre Kundenkontakte zu digitalisieren, sondern sehen sich auch einem immensen Wettbewerbsdruck von digitalen Intermediären und Plattformen wie Check24 oder Verivox ausgesetzt, die enorme Marketinggelder investieren, um den etablierten Anbietern den Kundenzugang abzujagen.

Und wie das Eingangsbeispiel zeigt, ist die Digitalisierung der Kundeninteraktion selbst in B2B-Geschäften wie der Schwerindustrie längst Alltag geworden. Während Baosteel sein Geschäft auf einer eigenen Plattform betreibt, wird beim chinesischen Amazon-Pendant Alibaba Industriestahl der Konkurrenz in Tonnen gehandelt. Über Alibaba verkauft auch die BASF den chinesischen Mittelständlern ihre Chemikalien.

Über die Multikanäle wird nicht nur informiert und verkauft, der Weg führt auch zum Unternehmen zurück: Den digitalen Kanal öffnen beispielsweise Versicherer ihren Kunden, damit Autofahrer Schadensmeldungen per Photo über das Smartphone einreichen. Andere scannen ihre Arztrechnung per App und reichen sie so bei ihrer Krankenversicherung zur Erstattung ein. Nicht umsonst steht beispielsweise bei der Allianz die radikale Digitalisierung aller relevanten Kundenkontakte ganz oben auf der Agenda.

### In fünf Jahren stellen die Millennials die stärkste Konsumentengruppe

Vorreiter der Entwicklung aber sind Händler und Dienstleister mit Endkundenkontakt. Sie stellen sich jetzt auf eine Kundengeneration ein, die im digitalen Zeitalter aufgewachsen ist: Die »Millennials«, die Jahrgänge ab 1990, werden in fünf Jahren die stärkste Konsumentengruppe sein. 77 Prozent von ihnen, das ergab eine Umfrage, verbringen täglich drei oder mehr Stunden im Internet, für 56 Prozent ist das Smartphone das wichtigste Werkzeug für den Einkauf, und, obwohl sie im Durchschnitt ein niedrigeres Einkommen als die Gesamtbevölkerung haben, geben sie überdurchschnittlich viel für Onlinebestellungen aus.

Der stationäre Handel reagiert auf die Wünsche der Jungen mit einer »Omni-Channel-Strategie«, mit Angeboten auf allen Verkaufskanälen – auch unter dem Schlagwort »360-Grad-Commerce« bekannt. Dabei geht es um die Frage, in welchen Vertriebskanälen, auf welchen Plattformen und an welchen Kontaktpunkten ein Unternehmen für seine Kunden sichtbar sein und wie es mit ihnen interagieren sollte. Es geht darum, dass Kunden heute frei entscheiden wollen, über welche Kanäle sie sich informieren, Käufe vorbereiten, abschließen und die Ware oder den Service in Empfang nehmen. Sie wollen sich nahtlos, ohne Hürden, zwischen den Kanälen und Kontaktpunkten frei bewegen.

Während in den ersten Jahren der stationäre Handel seine Onlineaktivitäten vor allem defensiv, als Abwehr gegen die Onlinekonkurrenz, anlegte, spielen die eingesessenen Händler heute ihre volle Stärke aus: Sie nutzen den stationären Kanal, ihre Ladengeschäfte, offensiv als Kundenkontaktpunkt, an dem Waren haptisch zu erleben sind, Beratungsgespräche geführt werden und zudem online bestellte Artikel abgeholt oder umgetauscht werden können. Und sie machen das so erfolgreich, dass reine Onlinehändler beginnen, im Multikanal zu denken: Amazon beispielsweise eröffnet jetzt physische Geschäfte sowie Stationen, an denen online Geordertes abgeholt werden kann. Auch der Elektronikhändler Notebooksbilliger gründet stationäre Läden. Denn auch die neuen digitalen Händler sollten das alte stationäre Geschäft nicht geringschätzen: Anfang 2016 liefen in den USA noch gut 90 Prozent aller Einzelhandelsumsätze offline.

### Strategie und Umsetzung: Auf die richtige Ausgestaltung kommt es an

In vielen Branchen mit Endkundengeschäft haben die digitalen Bemühungen nur zu einem Set weiterer Vertriebskanäle geführt – Internet mit stationären PC, Mobilgeräten, sozialen Medien und Chatforen. Häufig genug hat das nur die klassischen Kanalkonflikte verschärft, haben die Manager der einzelnen Vertriebskanäle mehr gegen die Kollegen im eigenen Hause gearbeitet als gegen die Konkurrenz. Damit das nicht passiert, lohnt es, einige grundlegende Regeln zu beachten.

### Die richtigen Ziele setzen

Eigentlich ist das Ziel klar: Unternehmen müssen ihren Kunden über alle relevanten Kanäle und über alle Kontaktpunkte ein konsistentes Erlebnis vermitteln. Doch was heißt das konkret? Im Einzelhandel gehören beispielsweise Serviceangebote dazu: Da können Kunden an ihrem Smartphone prüfen, ob ein Artikel,

**Sechs Merkmale von Vorreitern im Multikanalgeschäft**

| | Was Vorreiter tun |
|---|---|
| Multikanal-strategie | ▪ Eine **ehrgeizige Multikanalvision** festlegen, eng an die Unternehmensstrategie gekoppelt<br>▪ **Gezielte Maßnahmen** und Investitionen in Bereiche vornehmen, in denen sie Exzellenz anstreben |
| Customer Journey | ▪ Sich **vollständig am Kunden ausrichten,** unabhängig vom Kanal<br>▪ **Nahtlose Kundenerlebnisse** gewährleisten, mit Schwerpunkt auf Kundenwünschen |
| Erkenntnisse statt Daten | ▪ Fokus auf Erkenntnisse für verbesserte **Entscheidungen** und gestärktes **Zuständigkeitsgefühl** legen<br>▪ **Test-und-Lern-Ansatz** ausprobieren, iterativ und umfassend |
| Flexible Lieferkette | ▪ **Flexibilität und Wahlmöglichkeiten** bei Fulfillment-Optionen für den Kunden anbieten<br>▪ Die **Infrastruktur** optimal nutzen, insbesondere der Filialen, und optimale Basisprozesse einrichten |
| Dynamisches technisches Ökosystem | ▪ In skalierbare Backend-Infrastruktur mit APIs zur Verknüpfung alter und neuer Systeme investieren<br>▪ **12- bis 18-monatigen rollierenden Plan** aufstellen<br>▪ **MVP-Ansatz** (Minimum Viable Product) durchführen, insbesondere für kundennahe Prozesse<br>▪ Kunden und Mitarbeiter befähigen |
| Organisation und operatives Modell | ▪ Eine Kultur einführen, bei der die **Digitalisierung im Vordergrund steht**<br>▪ Den »Digital Quotient« aller Mitarbeiter steigern<br>▪ Ressourcen zentralisieren; funktionsübergreifende Teams und Arbeitsweisen einführen<br>▪ Digitale Organisation (C-Suite) fördern<br>▪ Bestehende und neue Talente kombinieren: **1 + 1 = 3** |

den sie in der Werbung gesehen haben, in der nächsten Filiale verfügbar ist. Oder Kunden, die sich gerade in einem Geschäft aufhalten, werden lokalisiert und bekommen eine Nachricht auf ihr Handy mit einem Gutschein oder Sonderrabatt. Strom- oder Gaskunden werden beim Besuch der Webseite des Unternehmens gebeten, sich anzumelden, und von da an personalisiert angesprochen. Banken haben ihre mobilen Dienste so integriert, dass ein Kunde vor dem Zubettgehen abends an seinem Smartphone anfangen kann, einen Kreditantrag auszufüllen, den er in der nächsten Mittagspause schnell in der Bankfiliale beendet und gleich den Vertrag abschließt.

Für die Unternehmen beginnt die Arbeit mit der strategischen Frage nach dem richtigen Kanalmix für die Zielkunden: Welche Rolle spielen die einzelnen Kanäle und Plattformen, und wie werden sie zu einem echten Multikanalangebot integriert? Implizit stellt sich auch die Frage, auf welchen Kanälen ein Unternehmen nicht mitmachen will: Muss ein Energieunternehmen auf Wechselportalen präsent sein und sich so dem Preiskampf stellen? Braucht ein Hersteller wie WMF einen eigenen Onlineshop und wird damit zum direkten Konkurrenten seiner Handelspartner?

Diese Fragen lassen sich nur beantworten, wenn das Management die Bedürfnisse der Zielkunden seines Unternehmens genau kennt. Dazu muss es zunächst die Reisen der Konsumenten durch die verschiedenen Kundenkontaktpunkte (»Customer-Decision-Journey«) verstehen – vom Erstkontakt mit dem Angebot im Schaufenster oder auf der Webseite über die Recherchephase und die Erwägung des Kaufs bis zur tatsächlichen Bestellung und den eventuell folgenden Services nach dem Kauf. Diese Reise verläuft höchst unterschiedlich. Umso wichtiger ist es den Kunden heute, ganz und gar nahtlos zwischen den Kanälen wechseln zu können. »Die Kunst des Verkaufens bleibt über alle Kanäle gleich«, sagt Andy Street, Marketingchef des erfolgreichen britischen Multikanalhändlers John Lewis, »deshalb müssen wir dafür sorgen, dass die Kunden gar nicht darüber nachdenken, in welchem Kanal sie gerade unterwegs sind, denn sie bekommen überall das gleiche Angebot auf gleiche Weise präsentiert.«

### Erfolgsfaktor Daten

Um die Reise der Kunden durch die Kanäle gründlich zu verstehen, setzt das Management auf Daten. Moderne Marktforscher, so genannte »Customer-Insights-Specialists«, erheben an allen Kontaktpunkten Daten zur Kundenzufriedenheit. Analysten, neudeutsch »Data-Scientists«, schauen, bei welchen Übergängen Interessenten aussteigen, und destillieren aus den Daten, wo Friktionen auftauchen und Unzufriedenheit herrscht. Hier setzt wiederum das Management an und bemüht sich, diese Defizite zu beheben. Und weil sich heute Kundenbedürfnisse und -verhalten dynamisch verändern, ist die Datenanalyse kein einmaliger Akt, sondern es gilt, einen steten Kreislauf aus Messen, Analysieren und Optimieren zu etablieren.

### Erfolgsfaktor Organisation und Kultur

Die Optimierung des Kundenerlebnisses an den Kontaktpunkten kann nur gelingen, wenn die Optimierer konsequent aus der Kundenperspektive denken. Dazu müssen im Unternehmen konsequent die Silos aufgebrochen und das Abteilungsdenken überwunden werden. Das aber wird nur funktionieren, wenn die Vertriebskanäle nicht einzeln in separaten Organisationseinheiten geführt werden. Allerdings ist das noch in vielen Unternehmen Realität: Dort ist die Organisation mit den neuen Kanälen gewachsen – und schafft heute ideale Voraussetzungen für heftige Kanalkonflikte. Dagegen hilft nur, vom Kunden aus zu denken, seinen Weg durch die Kontaktpunkte abteilungs- und funktionsübergreifend zu begleiten.

Das kundenzentrierte Denken ist ein Kennzeichen der digitalen Organisation – die meisten Unternehmen brauchen dafür einen Kulturwandel. Dazu gehört auch die Bereitschaft zu testen und zu lernen: Wann immer sich neue Kanäle auftun oder neue Kontaktpunkte ergeben, gilt es, die Kunden dort anzusprechen. Wenn die Resonanz positiv ist, wird das Angebot ausgebaut, ist sie negativ, wird der Versuch zügig beendet. Das fordert allerdings eine stetige Bereitschaft zur Innovation sowie die Akzeptanz von Fehlschlägen.

Die nordamerikanische Modekette Nordstrom hat für diese

schnellen Tests eigens crossfunktionale Teams in einem »Innovation Lab« installiert. Der britische Textilhändler John Lewis testet laufend neue Technik in seinen Filialen, zuletzt Spiegel, auf denen die Kunden ein Kleidungsstück anklicken, das die integrierten Rechner dem Spiegelbild virtuell und in 3-D anziehen. Wenn der Anblick gefällt, kann der Kunde den QR-Code scannen und das Teil in einen digitalen Einkaufswagen legen. Die Spiegelbilder schickt John Lewis als Service per E-Mail. »Großer Spaß, prima Idee«, so resümierten die Verantwortlichen – und stoppten das Projekt, weil die Idee als Spielzeug zwar bei Kunden zu Anfang beliebt war, sich aber weder Erkenntnisgewinn über das Kundenverhalten noch Mehrverkäufe einstellten.

### Erfolgsfaktor Technik

Wer erfolgreich alle Kanäle bespielen will, muss auch die Technik neu denken: Sie kann nicht länger nur als rein unterstützende Funktion dienen, sondern muss sich zu einer Kernkompetenz entwickeln.

Um Kunden über alle Kontaktpunkte zu begleiten, müssen Daten an allen Punkten erfasst und im Hintergrund zusammengebracht werden. Das braucht nicht nur enorm leistungsstarke Datenbanken – immer häufiger in der Cloud –, sondern auch integrierte IT-Systeme. Ist das gelungen, muss Software angebunden werden, um die integrierten Daten analysieren zu können. Nur wer registriert, ob die Kunden, die seinen Onlineshop zwar besuchen, dort aber nicht kaufen, sofort nach den ersten paar Minuten aussteigen oder erst, nachdem sie bereits Produkte angesehen oder gar in den Warenkorb gelegt haben, weiß, ob er das Angebot, die Ladezeiten der Seiten oder den Kaufprozess mit Priorität verbessern sollte.

Nur wenn eine Analysesoftware jederzeit zeigt, wo ein bestelltes Produkt sich gerade in der Lieferkette befindet – noch im Lager, im Sortierzentrum des Lieferservice oder schon im Zustellfahrzeug –, kann ein Unternehmen seinen Kunden Services wie

»Track and Trace« anbieten. Die Webseite und auch und vor allem die Version für Mobilgeräte sollte kontinuierlich mit neuen Features und Apps modernisiert werden. Eine wegen Überlastung abgestürzte Homepage bedeutet Umsatzausfall.

Die Aufrüstung der Technik erfordert einigen Aufwand. So hat die US-Baumarktkette Home Depot angekündigt, in den nächsten drei Jahren rund 40 Prozent ihrer gesamten Investitionen in Technik und IT zu stecken.

Auch Amazon, der Pionier des Onlinehandels, arbeitet längst auf vielen Kanälen und testet laufend neue Ideen, beispielsweise für den Supermarkt von morgen. Der amerikanische Onlineriese hat seinen Lebensmittelmarkt Amazon Go eröffnet. Die Kunden checken sich beim Betreten des Ladens mit dem Mobiltelefon ein. Sie werden persönlich begrüßt und auf Produkte hingewiesen, die sie interessieren könnten, entweder weil sie diese vorher schon gekauft haben oder weil diese reduziert sind. Das Handy weist den Weg zum richtigen Regal, der Kunde scannt die Codes seiner Einkäufe und fährt nachhause – keine Kassen, keine Schlangen. Bezahlt wird mit der in der App hinterlegten Kreditkarte genau wie beim Onlinekauf. Die Quittung kommt per E-Mail nachhause.

## 5.2 Dynamic Pricing: Preise à la minute

Thomas Schumacher erklärt die dynamische Preissetzung und warum zwei Menschen für das Gleiche unterschiedlich viel bezahlen – beim selben Anbieter.

Ein typischer Onlinemodehändler hat sieben Millionen Artikel im Sortiment, die großen »Multi-Kategorie-Anbieter« wie Amazon ein Vielfaches. Und die erfolgreichsten Onlinehändler verändern die Preise für die einzelnen Artikel alle 15 Minuten – wie kann das gehen? Wer jetzt kalkuliert, wie viele Angestellte nötig

**Digitalisierung stellt die konventionellen Grundregeln der Preisbildung im Einzelhandel auf den Kopf**

| | | Herausforderungen für die Preisbildung |
|---|---|---|
| 1 | Verbraucher haben Zugriff auf »unbegrenzte« Informationen | Nie zuvor hatten Kunden Zugang zu so zahlreichen Möglichkeiten, Produkte zu recherchieren und Preise in Echtzeit zu vergleichen |
| 2 | Informationen in Echtzeit | Zeitnahe Informationen zu Wettbewerb und Kundenverhalten ermöglichen Preisänderungen mehrmals am Tag |
| 3 | Kundenerwartungen verändern sich | Veränderung der Kundenerwartungen an Preisbildung und Promotions durch Erfahrungen mit neuen Anbietern |
| 4 | Der »dynamische« Kunde | Customer Decision Journeys erfolgen bereits über unterschiedliche Kanäle – und der Kunde erwartet das so |

sind, die emsig in ihren Büros rechnen, wie sich Preiselastizitäten bei der Kundschaft entwickeln und was das für die Einzelpreise bedeutet, liegt falsch. »Dynamic Pricing«, so der Fachbegriff, läuft vollautomatisch, Kollege Computer übernimmt die Arbeit. Er sammelt und verarbeitet dafür riesige Datenmengen: Informationen zu den Preisen der Wettbewerber, Abverkaufszahlen, Informationen zum Suchverlauf von Kaufinteressenten, Produktbewertungen auf Internetforen und selbst Kommentare auf Twitter oder Facebook. In Abhängigkeit von den strategischen Zielen des Händlers – je nachdem, ob er Marktanteil oder Gewinn maximieren möchte – errechnet ein Algorithmus den optimalen Preis, wenn es sein muss: jede Minute neu.

Die dynamische Preissetzung, eingeführt ab 2005 unter anderem von Amazon, rettet die Margen der Onlinehändler. Denn im Internet haben sich die Konsumenten konsequent zu Schnäppchenjägern entwickelt: Preisvergleichsportale und Bewertungsforen haben eine Transparenz geschaffen, wie sie Märkte früher nicht kannten, und aggressive neue Händler sprengen oft mit billigen Einführungsangeboten das Preisgefüge.

Die Händler halten mit zwei Versionen der dynamischen Preissetzung dagegen: Die eine optimiert die Preise für ein ganzes Sortiment, diese gelten für alle Kunden gleich – empfehlenswert für gut vergleichbare Produkte, vor allem Markenartikel. Die zweite Variante errechnet für jeden Kunden einen individuellen Preis – das klappt umso besser, je weniger ein direkter Vergleich möglich ist, zum Beispiel bei Versicherungen oder Reisen.

### Der Algorithmus sucht den optimalen Preis

Zum Glück für die Händler liegt der optimale Preis nicht unbedingt unter dem der Wettbewerber. Auch aus stationären Geschäften ist bekannt, dass Kunden sich anhand relativ weniger Preise für bestimmte Artikel ihre Meinung darüber bilden, ob der Laden insgesamt preiswerte oder teure Angebote macht. Im Supermarkt entscheidet sich der Eindruck meist an häufig gekauften Dingen wie Milch, Butter und Waschmittel – deshalb macht der Handel hier die aggressivsten Sonderangebote.

Online läuft die Meinungsbildung nicht anders. Wichtig ist zu wissen, an welchen Produkten sich die Meinung der Kunden über die Preiswürdigkeit des Angebots bildet. Vorbild ist wieder einmal Amazon: Der Onlinehändler hat durch alle Kategorien Schlüsselartikel (»key value items«) definiert, die er konsequent billiger als die großen Wettbewerber anbietet. Bei Druckerpatronen zum Beispiel weiß Amazon, dass die meisten Käufer zunächst auf den Preis für ein Doppelpack mit schwarzer Tinte schauen. Hier unterbot Amazon 2016 die beiden schärfsten Konkurrenten glatt um über 20 Prozent. Bei der Einzelpatrone schwarz, auch ein häufiger Kauf, lag Amazon nur noch ganz knapp unter den Wettbewerbern. Dafür langt es dann bei den farbigen Kartuschen richtig hin: Gelb, blau und rot sind zwischen 33 und 57 Prozent teurer als bei den anderen.

Das Schöne an der digitalen Preissetzung: Ständig lernt das

Unternehmen dazu. Denn die Rechner verfolgen in Echtzeit die Reaktionen von Kunden und Wettbewerbern auf einen neuen Preis: Entwickeln sich die Verkäufe wie geplant? Wie viele Interessenten steigen aus? Woher kommen neue Kunden – etwa von Preisvergleichsplattformen, von den Seiten der Wettbewerber oder direkt auf die eigene Webseite? Alle Erfahrungen fließen sofort in das Modell zur Preisfindung ein, das ständig nachjustiert.

Wer nach diesem Rezept seine Preise optimiert, setzt sogar die alte 80-20-Regel außer Kraft, nach der eigentlich immer 20 Prozent der Artikel für 80 Prozent des Umsatzes und Gewinns stehen. Zum Beispiel Amazon beim Geschäft mit Mobiltelefonen: Dort fällt rund 80 Prozent des Umsatzes beim Verkauf der Geräte selbst an, die etwa 20 Prozent der Angebote in dieser Kategorie ausmachen. Die anderen 80 Prozent der Artikel bestehen aus Zubehör wie Ladegeräten, Verbindungskabeln, Kopfhörern und Handyhüllen. Sie bringen zwar nur 20 Prozent des Umsatzes der Kategorie ein, aber immerhin 50 Prozent des Gewinns. Es handelt sich um typische »Long-Tail«-Produkte, Langläufer, die jahrelang im Sortiment bleiben, auch wenn das Mobiltelefon, zu dem sie passen, längst nicht mehr aktuell ist – die Geräte werden schließlich noch genutzt. In stationären Geschäften lohnt es nicht, für die unüberschaubar vielen Modelle Zubehör anzubieten, dazu sind Verkaufsflächen zu teuer. Internethändler mit ihren riesigen und billigen Lagerflächen können dagegen mit solchen Artikeln ihre Margen kräftig stärken.

Alle großen Onlinehändler haben inzwischen Systeme für die dynamische Preissetzung installiert. Nun kommt die Idee auch in den stationären Geschäften an. So können beispielsweise die französischen Supermarktketten Leclerc und Auchan ihre Preise im Geschäft auf Knopfdruck variieren, weil sie durchgängig elektronische Etiketten installiert haben. So weit sind die deutschen Einzelhändler nicht: Hier werden Preise noch per Hand ausgezeichnet – das bremst die Dynamik für Preisänderungen. Wenn die elektronische Etikettierung sich flächendeckend durchgesetzt hat, eröffnen sich auch für die Multikanalhändler, die vom stationären Geschäft her kommen, Chancen zur dynamischen Preissetzung. Schließlich erwarten Kunden heute ein konsistentes Angebot über alle Vertriebskanäle, auch bei den Preisen.

### Jedem sein eigener Preis

Noch einen Schritt weiter geht die individuelle Preissetzung. Dabei versucht der Händler, den einzelnen Kunden zu klassifizieren. Er analysiert etwa, mit welch einem Gerät er auf die Webseite kommt. Wird ein teures iPad identifiziert, zeigt das System sofort einen höheren Preis an als einem anderen Kunden, der mit einem billigeren Android-Betriebssystem erscheint. Ein günstigeres Angebot erscheint auch Interessenten, die von einem Preisvergleichsportal auf die Webseite des Anbieters kommen. Die Tourismusbranche ist hier besonders weit, wer von einem Preisvergleichsportal wie trivago auf die TUI-Webseite kommt, sieht zum Teil andere Preise als diejenigen, die sofort tui.de eingeben. Längst merken sich die Systeme auch, wenn ein Interessent sich schon einmal auf der Webseite umgeschaut und für ein Angebot interessiert hat. Zeigt sich das gleiche Gerät wieder auf der Webseite, forciert das System die Entscheidung, indem es beispielsweise bei sofortiger Buchung einen Rabatt verspricht oder kostenlose Mehrleistungen offeriert.

Wenn Kunden diese Preisstrategien durchschauen, zeigen sie sich oft wenig amüsiert. Deshalb haben viele Reiseanbieter nach Protesten die Differenzierung nach den Geräten, mit denen ihre Kunden bei ihnen recherchieren, aufgegeben. Zu viele hatten irritiert registriert, dass sie bei der flüchtigen Suche unterwegs mit ihrem teuren iPhone einen höheren Preis angezeigt bekommen hatten als später beim Nachschauen zu Hause am alten PC. Die Preisdifferenzierung je nach dem Weg auf die Webseite ist allerdings bei den Touristikern immer noch aktiv.

Das Thema der individuellen Preissetzung interessiert Unternehmen in vielen Branchen. Versicherer arbeiten daran, individuelle Risiken besser einpreisen zu können, und Energieunternehmen wollen individuelles Nutzerverhalten in die Angebote einfließen lassen. Die dynamische Preissetzung erobert jedoch nicht nur das Endkundengeschäft, auch im Geschäftskundenbereich wird damit experimentiert, etwa in der Chemie- oder der Stahlbranche. So experimentiert zum Beispiel Klöckner mit einem Onlineshop und schafft damit Preistransparenz in einer vormals intransparenten Branche. Und BASF bietet über die chinesische Handelsplattform Alibaba vor allem mittelständischen Kunden in Fernost tausende Chemikalien an.

### Vier Elemente für eine dynamische Preissetzung

Wer in seinem Unternehmen die Voraussetzungen für die dynamische Preissetzung schaffen will, muss vier Elemente zusammenbringen: Ohne talentierte Mitarbeiter, die im Mix alle nötigen Fähigkeiten abdecken, kann es nicht gelingen. Das Management muss überdies für einen strukturierten Prozess und vernünftige Kontrolle sorgen, das Team muss interne und externe Datenquellen anzapfen und die IT den neuen Aufgaben mit den riesigen Datenmengen, die verarbeitet werden müssen, gewachsen sein.

Gerade für Daten tun sich laufend neue Quellen auf. Neben den vom Suchmaschinenbetreiber angebotenen Google Analytics und Google Trends lassen sich auch Vergleichsportale wie Pricegrabber oder Pricewatch maschinell auswerten, Software wie Omnipage scannt auf Papier gespeicherte Daten und bringt sie ins System.

Wer auf die Voraussetzungen für ein funktionierendes System der dynamischen Preissetzung schaut, erkennt: Das ist zu schaffen. Und der Aufwand lohnt: Einige Onlinehändler haben 2 bis 3 Prozentpunkte an Marge gewonnen – in einer Branche, die mit knappen Spannen operiert, macht das den Unterschied zwischen einem Branchenführer und einem Follower.

Was sich so auszahlt, wird sich auf breiter Front durchsetzen. Dynamische Preissetzung dürfte in wenigen Jahren Basiswissen in den Unternehmen sein. Die nächste Welle wird den Geschäfts-

**4 Kernelemente bilden die Grundlage für dynamische Preisbildung: Mitarbeiter und ihre Fähigkeiten, Prozesse und Governance, Daten und IT**

**Mitarbeiter und Fähigkeiten**

- **Kategorie- und Produktmanager** kennen die Strategie und die Engine-Logik und gestalten sie mit
- **Agiles Team für dynamische Preisbildung**
  - Pflegt und entwickelt Preisbildungsmechanismus weiter
  - Passt Mechanismus an Marktveränderungen an
- **Schulungen und Fähigkeitenaufbau** sind erfolgskritisch

**Daten**

- **Interne Daten** für dynamisches Pricing
  - Produktdaten, Umsatzvolumen
  - Preise, Bestände usw.
  - Kundenprofil/-verhalten
- **Externe Daten** zu Markt- und Wettbewerbssituation
  - Angebot und Preisbildung bei Wettbewerbern
  - Umfrage- und Marktinformationen
- **Kontinuierliche Weiterentwicklung des Mechanismus** durch neue Datenquellen

**Prozesse und Governance**

- **Strategische Stoßrichtung** regelmäßig und zeitnah festlegen
- **Kategoriesteuerung**
  - Manuelle Anpassungen
  - Genehmigung von Ausnahmen
- **Kontinuierliche Steuerung**
  - Preis- und Umsatzentwicklung
  - Abweichung von Modellergebnissen
- **Test-und-Lern-Ansatz**

**IT**

- **Dynamischen Mechanismus** mit ausreichenden Ressourcen ausstatten und an Backendsysteme anbinden
- **Echtzeitintegration** von **Backenddaten** und Feedbackschleife
- **Workflow-System**, das Transparenz zu Preisbildungsprozessen schafft

kundenbereich (B2B) erfassen. Hier sind in vielen Branchen die Preise heute noch völlig intransparent, die neue Offenheit kann einige Erschütterungen auslösen, man denke nur an die aktuellen Preisgewohnheiten in Branchen wie der Stahl- oder Chemieindustrie. Im Endkundengeschäft (B2C) geht der Trend zum immer stärker personalisierten Angebot – einschließlich des individualisierten Preises.

Die große Frage ist, ob die Kunden meutern. Denn dass nicht alles, was technisch machbar ist, sich auch durchsetzen lässt, hat schon das Beispiel aus der Tourismusbranche gezeigt. Die musste die Preisdifferenzierung aufgeben, die je nachdem, ob ein Interessent mit einem teuren Apple-Gerät oder einem billigen No-Name-PC anfragte, eine Reise teurer oder billiger offerierte. Aber es gibt ja mehr Möglichkeiten, individuelle Preise zu setzen – eine schöne Spielwiese für kreative Unternehmer.

## 5.3 Digitales Marketing: Maßgeschneiderte Botschaften über alle Kanäle

Oliver Ehrlich erklärt, warum im digitalen Marketing gilt, »content is king«, und wie Unternehmen die Königsdisziplin meistern.

Zweihundertmal am Tag schaut der Durchschnittsbürger auf sein Mobiltelefon, um die eingegangenen Nachrichten zu prüfen. Wer heute 20 Jahre alt wird, hat in seinem jungen Leben 20 Millionen Marketingbotschaften erhalten – in den 1990er Jahren lag die Vergleichszahl noch bei einer Million. Erwachsene US-Bürger verbringen knapp sechs Stunden täglich online, im alten Europa ist es kaum weniger. Und Google macht in den USA mehr Werbeumsatz als alle Tageszeitungen des Landes zusammen.

Wir chatten und twittern, simsen und mailen, posten Fotos bei Instagram und schauen Videos auf YouTube – jederzeit und überall. Kein Zweifel: Unsere Mediennutzung hat sich radikal verändert. Entsprechend groß sind die Umwälzungen im Marketing: Je weniger herkömmliche Werbespots und Anzeigen gerade die Jüngeren erreichen, desto mehr steigt der Wert von kontinuierlichen, marken- und vertrauensbildenden Aktivitäten auf den Onlinekanälen.

Die etablierten Marketingorganisationen müssen sich neu erfinden: Statt nacheinander einzelne breit angelegte Kampagnen zu planen, laufen heute kontinuierlich viele spitz auf Mikroziel-

**Digitales Marketing unterliegt anderen Mechanismen als traditionelles und erfordert auch eine angepasste Marketingorganisation**

| Traditionelles Marketing | » Digitales Marketing |
|---|---|
| Einmalig | Always-on |
| Push | Bei Bedarf |
| Standardisiert | Personalisiert und gezielt |
| Paid | Owned + Earned + Paid |
| Im Voraus geplant | Agil |
| Erstellen | Erstellen, messen, optimieren |
| Feste Budgets | Flexible Budgets |

gruppen ausgerichtete Kampagnen nebeneinander, statt Massenkommunikation ist Personalisierung das Ziel, statt Werbeslogans werden Storys erzählt. Statt Marketinginhalt hauptsächlich in Anzeigen und Spots auszusenden, egal, ob sie die Empfänger interessieren oder nicht (»paid advertising«), gilt heute als Königsdisziplin, so interessante Botschaften in den digitalen Orbit zu schicken, dass diese von begeisterten Nutzern mit ihren Freunden geteilt werden (»earned advertising«).

Und natürlich sind Smartphones das Medium der Wahl für die meisten Konsumenten. Marketingbotschaften müssen die Rahmenbedingungen des Mobilgeräts beachten: Der kleine Schirm begrenzt den Auftritt, nicht nur für Bannerwerbung. Suchmaschinen zeigen auf dem kleinen Schirm nur wenige Treffer an, deshalb muss die eigene Anzeige unbedingt weit oben landen. Umgekehrt gibt es in der mobilen Kommunikation neue Chancen, etwa durch Geomarketing, bei dem der aktuelle Aufenthaltsort des Konsumenten über das Smartphone erfasst wird und er lokale Angebote auf den Schirm bekommt, die ihn etwa in ein nahe gelegenes Geschäft locken sollen.

## Für jede Botschaft den richtigen Kanal finden

Die verschiedenen digitalen Kommunikationskanäle stellen an das Marketing unterschiedliche Anforderungen. Über die Analyse von Kunden- und Nutzerdaten werden einzelne Zielgruppen in den digitalen Marketingkanälen passgenau angesprochen. In diesem »Performance-Marketing« buchen die Unternehmen nicht mehr Werbeplätze auf einzelnen Webseiten, sondern Zielgruppen über eine Vielzahl von Seiten hinweg. Grundlage der Zielgruppenaussteuerung ist vor allem das bisherige Surfverhalten – besonders effektiv ist die Verfolgung von Kunden, die auf Shopping-Webseiten ein Produkt angeschaut oder sogar in den Warenkorb gelegt, den Kauf dann aber nicht abgeschlossen haben (»Retargeting«). Denen bietet die Werbung dann den gleichen oder einen ähnlichen Artikel noch einmal an – Interesse hat der Kunde ja bereits signalisiert.

Ebenfalls direkt auf spitze Kundensegmente und Kaufabschlüsse zielt das Suchmaschinen-Marketing. »Search Engine Optimization« (SEO) optimiert die Inhalte und Verlinkungen einer Unternehmenswebseite auf die von Google genutzten Algorithmen so, dass sie bei thematischen Suchanfragen weit oben in der Trefferliste angezeigt wird. »Search Engine Advertising« (SEA) kauft Toppositionen für bezahlte Werbebotschaften in den Google-Suchergebnissen. Die Platzierung unter den ersten Suchergebnissen ist sowohl bei SEO als auch SEA erfolgsentscheidend: Alle Suchergebnisse, die nicht ohne Scrollen sichtbar sind, bekommen zusammengenommen weniger als 10 Prozent aller Nutzerklicks.

Bezahlt wird beim SEA nach Klicks von Interessenten – und das kann teuer werden. So berechnet beispielsweise Google in den USA für die Topposition beim Schlüsselwort »Wein kaufen« 2,90 Dollar pro Klick eines Interessenten. Wer beim Schlüsselwort »Hypothek« mit seiner Anzeige ganz oben in der Trefferliste stehen will, zahlt schon 15,30 Dollar für jeden Neugierigen. Beim Begriff »Versicherung« kostet der beste Anzeigenplatz stolze 31,10 Dollar pro Klick. Es ist für jedes Unternehmen leicht zu errechnen, wie hoch die Konversionsrate sein muss, damit sich die Buchung lohnt.

Spannend wird es für das Marketing in den sozialen Medien. Denn bei Twitter, Facebook, Instagram und Co. geht es nicht um Werbeslogans, sondern eher um das Erzählen von Geschichten (»Storytelling«) – Inhalt zählt, »content is king«. Für die Denkweise und Organisation der Marketingfunktion setzt das ganz neue Leitlinien, sie muss sich künftig eher an der Arbeit von Redaktionen orientieren als an der von Werbeagenturen. Content-Marketing ist eine Schlüsseldisziplin im digitalen Marketing von heute und wird deshalb im Folgenden im Detail geschildert.

### »Content is king«

Was erzähle ich wem, wie, wo und wann? Mit diesem Fragengerüst arbeitet das Content-Marketing. Zumindest die letzte Frage ist schnell beantwortet: einfach immer! Grundsätzlich lassen sich für das digitale Content-Marketing vier zentrale Erfolgsfaktoren nennen:

- *Kontinuität.* Unternehmen müssen immer auf Sendung (»always on«) sein, denn der heutige Nutzer erwartet kontinuierliche Kommunikation. Das bedeutet, mehr Content in kleineren Einheiten zu produzieren. So veröffentlicht Burberry in seinem YouTube-Kanal nicht nur regelmäßig Videos zur eigenen Kollektion, sondern auch Musikvideos mit zumeist größeren Reichweiten.

- *Authentizität.* Unternehmen brauchen eigene, glaubwürdige Inhalte, die zur jeweiligen Plattform passen. Denn die Marketingbotschaften kommen nur an, wenn die Nutzer dem Absender Kompetenz zum jeweiligen Thema zutrauen. So hat sich die von E-Plus initiierte Plattform Curved eine erhebliche Reichweite mit News über und Bewertungen von Mobilgeräten wie Smartphones und Tablets erarbeitet. Der Inhalt muss nicht einmal produktbezogen sein, wie Red Bull zeigt: Dank des langfristigen Engagements hat das Unternehmen heute hohe Glaubwürdigkeit beim Thema Sport. Zudem sollte der Inhalt dem jeweiligen Nutzungsumfeld angepasst sein. Der Kommunikationsstil auf Snapchat ist spontaner als bei narrativen Blogs, die Bildsprache auf der virtuellen Pinnwand Pinterest ist eine andere als auf Instagram, wo vor allem schnelle Schnappschüsse landen. Zunehmend wichtig wird es außerdem, den Content in Umfang und Technik für die Smartphone-Nutzung zu optimieren.

- *Relevanz.* Content-Marketing muss genau verstehen, wer die relevanten Kunden sind, welche Kanäle sie nutzen und wie sie auf welche Inhalte reagieren. Für Kunden des Einzelhandels sind offensichtlich Erklärvideos wichtig. 57 Prozent der Deutschen sagten in einer Ipsos-Umfrage, dass sie beim Kochen, Heimwerken oder Reparieren zum Smartphone greifen, um sich Rat zu holen. Folgerichtig haben die Baumärkte Obi, Hornbach, Bauhaus, Hagebau und Toom Mengen von Videoanleitungen auf YouTube hochgeladen. Der Elektronikhändler Saturn erklärt im eigenen Onlinemagazin Turn On und im YouTube-Kanal, wie Technik funktioniert. Und Edeka und Rewe haben eigene Kochshows im Netz. Für die Händler lohnt der Aufwand: In einer Befragung von jungen Erwachsenen bekannte sich ein Drittel dazu, schon einmal ein Produkt nach dem Anschauen des entsprechenden Erklärvideos gekauft zu haben. Eine von Google durchgeführte Metaanalyse von 56 in Europa durchgeführten Fallstudien zeigt, dass in drei Viertel der betrachteten Fälle der Return on Investment von YouTube-Kampagnen höher ausfiel als der von Fernsehspots. In anderen Branchen wiederum ist nur relevant, was auch aktuell ist. Dies erfordert die Produktion von immer mehr Inhalten in immer kürzeren Abständen, etwa bei Großereignissen wie der Fußball-WM: Hier bauen Adidas und Nike jeweils eigene Redaktionen auf, die das Geschehen quasi live im Social-Media-Umfeld kommentieren und online mit Content anreichern.

- *Interaktivität.* Nahezu jedes online aktive Unternehmen nutzt mittlerweile die Chance zum direkten Kontakt mit den Kunden. Diese erwarten heute vor allem bei direkten Anfragen eine schnelle Reaktion. Beispiel KLM: Da es bei Reisethemen besonders viele Anfragen über Social Media gibt, bewirbt die holländische Airline nun ihren 24-Stunden-Kundendienst über Twitter, Facebook oder LinkedIn – und differenziert sich so vom Wettbewerb.

### So gelingt das Content-Marketing

Um all diese Aufgaben zu bewältigen, muss sich das Marketing neu organisieren. Es braucht Technik, Organisation, Steuerung und Kontrollsysteme.

- *Technik.* So kann ein Content-Management-System der Marketingmannschaft helfen, die Abläufe der Publikationen zu steuern und über einfache Bedienoberflächen effizienter zu gestalten. Ein Media-Asset- oder Data-Asset-Management (MAM, DAM) speichert zudem zentral Bilder, Videos oder Texte – und minimiert so Mehrfachproduktion. Analysetools messen die Wirkung der Inhalte: Zeigen diese Defizite, lassen sich datenbasierte Verbesserungen einleiten. Schließlich unterstützen Targeting- und Audience-Management-Systeme Unternehmen dabei, Inhalte den relevanten Zielgruppen passgenau zuzuspielen.

- *Organisation.* Nicht nur die Prozesse passen sich den neuen Anforderungen an, auch die Organisation verändert sich. So werden klassische Marketingrollen wie Strategie und Kreation um Rollen wie Editor oder Writer und Content-Manager ergänzt, mit Mitarbeiterprofilen an der Schnittstelle zwischen redaktioneller Arbeit und Marketing-Know-how. Dies sind neue Positionen und Abläufe, auf die sich die Organisation einstellen muss.

- *Steuerung.* Den richtigen Mix zwischen »paid«, also bezahlten Inhalten, sowie »owned«- und »earned«-Content steuert ein Koordinator. Hierbei steht »owned« für alle Inhalte, die man selbst vorhält, sei es auf der eigenen Homepage oder dem eigenen Instagram-Account. »Earned« umfasst die Reichweite, die dadurch entsteht, dass andere über einen reden, posten, kommentieren. Auch wenn diese »unbezahlte« Reichweite auf den ersten Blick die erstrebenswerteste ist – erst der Mix macht es, denn für die Kunden sind die Übergänge fließend. So hat eine erfolgreiche »Earned«-Kampagne häufig einen bezahlten Anschub.

- *Kontrollsysteme.* Kontinuierliches Testen, Messen und Verbessern ist auch beim Content-Marketing notwendig. Der Erfolg von Content-Publikationen sollte aber nicht nur über die Reichweite, sondern auch über die Viralität, also das Engagement (x Prozent der Nutzer teilen sie mit y Prozent ihrer Kontakte) gemessen werden. Zudem lassen sich die Reaktionen der Kunden mit Hilfe spezieller Textanalyseprogramme in positive, neutrale und negative Beiträge einteilen. So können Unternehmen erfolgreiche Inhalte frühzeitig ausmachen – und ein gezieltes »Seeding« initiieren, eine Ausbreitung des Content.

### Nach Content-Marketing kommt Programmatic Marketing

Wie geht es im Onlinemarketing weiter? Der Trend zu datengetriebener, passgenauer Zielgruppenansprache wird mit neuen Advanced-Analytics-Ansätzen weiter massiv zunehmen – mehr und mehr werden für die Aussteuerung von digitalen Marketingbotschaften komplett automatisierte Algorithmen genutzt (»Programmatic Marketing«). Ein Beispiel: Wenn ein Nutzer eine Webseite betritt, werden die Werbeplätze dort in Echtzeit einzelnen Werbeplattformen angeboten und innerhalb von Millisekunden über ein Bieterverfahren vergeben und ausgesteuert (»real-time bidding«).

Was heißt das für die Onlinemarketingorganisation? Im Unternehmen muss ein Kernteam hausinterner Experten für Onlinemarketing diese neuen Techniken und deren Möglichkeiten verstehen und sicherstellen, dass die Werbebudgets bestmöglich eingesetzt und kontinuierlich optimiert werden. Zu viele Unternehmen überlassen diese Aussteuerung heute komplett externen Dienstleistern. Expertise an der Schnittstelle zwischen Marketing und Technik wird zur neuen Kernkompetenz, auch bei der Auswahl der benötigten Marketingsysteme und -werkzeuge – eine Herausforderung für die meisten Marketingmitarbeiter von heute.

## 5.4 Digitale Produktentwicklung und Open Innovation: Produktentwicklung neu gedacht

Niko Mohr berichtet, wie die Digitalisierung die Entwicklungsprozesse aller Branchen erneuert.

Der Sonos-Lautsprecher kommt mit einer App, die das Digitalradio dirigiert, den Lautsprechern in unterschiedlichen Räumen verschiedene Songs zuspielt und persönliche Playlisten für alle Haushaltsmitglieder speichert. Die Küchenmaschine Thermomix bringt einen reichen Rezeptvorrat und ein komplettes Ökosystem von Hard- und Software mit. Jede Maschine ist heute vernetzt, funkt Daten, die eingebaute Sensoren erheben, und Autos sind längst rollende Computer. Die Produkte, die unseren Alltag bunt machen und die Wirtschaft in Gang halten, haben sich verändert: Sie werden intelligenter, der Anteil der Software an der Wertschöpfung steigt. So sind beispielsweise in einem Auto heute schon mehr Zeilen Programmcode enthalten als in Windows Vista – Tendenz steigend.

Mit der Software übernehmen Entwicklungsabteilungen in vielen Branchen auch die Methoden der Nerds und Programmierer: Der Oberbegriff ist »digitale Produktentwicklung«, ein

**Die Definition des digitalen Innovationsprozesses (DIP) folgt fünf Best-Practice-Designprinzipien**

| Prinzip | Beschreibung |
| --- | --- |
| 1 Modularität | ▪ Baukastenprinzip ermöglicht Erweiterung des Prozesses, z.B. Adaption neuer Ideenquellen<br>▪ Ermöglicht flexible Anpassung, etwa Fast Tracks |
| 2 Kundenorientierung | ▪ Unbedingte und frühe Ausrichtung am Kunden, etwa durch frühes Pilotieren<br>▪ Stetige Iterationen anhand Kundenfeedback |
| 3 Agilität | ▪ Schnelle Entscheidungen über Umsetzung/ Anpassungen sowie Ressourcenbereitstellung<br>▪ Laufzeiten variabel je nach Projektumfang |
| 4 Effizienz | ▪ Durchlässigkeit erfolgversprechender Ideen<br>▪ Kurze Entscheidungswege und optimaler Support für Umsetzung der Geschäftsidee |
| 5 Stetige Weiterentwicklung | ▪ Iteration des Prozesses an sich und Einbau von Feedback und Erfahrungen<br>▪ Updatefrequenz nimmt mit Reifegrad ab |

*Der DIP sollte zunächst in einer Minimalversion definiert, getestet und verfeinert werden*

strukturierter Weg zu neuen Produkten und Dienstleistungen. Die Entwickler kombinieren digitale und technische Innovation in einem agilen Modus, der abteilungsübergreifend ein definiertes Projekt zur Produktionsreife treibt, den Endkonsumenten immer im Visier. Tempo geht in diesem Prozess vor Perfektion: Ausprobieren, scheitern und daraus lernen sind die essentiellen Bestandteile dieser Methode.

Der digitale Innovationsprozess ist durch Leitprinzipien bestimmt. Zunächst ist er modular aufgebaut: Entwickler starten mit einem fokussierten Projekt und übertragen dann die Ergebnisse auf angrenzende Bereiche. Alle Innovationen zielen auf den Kunden, und dessen Rückmeldungen fließen sofort wieder in die Entwicklung ein. Er ist agil und schnell. Der digitale Entwicklungsprozess ist effizient und hört nie auf – das Produkt wird ständig weiterentwickelt.

## Open Innovation und Open Development: Die Kreativität der Welt einladen

Diese Philosophie der Produktentwicklung stammt aus der Digitalwirtschaft und färbt heute auf die Innovationsprozesse traditioneller »analoger« Produkte ab. Abteilungsübergreifende Teams, die weitgehend autonom an einer fokussierten Aufgabe tüfteln und definierte Etappenziele erreichen müssen, ohne von Steuerungskomitees und Managementrunden gebremst zu werden, bringen das Beste aus der Start-up-Szene ins Unternehmen: Eigenverantwortung, Spaß und Tempo.

Open Innovation eröffnet über eine definierte Schnittstelle oder eine Crowdsourcing-Plattform Externen die Möglichkeit, ihre Ideen einzuspeisen und mit Hilfe von bereitgestellten Softwarewerkzeugen (»Tools«) idealerweise bis zur Marktreife zu entwickeln. Open Innovation muss nicht notwendig Teil eines komplett digitalen Innovationsprozesses sein, sie kann auch einen traditionellen Entwicklungsprozess ergänzen.

Pionier der Open Innovation war – überraschend genug – kein Digitalunternehmen, sondern Lego. Der Spielzeughersteller lud schon seit 2005 erwachsene und jugendliche Fans ein, über die Webseite Legofactory.com Teil des Designteams zu werden. Dort steht Software zum Entwerfen eigener Lego-Teile gratis bereit. Die besten Ideen schaffen es dann in das Sortiment. Über Legofactory.com sammelte das Unternehmen auch Anregungen und Kritik: Die besonders interessierten und versierten Kunden, die sich auf der Webseite tummeln, haben schon viele Schwachstellen im Programm aufgedeckt. 2012 stellte Lego das Programm ein, weil die individuell entworfenen und gefertigten Bausets den Kunden zu teuer waren.

Meister der Open Innovation unter den Digitalunternehmen ist wieder einmal Apple. Der Computerbauer hat Programmierschnittstellen, sogenannte API (»Application Programming Interface«) für Softwareingenieure eingerichtet. Die gelangen darüber zum Xcode, einer Entwicklungsumgebung, in der sie neue Anwendungen, genannt Apps, für iPhone und iPad schreiben können. Die

**Offene Entwicklungsumgebungen: 10 Erfolgsfaktoren**

| | | |
|---|---|---|
| Netzwerkdesign | 1 | **Klare Ziele** für das offene Netzwerk definieren |
| | 2 | **Beziehungen** mit derzeitigen Partnern neu definieren und neue Beziehungen etablieren |
| | 3 | Offenes Netzwerk **in der gesamten Wertschöpfungskette** nutzen |
| Partner-management | 4 | **Eigenen Innovationsbeitrag** passgenau zuschneiden |
| | 5 | **Partner unterstützen** |
| | 6 | **Netzwerk** nutzen, um einen **Großteil der Arbeit** zu erledigen |
| Netzwerk-assessment | 7 | Frühzeitig **Geschäftsmodell auf Robustheit prüfen** |
| | 8 | Kontinuierlich **neue Ideen** bewerten |
| Netzwerksupport | 9 | Netzwerk durch **eigene Toptalente** managen |
| | 10 | **Performance** des Netzwerks **überwachen** |

Apps werden dann nach einem Prüfprozess auf Apples App-Store verkauft. Der Entwickler freut sich über den Umsatz, Apple über die Provision sowie über die Aufwertung des Hardwareprodukts, mit dem die Kunden nun noch mehr Dinge erleben können.

Mit Open Innovation arbeiten viele andere Digitalunternehmen wie Google oder SAP, auch Telekommunikationskonzerne nutzen die Kreativität von Externen. Doch weil immer mehr klassische Produkte – bestes Beispiel: Fernseher, die längst internetfähig sind – eingebaute Softwareelemente haben, ist der Ansatz für viele Branchen interessant.

Wer eine offene Plattform aufbauen will, sollte einige Grundregeln beachten: Am Anfang steht die Definition eindeutiger Ziele: Was soll die Plattform mit den Partnern leisten? Dann geht es um die Motivation der Mitentwickler und ihre Entlohnung. Auf der dritten Stufe steht die Bewertung von Ideen und Lösungen an – und viertens die Organisation des Netzwerks.

## Agile Produktentwicklung digitaler Produkte: Schneller und smarter zur Marktreife

In Zeiten immer schneller wechselnder Kundenpräferenzen hat sich die traditionelle Methode der Produktentwicklung zunehmend als untauglich erwiesen: Zu langsam, zu wenig Rückkopplung mit aktuellen Kundenwünschen und viel zu wenig flexibel – lange vor dem Produktionsstart wird das Produktdesign fix gesetzt und kann nach der Markteinführung meist nicht mehr dynamisch an Kundenbedürfnisse angepasst werden.

All diese Defizite will die agile Produktentwicklung beheben. Dabei nehmen sich eingesessene Konzerne die Methoden von Start-ups zum Vorbild: Sie beobachten intensiv Trends und Verbraucherwünsche, erfinden auf dieser Basis Produktideen, testen und entwickeln diese im regen Austausch mit Kunden, involvieren sie sogar nach Kräften in die frühe Designphase. Prototypen werden am Markt getestet und die endgültige Spezifikation des Produkts bis zum Start flexibel gehalten. Dazu gehört auch der Gedanke, dass ein Produkt niemals fertig ist, sondern entsprechend den Kundenreaktionen ständig in seinen Spezifikationen nachjustiert wird.

Einer der Ersten, die diesen Innovationsprozess nutzten, war Google. Schon das Produkt GMail wurde von einem crossfunktionalen Team entwickelt, in dem Kollegen aus dem Marketing, dem Verkauf und der IT arbeiteten. Die Idee musste zunächst den Beifall des »Google Product Council« finden, in dem die Gründer Larry Page und Sergey Brin ebenso Sitz und Stimme haben wie der Vorstandsvorsitzende Sundar Pichai. Wenn sie diesen Test bestanden haben, bekommen die Teams ein Budget und übernehmen auch die Ergebnisverantwortung. Auf dem Weg von der Idee zur Markteinführung müssen die Entwickler drei »Stage Gates« passieren. Für jedes dieser Tore in die nächste Phase gibt es klar definierte Kriterien. Jeden Monat muss das Team zum Rapport antreten bei CEO Pichar und President Brin – weiterer Abstimmungsbedarf im Unternehmen besteht nicht.

Die agile Produktentwicklung braucht eine vom Konzern unabhängige Organisation. Samsung beispielsweise führt sein »Global Innovation Center« als unabhängige Einheit, die Berichtslinien laufen direkt zum Vorstandsvorsitzenden. Das Geld für die Projekte kommt von den Geschäftsbereichen, die rigorose Etappenziele für die Entwicklung vorgeben. Umgekehrt müssen sie Strukturen schaffen, die schnelle Antworten geben und Entscheidungen fällen können. Um die besten Talente zu finden, siedelt sich das »Global Innovation Center« überall dort an, wo die Dichte an Digital Natives besonders hoch ist. Es betreibt Entwicklungszentren in New York City, dem Silicon Valley, Tel Aviv und Seoul.

Um Wissen und Ideen von außen hereinzubringen, beteiligt sich Samsungs »Global Innovation Center« an Start-ups. Dann wechselt stets auch ein Samsung-Entwickler für bis zu ein Jahr in die frisch akquirierte Firma, um sie bis zum »Proof of Concept«, dem Nachweis der Machbarkeit des vereinbarten Projekts, zu begleiten. Aber auch mit anderen Konzernen arbeitet das »Global Innovation Center« im Dienst des Fortschritts zusammen. Mit Intel beispielsweise haben die Koreaner den »National Internet of Things Strategy Dialogue« gestartet.

Für die traditionelle Produktentwicklung bedeutet dies ein komplettes Umdenken. In der Vergangenheit waren eigene Patente und internes Wissen die primäre Quelle der Innovation. Dies weicht der Erkenntnis, dass Märkte immer innovativer sind, als es einzelne Unternehmen sein können. Impulse vom Markt werden wichtiger. Schnelles Agieren und Ausprobieren – und das in den relevanten Netzwerken – werden zu Kernfähigkeiten. Nichtsdestotrotz sind Patente und IPRs (»Intellectual Property Rights«) auch in Zukunft von Bedeutung. Sie stellen die Plattform für Neues dar.

## 5.5 Produktdesign: Von der Softwareentwicklung lernen

Florian Weig beschreibt, wie die Philosophie der Softwareentwicklung alle Branchen infiziert und was Ingenieure aus Big Data lernen.

Warum sind im iPhone 7 Plus zwei Kameras eingebaut? 2016 suchten die Käufer vergebens nach dem Sinn. Die Hardware wäre in der Lage, dreidimensionale Bilder zu machen, aber die Software dazu fehlte. Typisch Apple: Die Kalifornier bringen Produkte auf den Markt, in denen zwar alle wesentlichen Funktionen laufen, die aber noch Reserven haben. Wenn die Software für 3-D fertig ist, gibt's ein Update, und das iPhone kann nicht nur dreidimensional anmutende Fotos schießen, sondern ist auch fit für die »Augmented Reality«, die erweiterte Realität, etwa die Einblendung computergenerierter Zusatzinformationen oder von

**Die Digitalisierung verändert die Produktentwicklung grundlegend**

| | | |
|---|---|---|
| *Produkt* | Design Thinking | ▪ **Kundenbedürfnisse und deren Ursachen** verstehen<br>▪ **Echtzeitkundenfeedback** bestimmt das Design<br>▪ **Feature-based Design** |
| *Prozess und Tools* | Beschleunigung und Virtualisierung | ▪ **Agile Softwareentwicklung** hält Einzug in die Produktentwicklung – **Feature-Roadmaps** statt Produkt-Roadmaps<br>▪ Virtualisierung und Simulation (»digital twin«, »digital factory«)<br>▪ Integrierte PLM-/PDM[1]-Systeme **erleichtern die Entwicklung, die Antizipation von Risiken und die Prognose von Qualitätsmängeln** |
| *Advanced Analytics* | Transparenz durch Daten | ▪ Datentransparenz der Entwicklung ermöglicht substantiell verbesserte **Entwicklungseffizienz (z.B. 5D BIM)**<br>▪ **Machine Learning erzeugt in Echtzeit Transparenz über Projektfortschritt und Produktprofitabilität** |

1 PLM: Product Lifecycle Management; PDM: Product Data Management

virtuellen Objekten. Mit diesen neuen spannenden Funktionen bleibt das Gerät auch nach einiger Laufzeit für die Kunden interessant – eine Modellpflege, ohne die Hardware zu verändern.

Apple liegt mit seinem Verständnis von neuen Produkten und ihrer Entwicklung voll im Trend. Die Unternehmen bringen nicht mehr fertige, statische Produkte auf den Markt, die meisten sehen die Produktentwicklung als dynamischen Prozess, der über den ganzen Lebenszyklus weiterläuft. Diese Fortentwicklung konzentriert sich auf die Software, denn die wird in Produkten aller Branchen immer wichtiger. Das Schlagwort lautet »Feature-based Design«. Die Digitalisierung verändert die Produktentwicklung gründlich, von der Produktphilosophie über die Prozesse der Entwicklung bis zu datengetriebenen Entscheidungen.

### Schnelle Verbesserungen statt langer Produktlebenszyklen

Design-Thinking revolutioniert die Art, wie Produkte zukünftig entwickelt werden – viel enger an Kundenbedürfnissen orientiert, ihr Feedback in Echtzeit in Folgeprodukte einbauend und Produkte in immer kürzeren Zyklen am Markt positionierend.

### König Kunde entwickelt mit

Über die Analyse von Äußerungen in sozialen Medien und Internetforen, aus Verkaufsdaten und den Rückmeldungen durch die Sensoren in den verkauften Geräten wissen Ingenieure heute sehr viel genauer, welche Fähigkeiten und Features ihrer Produkte wirklich genutzt und geschätzt werden.

So erfassen unsere Autos beispielsweise standardmäßig die Nutzung der elektronischen Helfer und senden die Ergebnisse an den Hersteller. Die haben dann ein genaues Bild, welche Features die Kunden schätzen, eine gute Basis für die Weiterentwicklung. Auch in der Medizintechnik kennen die Herstellerfirmen übrigens jedes Bild und jede Nutzung ihrer gelieferten Großgeräte.

## Informationen in Echtzeit einbauen

Nie waren so viele Informationen darüber verfügbar, was Käufer wirklich wollen und was sie nutzen. Diese Daten müssen Entwicklungsteams kontinuierlich mit dem Anwendungsprofil ihres Produkts abgleichen. Zeigen sich Defizite – auch weil sich Wünsche oder Nutzerverhalten ändern –, wird nachgesteuert.

Bei der Entwicklung digitaler Produkte haben sich klassische Industriedesigner wie Veryday oder Lunar eine starke Position erobert. Schließlich hatten schon die Ahnen aller modernen Designer am Bauhaus zu Weimar postuliert: »Form follows function.« Deshalb haben Veryday und Lunar ihre Designerteams um Kollegen mit digitaler Kompetenz ergänzt. »UX-Design« heißt das Stichwort: »User-Experience«. Das Ergebnis sind Produkte, die elegante und funktionale Hardware mit intuitiver Bedieneroberfläche und Menüsteuerung verknüpfen. Weil diese Kompetenz zunehmend wichtig wird, hat McKinsey beide Firmen kürzlich erworben.

## Feature-based Design: Sukzessive besser werden

»Feature-based Design« wurde von Softwarefirmen erfunden und von angrenzenden Branchen wie der Telekommunikation und der Halbleiterindustrie übernommen. Inzwischen entwickeln auch Haushaltsgerätehersteller und Autobauer ihre Angebote nach einzelnen Features: Produkte starten mit einer Basisausstattung an Funktionen (»Features«) und werden sukzessive immer besser. So nutzen die meisten Automobilhersteller heute eine Spezifikation namens »Autosar«, über die sie neue Softwaremodule zur Aufrüstung mit neuen Features in ihre Modelle einpflegen.

Feature-based Design stiftet Nutzen für Hersteller und Käufer:

- *Kunden* schätzen und erwarten zunehmend, dass ein angebotenes Produkt frisch und neu bleibt in einer Welt, die sich immer schneller entwickelt.

- *Unternehmen* sichern sich zusätzliche Umsätze, mit durchweg hohen Margen.

- *Gesellschaft und Umwelt* profitieren, weil die Produktplattformen, denen zusätzliche Features zugeschaltet werden, längere Lebenszyklen haben und somit besser in die Kreislaufwirtschaft von morgen passen.

Die neue Philosophie der Produktentwicklung verändert auch die Kundenbeziehung der Verkäufer: Sie bleiben in kontinuierlichem Dialog und haben über die Einsatzzeit der Maschine die Chance auf Extraumsätze. Virtuos spielt das der Elektroautobauer Tesla. Der hatte in seinem Wagen schon alle Hardwaregrundlagen – Sensoren und Steuerungen – für teilautonomes Fahren eingebaut. 2014 machte das Unternehmen seinen Kunden das Angebot, den Autopiloten nachzurüsten: Für 3 000 US-Dollar wurde ihnen die Software aufgespielt – ein lukratives Zusatzgeschäft mit sehr hoher Marge.

### Digitalisierung des Prozesses – schnell und virtuell

Zur Beschleunigung und Virtualisierung werden Prozesse und Tools systematisch weiterentwickelt. Kernelemente der agilen Entwicklung sind Feature-Roadmaps, Virtualisierung und Simulation und intelligente Systeme für das Lebenszyklus- und Datenmanagement des Produkts (»Product Lifecycle Management«, PLM, und »Product Data Management«, PDM).

Früher gab es einen Entwicklungsplan, eine Roadmap, zum fertigen Produkt. Heute zeigt das Produkt nur den aktuellen Stand auf einer Entwicklungslinie – Ingenieure und Programmierer arbeiten entlang einer Feature-Roadmap. Sie entwickeln einzelne Module, die zu einem Produkt verbunden werden. Jedes einzelne Modul erneuert sich aber in seinem eigenen Innovationszyklus – bei Software kann dieser sehr schnell sein. Damit tritt neben den klassischen Ingenieur, der eine oder mehrere Komponenten verantwortet, der so genannte »Feature-Lead«, der für ein bestimmtes Modul, etwa eine Kamera im Smartphone oder ein Navigationssystem im Auto, mehrere Produktgenerationen vorausdenkt und die Entwicklung vorantreibt.

Doch auch jenseits der Software-Features hat die Digitalisierung das Produktdesign und die Entwicklungsprozesse verändert. Alles wird digital, läuft schneller und wird durch die Auswertung gigantischer Datenmengen transparenter, zum Beispiel im Maschinenbau: ASML, Weltmarktführer für Lithographiemaschinen, die per Laserlicht Schaltkreise auf Wafer, die Grundplatten für Chips, abbilden, kann per Software-Update die bei den Chipherstellern installierten Maschinen anpassen. Die liefern nämlich über eingebaute Sensoren kontinuierlich Daten an ASML. Aus der Datenanalyse entwickeln die Ingenieure bei ASML erst Ideen und dann Programme für Verbesserungen, beispielsweise für höhere Genauigkeit bei der Ausrichtung der Schaltkreise zueinander. Diese Programme werden dann über eine App in die laufenden Maschinen zurückgespielt – die dann leistungsfähiger sind, ohne dass jemand an der Hardware geschraubt hätte.

Und weil alles schneller gehen muss als früher, setzen die Entwickler heute digitale Werkzeuge ein. Zum Beispiel beim Konstruieren neuer Chips: Da ersetzen inzwischen fortgeschrittene Simulationen die Hardwareprototypen. Vier Wochen nach Start eines Entwicklungsprojekts haben die Ingenieure heute einen virtuellen Halbleiter, an dem sie die komplette Funktionalität des neuen Chips testen können und in den sie Änderungen ohne Verzug einpflegen können. Gegenüber dem hergebrachten Test an Hardwareprototypen spart das 50 Prozent Entwicklungszeit. Und wenn der neue Chip aus dem virtuellen Raum heraustritt und in Silizium gebacken wird, funktioniert er fast immer sofort – der Entwicklungsprozess im Virtuellen ermöglicht mehr und bessere Tests und liefert eine wesentlich höhere Qualität. Früher kamen die Entwickler selten ohne zweiten Prototypen aus, der brauchte dann noch einmal drei bis sechs Monate.

Ein anderes Beispiel für den Einsatz digitaler Werkzeuge bietet

Honda. Der japanische Autobauer macht Anleihen in Hollywood, um mehr über das Crashverhalten seiner Modelle zu lernen. Honda setzt dazu hochentwickelte Graphikprozessoren ein, mit denen sonst die Filmstudios ihre Spezialeffekte errechnen. Der Autobauer kombiniert seine Crash-Simulationssoftware mit 3-D-Visualisierungsprogrammen, um zu verstehen, was bei einem Unfall mit der Fahrzeugstruktur passiert. Das System visualisiert die Energiewelle, die nach einer Kollision durch das Fahrzeug läuft. Die Deformationsmuster laufen wie Wellen auf dem Wasser. Die Spezialeffektrechner und -programme leuchten die zerstörerischen Wogen optimal aus, so dass die Ingenieure ihre Ausbreitung genau verfolgen können und die Schwachstellen ihrer Konstruktion erkennen.

### Virtuell trainieren ist schneller und billiger

Heute ist es oft schon viel billiger und schneller, die Realität an einem virtuellen Abbild einer Maschine (»virtual twin«) zu simulieren, wenn es um Tests oder um Trainings geht.

So sparten die Entwickler des Tarnkappenkampfflugzeugs Lockheed F35 allein rund 100 Millionen Dollar, weil sie Servicekräfte statt am realen Jet am virtuellen Abbild trainierten, das dank 3-D-Echtzeitvisualisierung (»immersive engineering«) ganz nah an der Wirklichkeit war. Simulationen am Rechner ersetzten viele Erprobungsflüge. Gerade Luftkampfszenarien sind in der Realität extrem schwierig und teuer, da kommt die »erweiterte Realität« (»Augmented Reality«) am Simulator gerade recht. Sie verhilft Lockheed Martin zu schlankeren Entwicklungsprozessen, effizienteren Tests und sogar zu besser integrierten Produktionsprozessen in der Fabrik.

### Einfacher entwickeln mit PLM und PDM

Die Systeme zum Produktlebenszyklusmanagement (PLM) bauen auf dem Produktdatenmanagement (PDM) auf und sollen alle Informationen integrieren, die im Laufe des Lebens eines Produkts anfallen, im Idealfall über die ganze Wertschöpfungskette.

In der Designphase verhindert PLM Doppelentwicklungen: In der Datenbank finden die Ingenieure modular und parametrisiert, was die Kollegen schon vor ihnen entwickelt haben. Wer jetzt an einem Getriebe bastelt, kann auf die Vorläufer zugreifen, wenn die Dimension nicht stimmt, lässt sie sich hochrechnen.

## Transparenz macht effizient

»Advanced Analytics« und »Machine-Learning« halten Einzug in die Entwicklungsabteilungen und erzeugen eine nie dagewesene Datentransparenz. Prozesse erreichen dadurch eine völlig neue Qualität und Effizienz.

Alle Daten, die mit dem Entwicklungsprozess zu tun haben, gehören in eine Datenbank: von den Konstruktionsunterlagen über Terminpläne, E-Mails, Dokumentationen, Kundenkorrespondenz, Lieferanteninformationen bis zu Personaleinsatzplänen. Die riesigen unstrukturierten Datenmengen (»Big Data«) können heute mit digitalen Analyseinstrumenten (»Advanced Analytics«) per Knopfdruck auf Korrelationen und nach Erfolgskriterien durchforstet werden.

Pionier für diese Anwendungen ist die aus der Formel 1 stammende britische Firma QuantumBlack. Für ein Formel-1-Team analysierten die Briten mit ihrem Algorithmus »Nerve« sämtliche unstrukturierten Daten, die über eine Rennsaison anfallen. Ziel war es, die Trefferquote bei den tausenden Entwicklungsprojekten zu steigern, mit denen das Team die Rennwagen während der Saison schneller und zuverlässiger machen will. QuantumBlack verknüpfte Projektergebnisse und -daten mit Daten zur Zusammensetzung der Entwicklungsteams, spürte Korrelationen und Kausalitäten auf und definierte daraus Erfolgsfaktoren für die Entwicklung. Prompt verdoppelte sich die Quote von neuen Teilen, die tatsächlich eine Verbesserung brachten – was den Grundstein für die Weltmeisterschaft legte.

Advanced Analytics deckt aber auch auf, was die Produktivität der Entwickler bremst – und fördert aus dem Datenwust überraschende Zusammenhänge zu Tage. So ergaben McKinsey-Analysen bei einem Klienten, dass es rund 8 Prozent Produktivität kostet, wenn beispielsweise aus Budgetgründen ein Entwicklungsprojekt nur eine einzige Woche auf Eis gelegt wird. Auch die Größe der Teams beeinflusst das Ergebnis: Mehr als sieben Ingenieure in einer Gruppe sind zu viel, jedes zusätzliche Teammitglied darüber hinaus kostet in dem betrachteten Unternehmen 7 Prozent Produktivität. Und die in globalen Konzernen beliebte Übung, rund um die Welt verstreute Menschen an derselben Aufgabe tüfteln zu lassen, bremst ebenfalls: Jede dabei zu überwindende Zeitzone kostet im Schnitt rund 5 Prozent Produktivität. Positiv dagegen wirkt sich aus, wenn sich die Leute kennen: Teams, die schon einmal zusammengearbeitet haben, entwickeln um rund 7 Prozent produktiver als der Durchschnitt.

### Künstliche Intelligenz berechnet schon vorab die Profitabilität

Aus den Kostendaten, Marktdaten und aus angenommenen Preis-Absatz-Funktionen, die laufend mit der Realität abgeglichen werden, können selbstlernende Systeme (»Machine-Learning«) mit künstlicher Intelligenz heute für jede angedachte Produktvariante die wahrscheinliche Profitabilität, pro Stück und über den gesamten Lebenszyklus, prognostizieren. Die datengestützte Prognose ersetzt Vorhersagen, die meist frühere Erfahrungen hochgerechnet haben, und verspricht eine deutlich höhere Treffgenauigkeit.

### Weitere Disruptionen sind zu erwarten

So gibt es laufend neues Wissen und neue Möglichkeiten. Gerade die Entwickler in den Unternehmen müssen sich auf weitere Disruptionen einstellen, die ihr Berufsbild erschüttern. Wird es beispielsweise gelingen, die 3-D-Drucker, die heute schon etwa im Maschinenbau für Prototypen eingesetzt werden, für die Produktion zu nutzen? Das würde ein ganz neues Verhältnis zwischen Entwicklung und Herstellung stiften. Ebenso spannend: Bringt der Trend zum individualisierten Produkt die Co-Creation von Kunden und Entwicklern? Hier entsteht ein ganz neuer Produktgestaltungsprozess. Innerhalb noch recht eng gesteckter Grenzen wird der bei Nike iD bereits erprobt: Da individualisieren sich die Kunden ihre Sportschuhe aus einer Auswahl von Features am heimischen PC.

Gerade das Thema Co-Creation entzündet die Phantasie der Visionäre: Muss ein Unternehmen überhaupt noch Produkte herstellen? Oder ergäbe sich auch ein tragfähiges Geschäftsmodell, wenn das Unternehmen nur eine Plattform anbietet, auf der Co-Kreateure eine Basiskonstruktion sowie das Werkzeug für die Individualisierung fänden? Das Produkt könnten sie sich dann in einem nahen 3-D-Druckshop ausdrucken. Klingt abgehoben, aber ein Stück davon ist schon Realität: Bei einer Reihe von Onlinespielen beispielsweise schaffen und gestalten die Spieler ihre eigenen Helden, das Unternehmen stellt nur noch die Plattform und das Spielernetzwerk zur Verfügung. Entwickler werden hier kaum noch gebraucht – es gibt ja Kunden.

## 5.6 Schneller, flexibler, effizienter: Lieferkette 4.0

Knut Alicke beschreibt, wie die Digitalisierung alle Stationen der Supply-Chain verändert.

In den Lagerhäusern der Versender laufen schon lange keine Kommissionierer mehr mit gedruckten Listen herum, die Sendungen zusammenstellen. Roboter schieben ganze Regale zu den Mitarbeitern oder sortieren Warenkörbe gleich selbst. Anderswo sagen Computer den Menschen, die mit Datenbrillen (»Smart

Glasses«) und Headset ausgerüstet sind, ihren Weg an. Die sammeln in den Gängen ihre Lieferung ein und scannen die Produkte mit den Smart Glasses, um Fehler zu vermeiden. Die Route wird mit ausgefeilten Algorithmen berechnet, um die Strecke zu optimieren. Alles wunderbar digital und effizient – es sei denn, es soll ein neuer Algorithmus her, weil der bisherige Schwächen zeigt. Das dauert im herkömmlichen Modus sehr lange: Der Bedarf wird spezifiziert, ein Budget beantragt, ein Auftrag an die Softwarefirma des Vertrauens erteilt, Entwicklungsschritte von Mitarbeitern abgenommen, die nicht programmieren können, ein Prototyp getestet – und irgendwann nach sechs oder mehr Monaten wird der neue Algorithmus installiert.

Doch in Zeiten der Digitalisierung läuft nicht nur die Logistikkette schneller als früher, auch im Büro herrscht eine andere Schlagzahl. Der Modeversender Zalando hat es vorgemacht: Als sich das Zalando-Team vornahm, die Kommissionierung effizienter zu gestalten, untersuchte es einen Tag lang, ob sich der eigene Algorithmus verbessern ließ. Nach kurzer Recherche fand man einen Routing-Algorithmus für einen effizienteren Weg der Kommissionierer durch das Lager, den das Team auf die Zalando-Bedürfnisse optimierte und den der Chief Information Officer höchstpersönlich weitgehend implementierte. Das war möglich, da Zalando das Lagerverwaltungssystem, sozusagen den Kern der Lagersteuerung, selbst programmiert hatte, statt ein unflexibles Standardprodukt einzusetzen. Vergleichstests zeigten die Leistungsfähigkeit des neuen Algorithmus: Die zurückgelegte Wegstrecke beim Kommissionieren reduzierte sich um 10 bis 15 Prozent. Nach insgesamt sechs Arbeitstagen war die Lösung so weit, dass sie in allen Warenlagern von Zalando eingebaut werden konnte.

Das Beispiel zeigt exemplarisch den Managementansatz für digitale Zeiten: Tempo zählt, bei kundenzentriertem Denken. Es gibt schnelle Entscheidungen, die faktengetrieben fallen, dazu Entwicklungsarbeit, die auch das schnelle Scheitern einkalkuliert, Experimentierfreude sowie Transparenz und Teamgeist.

**Erfolgspotential – mit Supply-Chain-4.0-Hebeln kann in allen Kategorien enormes Potential erschlossen werden**

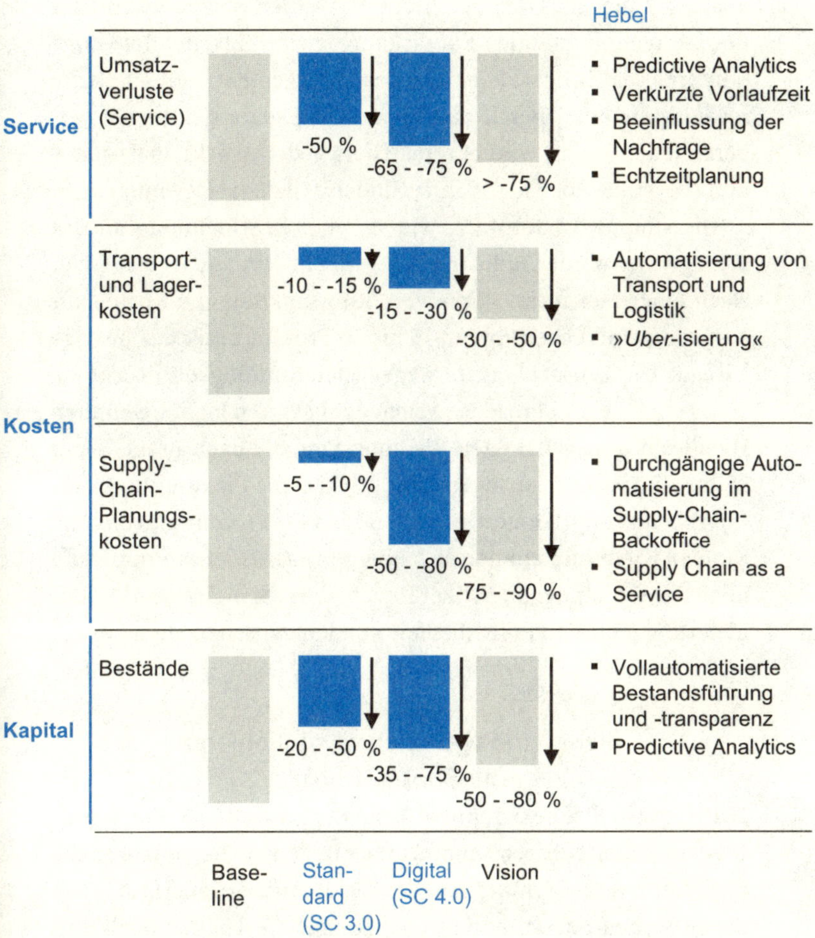


Um die Angst vor dem Fehlermachen zu senken, veranstalten viele Unternehmen »Fuck-up-Nights«, abgekürzt »FUN«, denn da geht es unterhaltsam zu: Die Teilnehmer, angefangen bei den Chefs, erzählen einander von ihren größten Pleiten.

Gelegenheit für Fehler gibt es zur Zeit reichlich, denn die Logistik ist im Umbruch: Big Data und Advanced Analytics, also die Fähigkeit, riesige unstrukturierte Datenmengen auf Korrelationen und Kausalitäten zu durchforsten, werden zusammen mit der Robotertechnik und den Entwicklungen zum Internet der Dinge (»Internet of Things«, kurz IoT) das Management der Lieferkette revolutionieren. Überall sind Sensoren platziert, alles ist vernetzt, jeder Schritt wird automatisiert, jeder Aspekt analysiert – und Logistiker ebenso wie ihre Kunden sollen die Gewinner sein.

Die »Supply-Chain 4.0«, wie sie gern in Anlehnung an das Schlagwort von der Industrie 4.0 genannt wird, spart viel Geld. Nach einer McKinsey-Studie von 2016 senkt sie die Kosten für Transport und Lagerung um 15 bis 30 Prozent unter das heutige Niveau. Die Umsatzverluste wegen Lieferunfähigkeit drückt sie sogar um 65 bis 75 Prozent. Wegen der besseren Planung können Händler die vorgehaltenen Warenbestände je nach Branche um 35 bis 75 Prozent verringern, die Kosten für Planung und Auftragsabwicklung können gar um 50 bis 80 Prozent sinken. Die Kunden wiederum können sich über präzisere Liefertermine und hohe Flexibilität der Logistiker freuen, die sich in Zeit und Ort der Lieferung ganz den individuellen Kundenwünschen anpassen.

## Sieben Innovationen revolutionieren die Supply-Chain

2016 untersuchte der »Supply-Chain 4.0 Innovation Survey«, welche bereits absehbaren Innovationen in den nächsten Jahren die Lieferkette verändern werden. Von 53 identifizierten Erfindungen haben sieben das Potential, das gängige Geschäftsmodell aufzubrechen, für Disruptionen zu sorgen.

Bessere Planung durch Big Data und Advanced Analytics, ergänzt um selbstlernende Systeme (»künstliche Intelligenz«, KI), optimiert alle Schritte der Lieferkette. Neben den internen Daten beziehen die Planer von Lieferrouten, Lagerbeständen und Bedarfen auch externe Informationen, vom Verkehr bis zum Konsumklima, ein. »Predictive Analytics«, vorausschauende Analysen,

## Sieben Innovationen werden den Wandel befeuern

*Bewertung des durchschnittlichen Veränderungspotentials auf der Effekt-Disruptions-Matrix*

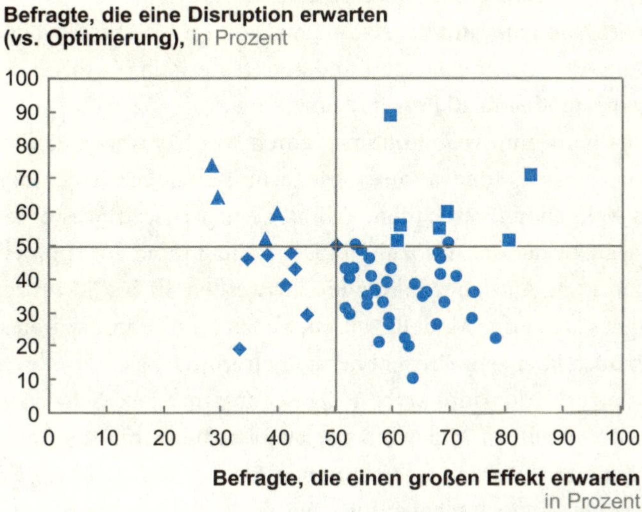


**4 Nischenanwendungen** ▲
- Drohnen für die Zustellung
- Autonome Container
- FTF-basierte (fahrerloses Transportfahrzeug) Ware-zum-Mann-Lösungen
- Ergonomische Exoskelette

**8 Änderungen an bestehenden Prozessen** ◆
- Onboard Units zur Unterstützung einer sparsamen Fahrweise
- Intelligente öffentliche und private Paketstationen
- Kofferraum als Paketstation
- Predictive Versand
- Auslastungsoptimierung von Frachtraum
- FTF-Lösungen für den internen Transport
- Gesten- und Bewegungsverfolgung
- Mikrosegmentierung

**7 Innovationen** ■
- Planungsautomatisierung/maschinelles Lernen
- Nahezu vollständig autonomer Lkw und Systeme für Lkw-Konvoifahrten
- Vollständig autonome (fahrerlose) Lkws
- 3-D-Druck für C-Artikel
- Cloud-Logistikplattform
- Gemeinsame Planung in der Cloud
- Informationsplattformen

**34 hocheffektive Optimierungen von bestehenden Prozessen – Top 5** ●
- Onlineauftragsüberwachung
- Closed-Loop-Planung
- Leistungstransparenz und Zielanpassung in Echtzeit
- Automatisierte Auftragsbearbeitung
- *Uber*-isierung im Transportwesen

Quelle: SC 4 Innovation Survey – Antworten von 76 Experten aus verschiedenen Sektoren)

modellieren die Entwicklung der Nachfrage. Schon heute nutzen einige Unternehmen ein solches Analysemodell des Anbieters Blue Yonder, das cloudbasiert, also in der Datenwolke, arbeitet. Das Versandhaus Otto hat so die Präzision seiner Absatzprognosen um 40 Prozent gesteigert und konnte deshalb überschüssige Lagerbestände um 20 Prozent reduzieren.

Das halb- und vollautonome Fahren von Lastwagen zählt zu den wichtigsten Innovationen. Die technischen Voraussetzungen sind weitgehend geschaffen, Daimler beispielsweise testet fahrerlose Lkw auf der Autobahn in Deutschland und auf Highways in den USA. Autonom fahrende Lkw werden 30 bis 50 Prozent billiger als heutige Modelle fahren, neben dem Fahrer sparen sie auch noch über zehn Prozent des Dieselverbrauchs ein. Der Bergbaukonzern Rio Tinto setzt heute schon fahrerlose Schwerlastwagen auf seinem Minengelände ein. Auf der Straße, schätzen die Experten, werden selbstfahrende Lkw in den nächsten fünf Jahren jedoch noch nicht auftauchen.

Dank 3-D-Druckern gelten auch für Lagerhaltung und Produktverfügbarkeit bald neue Regeln, vor allem bei langsam drehenden Artikeln und Ersatzteilen. Amazon hat schon 2015 damit experimentiert, 3-D-Drucker in Lieferwagen zu montieren, und hierfür ein Patent beantragt. Die drucken auf Bestellung, mit vielen Möglichkeiten zur Individualisierung des Produkts und unschlagbar schneller Lieferung. Bosch investiert viel Geld, um den 3-D-Druck von Metallen und Keramik zu erproben. Mittelfristig wollen die Schwaben so Ersatzteile für ihre Maschinen drucken – vor Ort. Und Airbus sowie General Electric nutzen schon 3-D-Drucker für die Produktion einiger Flugzeug- und Turbinenteile. Doch trotz der vielversprechenden Einsätze wird es laut McKinsey-Studie noch zehn bis 15 Jahre dauern, bis sich der 3-D-Druck flächendeckend durchsetzt.

## Logistikplattformen und gemeinsames Planen

Die neuen Logistikplattformen in der Datenwolke (»Cloud Logistics Platforms«) können beispielsweise die durchschnittliche Auslastung von Lkw-Flotten drastisch steigern. In Deutschland liegt die Auslastung heute gerade mal bei 60 Prozent – Gründe sind Intransparenz über Frachtaufträge, schlechte Stammdaten der Dimensionen der zu verladenden Produkte, die eine Optimierung der Beladung verhindern, sowie die mangelnde Zusammenarbeit der versendenden Unternehmen. Cloudbasierte Logistikplattformen stellen die Verbindung zwischen den Versendern und Transportdienstleistern her und optimieren damit Auslastung und gefahrene Kilometer. Beliebig viele Unternehmen – Kunden und Spediteure – können sich einfach über eine App anmelden und aufschalten.

Auch das gemeinsame Planen von Herstellern und ihren Zulieferern in der Cloud führt zu effizienterer Zusammenarbeit. Es dämpft den so genannten Bullwhip-Effekt, die Tatsache, dass die Bestellungen bei Lieferanten stets stärker schwanken als der Absatz an den Endkunden. Das führt zu überhöhten Beständen, Überkapazitäten und damit höheren Kosten. Durch eine gemeinsame Planung über Unternehmensgrenzen hinweg werden Änderungen im Bedarf in Echtzeit mitgeteilt. So ist eine angepasste Reaktion möglich, ein Aufschaukeln und Überreagieren wird verhindert. Unternehmen im Bereich der Konsumelektronik sind bereits sehr eng mit ihren Zulieferern integriert und nutzen beispielsweise die Planungsansätze von e2open für eine durchgehende Planung.

Informationsplattformen, auf denen mehrere Unternehmen Daten teilen, die nicht vertraulich oder anonymisiert sind, sammeln Futter für Advanced Analytics, die präzisere Vorhersagen über Bedarfsentwicklung und optimale Logistikrouten erlauben. Hier werden Nachrichten über Störungen in Logistikketten eingespeist, Hackerangriffe auf Systeme gemeldet, der Zustand von Verkehrswegen und vieles mehr. Die Herausforderung liegt darin, solche Informationssysteme zu entwickeln und dann eine tragfähige Verbindung zur IT-Infrastruktur der Kunden aufzubauen. Die Experten gehen davon aus, dass sich diese Informationsplattformen in wenigen Jahren durchsetzen.

### Erste Schritte in Richtung Supply-Chain 4.0

Die Reise zur Lieferkette der Zukunft beginnt mit einer kritischen Bestandsaufnahme. Das Management sollte die ganze Supply-Chain daraufhin überprüfen, wie gut sie auf die Digitalisierung vorbereitet ist: Datenfluss, Analysefähigkeiten, Ausstattung mit Hard- und Software, Talente und Prozesse sind über alle Glieder der Lieferkette auf den Prüfstand zu stellen und in einer Skala von 1 (»überwiegend Daten auf Papier«) bis 5 (»digitale Meisterschaft«) zu bewerten. Daraus lassen sich die Ansatzpunkte für die Digitalisierung ableiten. Es empfiehlt sich, mit ganz konkreten, punktuell ansetzenden Projekten zu starten, etwa für mehr Effizienz in der Kommissionierung oder verbesserter Prognose. Ziel ist es, dabei die Agilität und das Tempo von Start-ups zu erreichen.

Die Anstrengungen zur Digitalisierung der Lieferkette lohnen, bringen sie doch nicht allein Kostensenkungen, sondern noch eine Reihe handfester Verbesserungen.

- *Mehr Tempo:* Die Lieferzeiten für schnell drehende Produkte werden sich auf wenige Stunden reduzieren. Dafür sorgen präzisere Schätzungen und Planungen auf der Basis der Analyse großer Datenmengen. Bald werden Logistiker zum »Predictive Shipping«, zum vorausschauenden Versenden, übergehen, wobei Produkte bereits auf den Weg gebracht werden, bevor die Bestellung der Kunden überhaupt vorliegt. Amazon hat schon eine Methode, die solche Frachten und ihre Routen berechnet, zum Patent angemeldet. Wenn eine Bestellung eingeht, wird das Produkt auf einem Lieferwagen in der Region von dem System gesucht und der Fahrer prompt zur Bestelladresse gelenkt.

- *Mehr Flexibilität:* Planungszyklen und Perioden, in denen nicht reagiert werden kann, werden durch Echtzeit-Planungsmethoden minimiert. Planung ist dann ein revolvierender Prozess, in dem dynamische Anpassungen möglich sind. Beispielsweise können Kunden ein Produkt, das schon auf dem Weg zu ihnen ist, noch lange an das für sie bequemste Ziel lenken. Analog zu Entwicklungen wie »Software as a Service« werden wir »Supply-Chain as a Service« erleben: Dienstleister, die für Unternehmen die ganze Lieferkette stellen. Diese bezahlen je nach Menge der abgerufenen Services und müssen nicht die gesamten Ressourcen und Fähigkeiten selbst vorhalten. Ein anderer Trend, der mehr Flexibilität bringen wird, ist die »Uber-isierung« des Transports: Per Crowdsourcing übernehmen Menschen mit freien Kapazitäten die Auslieferung von Paketen, etwa Fahrer des Mietwagenunternehmens Uber, die gerade nichts zu tun haben. So werden die Liefernetzwerke deutlich agiler.

- *Mehr Tiefenschärfe:* Kunden verlangen mehr und mehr individualisierte Produkte, massenhaft werden Maßanfertigungen erwartet. Das setzt eine Mikrosegmentierung der Kundengruppen voraus, Unternehmen müssen sich auf sehr viel kleinere Zielgruppen und ein breiteres Produktportfolio einstellen. Und von der Lieferkette erwartet der Kunde künftig, dass er sich aus einem großen Angebot die Logistiklösung heraussuchen kann, die genau seinen Bedürfnissen entspricht.

- *Mehr Genauigkeit:* Transparenz über die ganze Lieferkette in Echtzeit soll schon die nächste Generation der Kennzahlensysteme liefern. Die Spanne reicht von Managementkennzahlen wie dem Service-Level bis zu Arbeitsdaten, etwa der exakten Position der Lieferwagen zum aktuellen Zeitpunkt.

Wir werden selbstlernende Systeme sehen, die automatisch Risiken identifizieren und daraufhin sofort die Parameter ändern, also etwa neue Lkw-Routen errechnen. Ein automatischer Kontrollturm wird auf ein breites Spektrum von Störungen und Abweichungen vom Plan selbsttätig reagieren, ohne dass ein Mensch beteiligt wird – und dabei wird das System ständig dazulernen.

- *Mehr Effizienz:* Die Effizienz der Lieferkette steigt stark, weil sowohl viele physische Aufgaben als auch der ganze Planungsprozess digitalisiert werden. Im Lager übernehmen die Roboter komplett die Arbeit, selbstfahrende Lkw und Lieferwagen übernehmen die längeren Strecken, Lieferroboter und Drohnen die kürzeren. Für bessere Auslastung werden Supply-Chain-Organisationen Kapazitäten poolen, ein Netzwerk bilden, dessen Organisation wiederum sicherstellen muss, dass die Bedürfnisse der Mitglieder befriedigt werden.

## 5.7 Digital Lean: Die Digitalisierung der Produktion

Nicolai Müller über die fünf Grundlagen der digitalen Produktion.

Werfen wir einen Blick in die Fabrik von morgen und übermorgen: In der Lagerhalle fliegen Drohnen, deren 360-Grad-Kameras den Raum erfassen, die Daten werden in 3-D-Zeichnungen übersetzt, die Materialfluss und Arbeitsablauf optimieren. Über das Werksgelände und durch die Hallen rollen autonom steuernde Transportwagen, an den Montagelinien arbeiten neben den Menschen Roboter, die alle belastenden Tätigkeiten übernehmen. Sämtliche Maschinen laufen, denn dank vorausschauender Wartung gibt es so gut wie keine Ausfälle, alle anfallenden Daten werden automatisch erfasst und in die Cloud geschickt.

3-D-Drucker produzieren Prototypen und Ersatzteile und sorgen am Ende der Montagelinien für Individualisierungen an den gefertigten Produkten. Abfälle und Ausschuss sind nicht zu sehen, die Fabrik arbeitet ohne Verschwendung. Über die gesamte Wertschöpfungskette, vom Rohmaterial bis zum fertigen Produkt im Einsatz, werden munter Daten ausgetauscht. Willkommen im »Digital Lean«, der Evolution des »Lean Manufacturing«, der schlanken Produktion, deren Prinzipien seit den 1980er Jahren von Japan aus die Welt erobert haben.

### Digital Lean: Die Ziele sind die gleichen wie bei der Lean Production

Jetzt gibt die Digitalisierung dem kontinuierlichen Verbesserungsprozess, dem Kerngedanken der »Lean Production«, neuen Schwung. Denn digitale Technik stärkt die Wettbewerbsfähigkeit von Unternehmen in drei zentralen Feldern. Sie hilft, die Kosten zu kontrollieren, Ausschuss zu vermeiden und die Produktivität zu optimieren. Gewaltige Produktivitätssteigerungen sind möglich.

Produktivitäts- und Qualitätsstudien können heute am Computer simuliert werden, was die Entwicklungszeiten drastisch verkürzt, Fertigwarenlager werden überflüssig, weil die Prognose der Nachfrage so präzise ist, dass quasi auf Bestellung produziert wird. Die Maschinenverfügbarkeit liegt dann wegen der vorausschauenden Wartung nahe an 100 Prozent statt wie heute zwischen 40 und 80 Prozent. Optimierte Prozesse und smarter Energieeinsatz erlauben Energieeinsparungen von bis zu 20 Prozent gegenüber heute. Und die automatisierten Transportsysteme im Werk arbeiten sehr viel günstiger und effizienter, weil sie nicht länger schienengebunden sind, die Roboter in der Fabrik 4.0 sind sehr viel billiger für ihre Jobs zu programmieren und lernen durch die eingebaute künstliche Intelligenz bei der Arbeit ständig dazu. Die Mitarbeiter werden besser geschult, es erfolgt eine ständige Befähigung und Weiterbildung. Über die ganze

Wertschöpfungskette der Produktion winken somit erhebliche Einsparungen.

Die Philosophie des Digital Lean endet nicht am Fabriktor. Durch das Internet können Unternehmen heute ihre eigenen Prozesse mit denen von Kunden und Zulieferern in hohem Maß vernetzen. So werten Autobauer Informationen über Aktivitäten ihrer Lieferanten zusammen mit aktuellen Verhaltensdaten ihrer Kunden, gewonnen durch Beobachtung von Social Media, in Analysen aus, um das künftige Nachfrageverhalten vorherzusagen. Die Autoindustrie macht so heute schon recht genaue Prognosen, in welchem Maß bestimmte Extraausstattungen beim Neuwagenkauf mitgeordert werden. Das erlaubt eine präzisere Planung der Produktion. Andere Unternehmen nutzen das Internet, um ihre verzweigten Produktionsstätten zu steuern. Ein großes Energieunternehmen beispielsweise überwacht all seine Bohrinseln im Golf von Mexiko aus einem einzigen Kontrollraum.

Ein Nebenprodukt des Digital Lean kann sogar dafür sorgen, dass sich die globale Arbeitsteilung neu sortiert. Weil die Fertigung viel flexibler und automatisierter als bisher arbeitet, werden künftig kaum noch einzelne Arbeitsschritte nach außen vergeben (Outsourcing) oder gar komplette Produktionen in ferne Länder mit niedrigem Lohnniveau verlegt (Offshoring). »Local for local« heißt das neue Schlagwort: Fabriken produzieren vor Ort für den lokalen Bedarf. Bitter für Entwicklungsländer: Der Lohnkostenvorteil zählt nicht mehr so viel. Gut für die Industrieländer: Ein Teil der Arbeitsplätze, die wegen der Produktivitätsfortschritte entfallen, werden in zurückgeholte Fertigungen wandern.

Der Produktivitätssprung in der digitalen Produktion verdankt sich dem breit angelegten Einsatz von Datenanalysen, Sensoren, Robotern und anderen neuen Techniken wie dem 3-D-Druck, alles gesteuert durch massiven Einsatz von Rechnerkapazitäten und Speichern. Doch die Ziele sind die gleichen wie einst bei der »Lean Production«. Es geht darum, Verschwendung zu reduzie-

Indikative Quantifizierung der Werttreiber

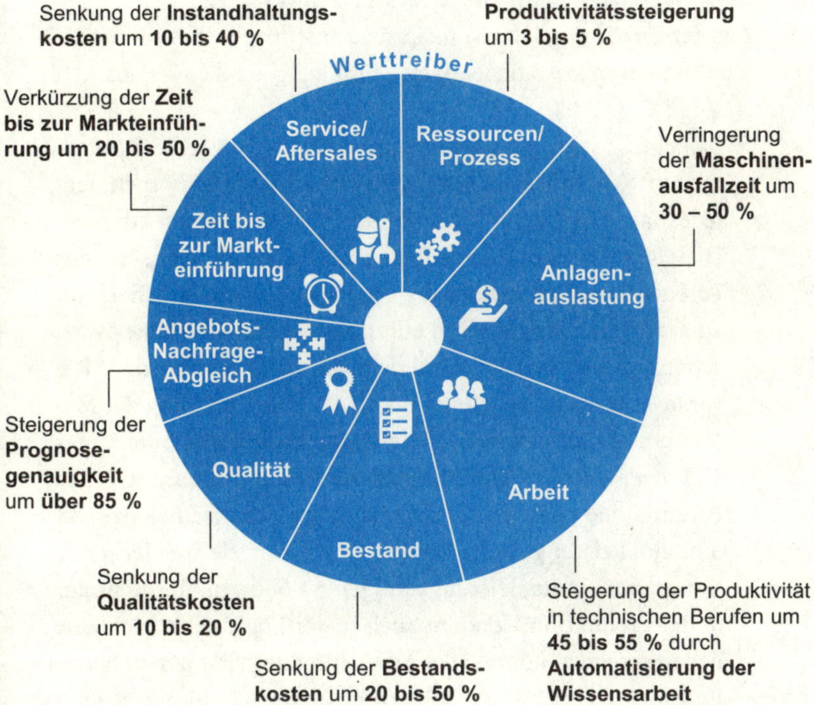


ren und Produktivität zu steigern, von den Maschinenausfallzeiten bis zu nicht wertschöpfenden Tätigkeiten der Arbeiter. Und wie früher geht es bei der Transformation zunächst um die drei zentralen Dimensionen: das technische System, also Prozesse und Werkzeuge, das Managementsystem, also Organisation und Leistungsmanagement, und das Personalsystem, mit Fähigkeiten und Einstellungen der Mitarbeiter. Die Digitalisierung bringt zusätzlich eine vierte Kraft ins Spiel: Daten, IT und Vernetzung als Werttreiber.

### Fünf Leitgedanken für die Transformation

Aus der Erfahrung vieler Transformationsprozesse hin zur digitalen Produktion kristallisieren sich fünf Leitgedanken heraus.

- *Digital Lean steigert die Produktivität signifikant.* Wegen des anhaltenden Kostendrucks versuchen die meisten Unternehmen, jedes Jahr um 2 bis 4 Prozentpunkte produktiver zu arbeiten. Die Digitalisierung, das belegen zahlreiche Studien, hat das Potential, die Wertschöpfung um 15 bis 20 Prozent effizienter zu gestalten. Dazu müssen allerdings über die gesamte Wertschöpfungskette viele Einzellösungen zusammenspielen. Die vorausschauende Wartung und die Fernüberwachung der Maschinen beispielsweise reduzieren die Ausfallzeiten um 30 bis 50 Prozent, also steigt die Anlagennutzung drastisch. Großes Potential hat auch die Optimierung der Arbeitseffizienz: Das digitale Leistungsmanagement sowie der flächendeckende Einsatz von immer leistungsfähigeren Robotern, die nicht nur in der Produktion, sondern auch in der Logistik menschliche Arbeit ersetzen, können die Arbeitsproduktivität um 40 bis 50 Prozent steigern. Und die Echtzeit-Analysen (»Advanced Analytics«) der umfänglichen Datensätze aus dem Maschineneinsatz decken Ineffizienz in den Prozessen und Qualitätsprobleme auf. Weil der gesamte Prozess der Absatzprognosen durch Analysen großer, unstrukturierter Datenmengen (»Big Data«) sehr viel genauer wird, können Unternehmen dann auch noch die Lagerbestände drastisch senken und trotzdem die Lieferfähigkeit verbessern.

- *Digital Lean ist kein IT-Thema, sondern ein Businessthema.* Die IT-Abteilung stellt zwar die Werkzeuge für die digitale Produktion, sie sollte aber nicht für deren Einführung verantwortlich zeichnen. Auf keinen Fall darf am Anfang der Überlegungen zur Digitalisierung der Produktion der Gedanke stehen, wie die neue Technik in die bestehende IT integriert werden kann.

Digital Lean setzt viel grundsätzlicher an: Es geht darum, wie das Geschäft in Zukunft aussehen soll – und was das für Wertschöpfungskette und Geschäftsmodell bedeutet. Ein Sportartikelhersteller beispielsweise will die Schuhproduktion künftig möglichst nah zum Kunden bringen. Das verändert die Wertschöpfungskette dramatisch: Um die Kostenvorteile der Produktion in Niedriglohnländern zu nutzen, akzeptieren Unternehmen heute lange Laufzeiten für den Containertransport nach Europa und USA und entsprechend geringe Flexibilität. Bald macht der massive Einsatz von Fertigungsrobotern Hochlohnländer wie Deutschland nicht nur preislich wettbewerbsfähig, er verkürzt auch die Vorlaufzeit (»time to market«) vom Produktdesign bis zum Verkaufsstart, senkt die Frachtkosten und kann wegen der hohen Flexibilität der Fertigungsautomaten preisgünstige Personalisierung der Produkte bieten.

- *Digital Lean ist eine Aufgabe für das Topmanagement – und kann nicht delegiert werden.* Bislang haben erst wenige Unternehmen einen strukturierten Plan, wie sie das Thema Industrie 4.0 umsetzen wollen. Laut einer aktuellen Studie von McKinsey haben erst 15 Prozent tatsächlich eine formulierte Strategie. Rund 20 Prozent haben die Verantwortlichkeit in der Organisation bestimmt, typischerweise in einer Stabsfunktion ohne direkte Macht, Entscheidungen durchzusetzen. Wenn die Verantwortung in einer Linienfunktion liegt, so ist diese meist hierarchisch zu niedrig angesiedelt und damit ebenfalls wenig durchsetzungsfähig gegen die starken Beharrungskräfte. Auch hier hilft die Orientierung an der Einführung der »Lean Production« Ende des vergangenen Jahrhunderts: Wenn die Transformation schnell Wert schaffen soll, muss die Unternehmensführung selbst für die Durchsetzung sorgen.

- *Digital Lean braucht einen ganzheitlichen Transformationsansatz.* Wie schon die Transformation zum schlanken Produktionsprozess setzt auch die Digitalisierung der Fabrik in ganzer Breite an allen Gliedern der Wertschöpfungskette an und rüstet sie digital auf. Viele einzelne Initiativen werden hierfür zentral koordiniert. Dazu gehören ein Programm mit dem Ziel, die nötigen Fähigkeiten bei den Mitarbeitern aufzubauen, und ein Plan, wie die Digitalisierung sukzessive das ganze Unternehmen erobert – Digital@Scale eben. Insellösungen bringen wenig: Isolierte Pilotprojekte, die nicht miteinander verknüpft sind und die nicht im Fundament – also in Unternehmensorganisation, IT und Human Ressources – verankert sind, bleiben oft schon in der Frühphase stecken.

- *Digital Lean muss trotz Digitalisierung die analogen Menschen mitnehmen.* Die technische Ausrüstung für die Industrie 4.0 ist schnell installiert – doch ohne Menschen und ihre Expertise geht es auch künftig nicht. Die müssen sich an neue Rollen im Produktionsprozess gewöhnen, die meisten müssen einiges dazulernen. Aus dem Arbeiter am Band wird ein Troubleshooter, der eingreift, wenn bei den Robotern etwas schiefgeht. Er muss sich mit den Maschinen in der Produktion auskennen und sie steuern können. Instandhaltungsmonteure schrauben nicht mehr an Maschinen, sondern haben am Computer die Berechnungen für die vorausschauenden Inspektionen im Blick, Qualitätskontrolleure untersuchen nicht produzierte Teile, sondern prüfen kontinuierlich online die laufende Fertigung. Produktionsplaner entwerfen nicht länger lineare Prozesse, sondern konstruieren eine flexible und selbstlernende Fertigung. Und die Vorarbeiter oder Teamleiter halten ihren Leuten nicht länger physischen Ausschuss oder Verschwendung vor, sondern zeigen ihn dem Team anhand der Daten auf dem Rechner. In der Fabrik tauchen neue Berufsbilder auf: Datenanalysten suchen in den in der Produktion anfallenden Datenmassen nach Korrelationen und Kausalitäten, gleichen ihre Ergebnisse mit denen von Kollegen in anderen Fabriken ab, um Best-Practice-Modelle zu finden, und erarbeiten Empfehlungen für die Kollegen in der Fertigung. Und IT-Integratoren sorgen dafür, dass die IT-Infrastruktur der Fabrik nahtlos in die Computerlandschaft des gesamten Unternehmens eingebaut wird und managen die Schnittstellen.

Wie die Produktion von morgen arbeitet, lässt sich schon heute im Digital Capability Center (DCC) von McKinsey üben. In drei Zentren – Chicago, Singapur und Aachen – demonstrieren wir den Einsatz der aktuellen Technologie über die ganze operative Wertschöpfungskette, von der Entwicklung über die Produktion bis zum Service. Das Aachener DCC betreibt McKinsey in Partnerschaft mit der RWTH Aachen, es kooperiert mit vielen Unternehmen und Forschungseinrichtungen. Im DCC Aachen wird ein Fitnessarmband aus Karbon hergestellt, dazu gibt es interaktive Lernangebote zu über zwanzig Modulen rund um die digitale Produktion.

Die durchgehende Digitalisierung der Produktion stellt das Management vor eine große Aufgabe. Die gute Nachricht: Wir erleben eine evolutionäre Entwicklung, keine Revolution. Das bedeutet, dass nach einer gründlichen Diagnose des Bedarfs und einer ganzheitlichen Planung der Transformation die Umsetzung keinesfalls überall zugleich einsetzen muss. Unternehmen tun gut daran, die Digitalisierung der Produktion schnell zu starten und dabei zu lernen. Dann läuft das nächste Projekt schon viel eleganter, die Mitarbeiter entwickeln Fähigkeiten und Erfahrungen darin, was am besten selbst entwickelt, was in Partnerschaften vorangebracht und was zugekauft wird. Der ganzen Mannschaft muss die zentrale Botschaft vermittelt werden: Digitalisierung ist eine Chance, keine Bedrohung.

## 5.8 Digitalisierung im Büro: Kollege Computer übernimmt

Matthias Daub über die Automatisierung in der Verwaltung der Unternehmen.

Schreibt das nächste Buch über die Digitalisierung schon ein Avatar, ein begabter Roboter? Quill, eine Software des US-Start-ups Narrative Science, analysiert Daten und wandelt sie mit Hilfe künstlicher Intelligenz in natürliche Sprache um. In wenigen Sekunden entstehen Reports und Aufsätze, von denen jeder Leser annimmt, sie seien von einem Menschen verfasst. Andere Tools machen die Arbeit junger Rechtsanwälte überflüssig, indem sie Unmengen von Dokumenten in kürzerer Zeit intensiver analysieren und im Hinblick auf Relevanz für Verfahren bewerten, als Menschen das könnten.

Die erstaunlichen Fertigkeiten von Quill werfen ein Schlaglicht auf eine Seite der Digitalisierung, die in der Diskussion oft vergessen wird: Automatisierung und Roboter revolutionieren nicht nur die Arbeit in Fabriken und Lagerhallen, sondern auch die in den Büros. 45 Prozent aller Aktivitäten, für die Menschen bezahlt werden, konnten schon 2015 mit eingeführter Technik von Maschinen erledigt werden, hatte damals eine Studie des McKinsey Global Institute ergeben. Weitere 13 Prozent des Arbeitsvolumens lassen sich mit Techniken automatisieren, die gerade entwickelt werden. Dabei geht es vor allem um Software, die Roboter befähigt, die menschliche Sprache zu »verstehen«. Bei rund 60 Prozent aller Berufe, so schätzt die Studie, können 30 oder mehr Prozent der Aktivitäten von Maschinen erledigt werden. Selbst 20 Prozent der Arbeit im Management könnte Kollege Roboter übernehmen.

## 60 % der Berufe in den USA können zu 30 % oder mehr automatisiert werden

Potential einer technikbasierten Automatisierung der Aktivitäten von Mitarbeitern in den USA[1] (kumuliert)

Automatisierungspotential in Prozent (100 % = 129 Mio.)

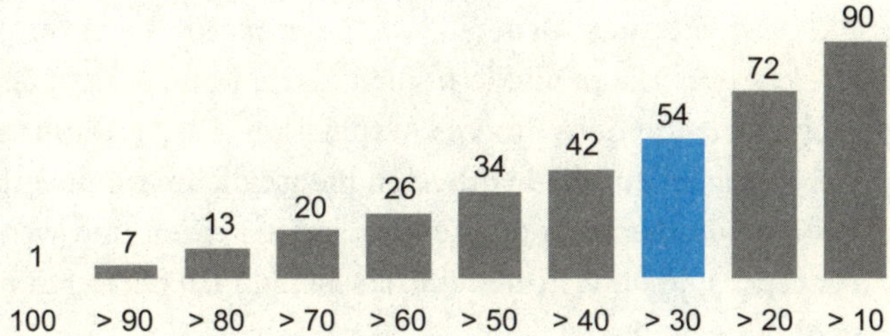


Potential einer Automatisierung von Berufen in den USA (kumuliert)

Automatisierungspotential in Prozent (100 % = 775 Berufe)

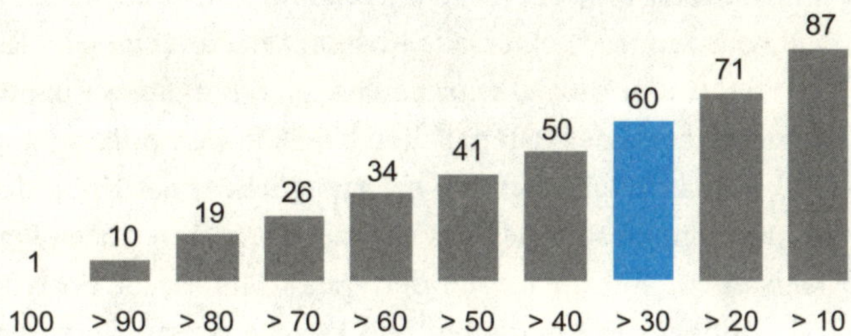


Berufsbeispiele

- Näher
- Forstmaschinenführer

- Regalauffüller
- Reisekaufleute
- Zahntechniker

- Busfahrer
- Pflegehelfer
- Webentwickler

- Modedesigner
- Manager
- Statistiker

1 Wir definieren Automatisierungspotential anhand der Arbeitsaktivitäten, die mittels Anpassung der aktuellen Technologie automatisiert werden können

(Quelle: BLS 2014; O*Net; McKinsey-Analyse)

## Die intelligente Prozessautomatisierung revolutioniert die Arbeit im Büro

Der gewöhnliche Roboter ahmt am Arbeitsplatz die Interaktion der menschlichen Vorbilder mit den Softwareprogrammen im Rechner nach. Er lernt Word und Excel und kennt sich auch mit ERP-Systemen aus. Generell arbeitet er regelbasiert, verdaut nur strukturierte Daten und lernt nicht dazu. Dann spricht der Fachmann von »Robotics Process Automation« (RPA). Damit können viele Tätigkeiten, die heute noch menschliche Arbeit verlangen, auf den »Kollegen Computer« verlagert werden und wesentlich schneller und ohne Ermüdungserscheinungen durchgeführt werden.

So können Roboter etwa mit entsprechender Software die monatliche oder quartalsweise Berichterstattung in Unternehmen übernehmen. Hier mussten bislang häufig Daten aus verschiedenen Quellen manuell zusammengesucht werden. Die Software bereitet auch einen optisch und inhaltlich ansprechenden Bericht auf. Das reduziert einerseits Kosten, setzt andererseits Ressourcen frei für die oft viel entscheidenderen Aufgaben – nämlich die Interpretation der Daten. Schon bald könnten vollautomatisierte Prozesse im Finanzbereich es ermöglichen, auf Knopfdruck jederzeit den Jahresabschluss zu erzeugen. Dann hätten beispielsweise neue Mitarbeiter ab der ersten Minute im Unternehmen alle nötigen Informationen und Werkzeuge zur Verfügung, um produktiv arbeiten zu können. In der schönen neuen Arbeitswelt hat dann jeder Mitarbeiter einen virtuellen Assistenten zur Seite, der regelbasierte Tätigkeiten »auf Zuruf« übernehmen kann.

Richtig spannend wird es allerdings erst, wenn das so genannte »Cognitive Computing« dazukommt, manchem unter dem Begriff »künstliche Intelligenz« bekannt. Dann ahmt die Maschine kognitive Funktionen nach, sie lernt, löst Probleme oder präsentiert Ergebnisse von Datenanalysen in natürlicher Sprache. Ein bekanntes Beispiel ist die virtuelle Assistentin Siri von Apple, die auf die mündliche Anfrage des iPhone-Besitzers die Suchmaschine anwirft und Ergebnisse sucht. Siri übersetzt einfache Sprachbefehle in Text und gibt einfache Antworten. Leistungsfähigere »Assistenten« verstehen Sprache und analysieren Text und Ton im jeweiligen Kontext. Sie bilden menschliche Interaktionen vollständig nach. So läuft heute schon die Software Amelia des Herstellers IPSoft als Anwendung auf IT-Helpdesks und kann zum Beispiel Mitarbeitern eines Unternehmens ein neues Passwort ausstellen, wenn sie das alte vergessen haben.

Eine andere Richtung schlagen Maschinen wie Watson von IBM oder Googles DeepMind ein, die mit Hilfe von Algorithmen aus Daten lernen und wegen ihrer riesigen Rechenkapazität auch Dinge »durchdenken« können, vor denen Menschen kapitulieren. Die unterschiedlichen Ansätze und Werkzeuge lassen sich kombinieren: Aus all diesen Elementen setzt sich die so genannte »Cognitive Engine« zusammen, die nach dem Muster des menschlichen Hirns arbeitet – nur mit größerer Kapazität. Sie soll den Menschen tatsächlich verstehen. Noch hapert es bei den Gefühlen, aber das kann ja noch kommen.

## Was ändert sich im Unternehmen, wenn Büroarbeit automatisiert wird?

Wenn Roboter und Softwareprogramme menschliche Arbeit ersetzen, kostet das im Schnitt gerade 13 Prozent des Lohns, wie er für die Arbeit in einem entwickelten Land wie Deutschland oder den USA gezahlt wird. Auf einen Schlag wird damit die Verlagerung dieser Aufgaben in Billiglohnländer weniger interessant, denn Offshore-Arbeit kostet durchschnittlich fast 40 Prozent vom heimischen Salär.

Ein britischer Versicherungsbroker bearbeitet heute automatisch 3000 Schadensmeldungen pro Tag, ganze vier Angestellte managen den Prozess. Und das Tochterunternehmen eines großen europäischen Energieversorgers hat viele wichtige Prozesse in der Verwaltung automatisiert: von der Rechnungsstellung über die Erhebung der Verbrauchsdaten bis zum Verbrauchsmanagement. Was früher 250 Mitarbeiter bearbeitet haben, erledigen heute 110 Roboter, die noch von elf menschlichen Aufpassern begleitet werden. Eines der größten Mobilfunkunternehmen hat fünfzehn anspruchsvolle Verwaltungsprozesse automatisiert, das entspricht 35 Prozent des Arbeitsvolumens. 160 Roboter bearbeiten rund 500 000 Vorgänge pro Monat. Das spart nicht nur Kosten: Weil die Ergebnisse verlässlicher als bei Menschenarbeit sind, sind auch die Mitarbeiter an der Verkaufsfront entlastet, sie müssen seltener in der Zentrale nachfragen, wenn eine Eintragung falsch ist.

Denn die Maschinen können gegen den Menschen nicht nur bei den Kosten punkten. So arbeiten Roboter und Rechner akkurater, produzieren bessere Qualität. Stur folgen sie ihrem Programm, Fehler sind nicht drin. Das gilt auch, wenn die Produktion hochfährt, große Volumina werden in der gleichen Qualität bearbeitet wie geringe. Überdies brauchen Roboter keine Pausen, sie arbeiten bei Bedarf rund um die Uhr. Und, in Zeiten verschärfter Compliance-Regeln besonders wichtig: Maschinen dokumentieren ihre Tätigkeit lückenlos in Protokollen, sämtliche Aktivitäten können später nachgewiesen werden.

Weil aber nur wenige Jobs im Unternehmen in absehbarer Zeit völlig automatisiert werden können, müssen Arbeitsinhalte und Prozesse neu definiert werden. Wenn beispielsweise in Banken Kreditanträge maschinell geprüft werden, hat der Sachbearbeiter mehr Zeit für die Beratung der Kunden und schafft trotzdem mehr Anträge pro Tag. Finanzberater müssen die Finanzdaten nicht mehr selbst analysieren und können länger an kreativen Anlagestrategien tüfteln. Zudem unterstützen Roboter die Entwicklung von Anlagestrategien, somit werden Empfehlungen, die früher nur die besten Kunden bekamen, weil sie viel Beraterkapazität banden, auf einmal unter dem Stichwort »Robo-Advice« jedem Kunden zuteil.

## Automatisierung trifft auch die anspruchsvollen Jobs

Noch immer ist die Meinung weit verbreitet, dass nur die Jobs schlecht ausgebildeter und niedrig bezahlter Mitarbeiter zur Automatisierung anstünden. Die Studie des McKinsey Global Institute kommt allerdings zu einem anderen Schluss: Selbst die Arbeit der Unternehmensführung kann danach zu rund 20 Prozent von Maschinen erledigt werden. Die könnten beispielsweise Reports und Präsentationen im Hinblick auf operative Entscheidungen analysieren, Statusberichte auf Planeinhaltung überprüfen und selbst Personalentscheidungen vorbereiten. Das schafft Freiräume für das Management: zum Nachdenken, zum Kommunizieren und zum Führen – man muss sie nur nutzen. Je intensiver die Datennutzung, desto stärker können Manager von den Fähigkeiten der Automaten profitieren – beispielsweise in der Anlageberatung, wo mit künstlicher Intelligenz selbstlernende Systeme den Datenschatz sehr viel systematischer heben und in Empfehlungen umsetzen können als ein Mensch.

Verschont von den Automaten bleiben einstweilen Berufe, die auf Kreativität sowie die Fähigkeit, Emotionen zu erkennen und zu erwidern, setzen. In gerade mal 4 Prozent aller Jobs in den USA steht Kreativität im Mittelpunkt, menschliches Einfühlungsvermögen ist immerhin bei 29 Prozent aller Aktivitäten bei der Arbeit gefragt. Dauerhaft sicher sind aber auch diese Berufe nicht vor der Automatisierung – schon gibt es Software, die humane Gefühlsregungen deuten kann.

## Automatisierung ist mehr als eine technische Entscheidung

Technik ist natürlich ein wesentliches Element auf dem Weg zur intelligenten Prozessautomatisierung, doch vor allem geht es um eine strategische Entscheidung, das Topmanagement ist gefragt. Die Führung muss beurteilen, wie stark das Unternehmen von den Veränderungen betroffen ist, muss entscheiden, ob man hier eine spezifische Stärke entwickeln und frühzeitig dabei sein will oder abwartet und als »Follower« die Fehler der Pioniere vermeidet. Schließlich müssen Manager sich fragen, wie sie das operative Geschäftsmodell ihres Unternehmens anpassen müssen, von der Organisation über die Kultur, die Entwicklung von Talenten und Fähigkeiten. Die Erfahrung lehrt, dass Unternehmen, die punktuell Prozesse automatisiert und dort schnell und einfach Kosten gesenkt haben – mittels RPA, der »Robotics Process Automation« –, auf dem Weg zur intelligenten Prozessautomatisierung sämtliche Prozesse neu denken müssen, ganz im Geiste des »Business-Re-Engineering« der 1990er Jahre. Das Ziel ist nicht nur eine weit reichende Automatisierung aller Prozesse, sondern auch eine Verbesserung des gesamten Geschäftssystems.

Noch ist nicht klar, wie schnell die Automatisierung auf breiter Front in die Büros einrückt. Das hängt einerseits vom Tempo der technischen Entwicklung ab, andererseits davon, wie schnell die technischen Möglichkeiten in den Unternehmen angenommen und umgesetzt werden. Branchen, in denen reine Softwarelösungen gefragt sind, gehen vorneweg. Sie erzielen mit überschaubaren Investitionen schnell hohe Einsparungen – die Finanzbranche gibt ein gutes Beispiel. Hier lassen sich Prozesse relativ unaufwändig automatisieren. Je mehr Hardware gefragt ist oder je mehr Sicherheitsvorschriften und gesetzliche Auflagen zu erfüllen sind, desto länger dauert es bis zur Automatisierung.

Das Management muss die Entwicklung der Parameter für die eigene Branche im Blick haben und gleichzeitig ein Gefühl für die Ökonomie der Automatisierung entwickeln. Dieser spezifische IQ der Unternehmensführung kann zum Erfolgsfaktor im Wettbewerb von morgen werden.

## Fazit: Die Digitalisierung verändert alle Funktionen im Unternehmen

Erfolgreiche Digitalunternehmen denken Produkte und Prozesse strikt vom Kunden her. Wir haben beschrieben, wie die Geschäftsarchitektur vom Kundenerlebnis ausgehend weiterentwickelt wird. Produkt und Wertversprechen werden nach der digitalen Philosophie auf den Markt gebracht. Umwälzende Veränderungen stehen auch in der Wertschöpfung an – das Internet der Dinge, Roboter und künstliche Intelligenz prägen die Zukunft.

In diesem Kapitel konnten wir nur die wichtigsten Veränderungen schildern, es gibt viel mehr. Dazu gehört die nächste Generation Customer-Lifecycle-Management. So hat Rolls-Royce das kommerzielle Modell für Triebwerke fundamental verändert: Kunden zahlen für Betriebsstunden statt für das klassische Equipment. Das ist nur möglich durch Einsatz von Sensortechnik und Predictive-Maintenance-Fähigkeiten. Auch das Beschaffungswesen verändert sich fundamental durch die Digitalisierung. Sie erzwingt quasi die Einführung von Omni-Channel-Fähigkeiten auch im B2B-Bereich. Grundsätzlich zeigt sich, dass jede Funktion im Unternehmen von der Digitalisierung profitieren wird.

Kapitel 6

# Was? Das Fundament stärken

Wie wird die IT fit für die Anforderungen der Digitalisierung? Was hilft bei der Analyse der anfallenden riesigen Datenmengen? Und wie muss sich ein Unternehmen organisieren, um in der digitalen Welt zu gewinnen? In diesem Kapitel geht es um das Fundament für den Erfolg.

Tempo ist das Kennzeichen der digitalen Welt. Hohes Entwicklungstempo, kurze Taktzeiten, schnelle Wechsel: Damit sind traditionelle IT-Organisationen meist überfordert. Wie Unternehmen eine IT der zwei Geschwindigkeiten – eine robuste IT mit wenig Veränderungsbedarf für stabile Funktionen und eine agile, schnelle IT für alles, was vom Tempo der Digitalisierung erfasst ist – aufbauen, beschreibt der erste Beitrag in diesem Kapitel. Anschließend geht es um Daten, das neue Gold: Big Data und Advanced Analytics, die gesammelten unstrukturierten Datenmengen und deren kluge Auswertung, sind heute entscheidende Erfolgsfaktoren. Datendiebstahl kann den Erfolg gefährden – deshalb beschreiben wir, wie man sich dagegen schützt. Und mit dem Internet der Dinge hält Software Einzug in alle möglichen Objekte, ebenfalls ein Thema in diesem Abschnitt über IT und Technik.

Die Digitalisierung verändert aber auch Kultur und Organisation des Unternehmens. So ist die Funktion des Chief Digital Officer (CDO) entstanden – wir erklären, was er zu tun hat. Agil, crossfunktional, mit flacher Hierarchie – so organisieren sich Unternehmen in der digitalen Zeit. Wir sagen, was dabei wichtig ist. Alle suchen digitale Talente, unser Beitrag zeigt, wie man sie findet und behält. Und in den neuen Ökosystemen arbeiten Unternehmen meist mit einem Netzwerk von Partnern. Den Umgang miteinander muss man managen – der letzte Beitrag beschreibt, wie.

## 6.1 IT der zwei Geschwindigkeiten: Mehr Tempo für das digitale Zeitalter

Gérard Richter über die neuen Anforderungen an die IT – und wie Unternehmen aus der analogen Welt sie erfüllen können.

FinTechs machen den Banken das Leben schwer. Kontoeröffnung online in fünf Minuten, Bewilligung eines Kleinkredits in ähnlich kurzer Zeit, Geldanlage auf einen Klick – die digitalen Jungunternehmen hängen das ehrwürdige Kreditgewerbe ab. Was tun? IT-Abteilungen und -Systeme der Banken und Sparkassen sind für dieses hohe Tempo nicht gemacht – im Umgang mit den sensiblen Daten geht Sicherheit allemal vor. Dass die Finanzinstitute – zumindest einige – trotzdem mithalten können, verdanken sie auch ihrer IT der zwei Geschwindigkeiten.

Die Digitalisierung hat quer durch die Wirtschaft das Tempo von Innovationen verschärft und die Serviceerwartung von Kunden gesteigert. Das zwingt Unternehmen in vielen Branchen, die Leistung ihrer IT-Systeme drastisch zu steigern. Aber eine Neuaufstellung der gesamten IT-Welt eines Unternehmens ist immer mit unwägbaren Risiken, Investitionen und Kosten verbunden – wehe, wenn Auftragsverwaltung, Rechnungsstellung und Steueranmeldungen beim Umbau versagen. Zudem sind sie teuer und langwierig. Pfiffige IT-Manager sind daher auf die Idee gekommen, zwei Systeme parallel zu fahren: ein agiles, schnelles, zu großen Teilen cloudbasiertes und mit Apps arbeitendes System für alle Prozesse, die auf den Kunden zielen (»Frontend«), sowie ein stabiles, beständiges, aber kostengünstiges System mit eigenem Rechenzentrum oder gemieteten Kapazitäten in der Cloud für alle kundenfernen Vorgänge (»Backend«). Die Verbindung zwischen beiden Welten schafft eine Integrationsplattform (»Middleware«).

Im agilen Teil der IT-Architektur arbeiten die Techniker ganz eng am Geschäft, in integrierten Teams mit gemeinsamen Zielen. Programmierer bauen in Sprints die Apps und versorgen die Rechner dahinter mit den notwendigen Daten. Die Kunden steuern vom Smartphone oder Rechner die Apps an und informieren sich beispielsweise bei Mobilfunkanbietern über die Tarife, können einfach und schnell zwischen Tarifen und Produkten sowie Dienstleistungen wählen oder Zahlungsmodalitäten ändern. Bestandskunden können damit stets den Stand der Rechnung überprüfen oder Fragen stellen. Über die Apps informieren und kommunizieren die Unternehmen mit Interessenten und Kunden und holen Aufträge herein. Eine Art der Geschäftsentwicklung, die nicht nur mit Privatkunden, sondern auch vermehrt mit Geschäftskunden funktioniert. Kundenfeedback fließt sofort in die Weiterentwicklung der Digitalangebote ein.

Der Aufwand für die maßgeschneiderten Lösungen lohnt, denn mit innovativen Apps und schnellen Reaktionen auf Kundenwünsche kann sich ein Unternehmen von den Wettbewerbern differenzieren. So hat zum Beispiel der indonesische Mobilfunker Telkomsel für seine 150 Millionen Kunden eine mobile App für den Selfservice entwickelt. Wichtige Funktionalitäten sind beispielsweise neue Verträge, Vertragsverlängerungen und -änderungen. Das Team hat in einem halben Jahr Funktionen geschaffen, die in einem stabilen IT-System typischerweise zwei Jahre gebraucht hätten.

Im beständigeren Teil der IT-Architektur zählt vor allem eines: Es darf keine Ausfälle geben. Der Verlust von Bestands-, Rechnungs- oder Kundendaten oder der Abriss von Lieferketten kann zu einem wirtschaftlichen Totalschaden führen. Außerdem geht es um Kosteneffizienz, die vor allem durch Harmonisierung und Standardisierung erreicht wird. Hier laufen die großen

Referenzarchitektur für die IT der 2 Geschwindigkeiten

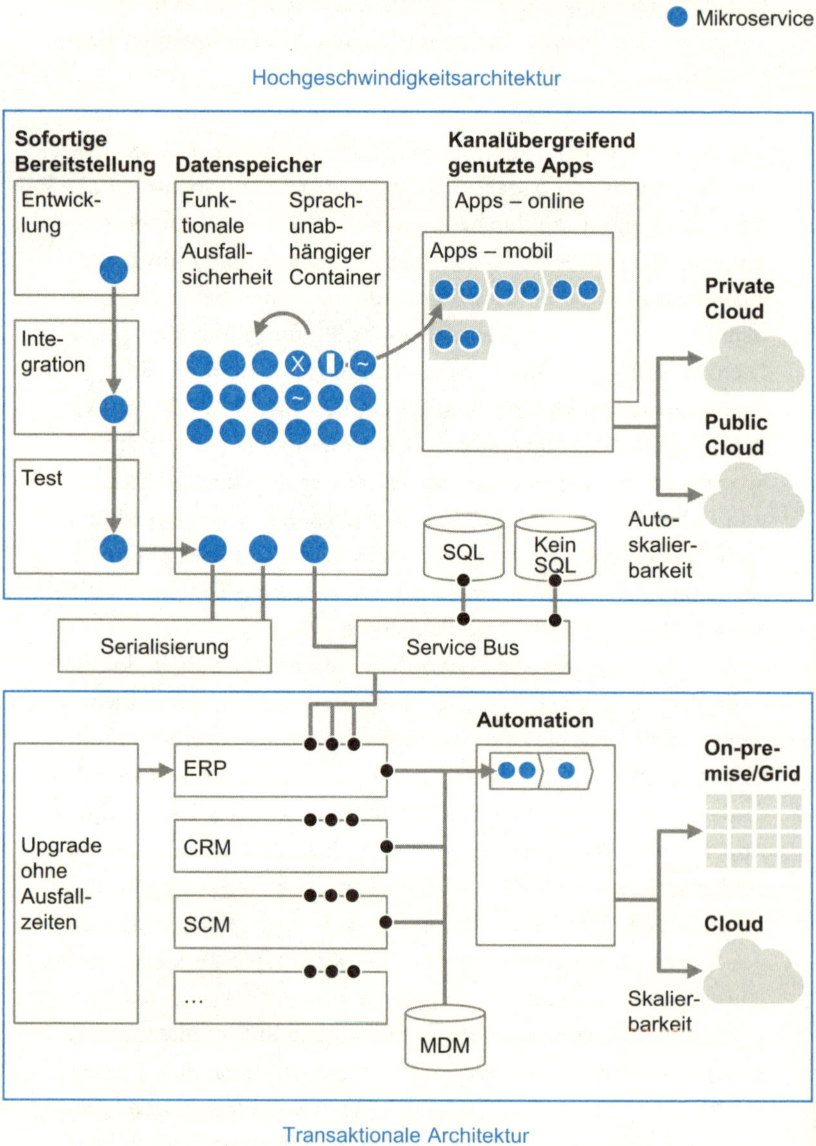

Programme, die das Unternehmen am Leben halten: das Warenwirtschaftssystem (ERP), das Kundenbeziehungsmanagement (CRM), das Management der Lieferkette (SCM) und alles, was mit Logistik und Verwaltung zu tun hat.

### Drei Wege führen zur Hochgeschwindigkeits-IT

Grundsätzlich haben Unternehmen drei Möglichkeiten, wenn sie ihre agile IT aufbauen wollen: Sie können auf etwas aufbauen, was schon in der Organisation vorhanden ist, sie können bei null beginnend etwas Neues schaffen, oder sie können ein Unternehmen mit entsprechenden Fähigkeiten kaufen.

Den ersten Weg ging der Tourismuskonzern Thomas Cook. Er isolierte in seiner IT-Organisation die kundennahen Geschäftsbereiche, trennte sie von den Routineaufgaben und baute so sukzessive die IT der zwei Geschwindigkeiten auf. Voraussetzung für diese Lösung ist natürlich, dass in der existierenden IT-Organisation Ansätze zu entdecken sind, die es zu transformieren lohnt.

Bei null begonnen hat beispielsweise die Kaffeehauskette Starbucks. Die entdeckte in der alten IT keinen Ansatzpunkt für die Abspaltung und baute deshalb getrennt davon eine ganz neue Organisation auf, die jetzt den agilen Part in der IT der zwei Geschwindigkeiten übernimmt.

Der US-Versicherer Allstate dagegen hatte es eilig. Er kaufte ein Unternehmen, das eine agile, tempo- und ideenreiche IT-Truppe einbrachte. Der Vorteil: Allstate verlor keine Zeit mit der langwierigen Transformation oder dem noch langsameren Aufbau der agilen IT-Struktur, sondern konnte gleich beginnen, an attraktiven digitalen Angeboten für die Kunden zu arbeiten. Wer diesen Weg geht, ist überzeugt, dass die Kosten der Integration der Neuen in die eigene Organisation niedriger sind als der zusätzliche Gewinn aus dem schnelleren Markteintritt.

Wer eine agile IT aufbaut, muss mit rund 18 Monaten Anlaufzeit rechnen, bevor die Neuen wertvolle Beiträge leisten. Kern dieses Umbaus ist die starke Verschränkung von Geschäft und IT. Alle Prozesse, in denen schnelle Veränderungen zählen oder über die sich das Unternehmen vom Wettbewerb differenzieren kann, werden künftig von der agilen IT-Truppe betreut. Dafür müssen die IT-Systeme entsprechend modernisiert und angepasst werden. Um diesen Wandel steuern zu können, ist der Aufbau einer stringenten Governance notwendig. Im ersten Schritt schafft das Unternehmen enge Schnittstellen zwischen Geschäft und IT. Es baut crossfunktionale Teams aus Vermarktern und Programmierern auf, organisiert die nach Produkten oder Dienstleistungen in Teams und ernennt für jedes Produkt, jede Dienstleistung einen »Product-Owner«, der die Entwicklungen koordiniert und mit der Organisation kommuniziert. Der Product-Owner ist Koordinator und Moderator, aber kein Vorgesetzter.

Je unabhängiger die Teams ihre Talente entfalten können und je unabhängiger insgesamt der agile Teil der IT-Organisation handeln darf, desto schneller können Unternehmen attraktivere Kundenangebote schaffen. Ebenfalls parallel laufen Gespräche mit Zulieferern und Beratern, die Lücken in den Fähigkeiten der Organisation schließen und für zusätzliche Flexibilität sorgen. Das Team hat gemeinsame Ziele, die in agilen so genannten »Sprints« von jeweils rund zwei Wochen Dauer iterativ erreicht werden. So entwickeln die Teams Apps für die Kunden, während andere Teams an der Stabilität der unterliegenden IT-Architektur arbeiten, auf der die Apps aufbauen.

### Der agile Teil der IT beschleunigt oft alle Teile der Organisation

Die schnelle IT-Organisation konzentriert sich typischerweise auf Prozesse, in denen es direkte Interaktion mit Kunden gibt und wo häufig schnelle Adaptionen gefordert sind, um am Markt wettbewerbsfähig zu sein und Kundenwünsche zu erfüllen. Doch oft genug beschleunigt der agile Teil der IT auch die Kollegen, die in dem beständigeren Teil der IT arbeiten. Daraus kann sich ein selbstverstärkendes System entwickeln, das wiederum die gesamte Transformation der IT beschleunigen kann.

Eine Großbank beispielsweise hatte erfolgreich eine IT der zwei Geschwindigkeiten eingeführt. Bald stellte sich allerdings heraus, dass die neuen Apps, mit denen die Kunden Gelder bewegen und Kontoinformationen abrufen, auch Änderungen in den Systemen am Backend nötig machen, denn die müssen die Kundendaten bereitstellen und modifizieren. So gewannen nicht nur die Systeme an der Kundenfront an Tempo, auch die Systeme in der Abwicklungsabteilung wurden ein Teil der schnellen Architektur.

Dies kann der Beginn einer Bewegung hin zur komplett agilen IT-Organisation sein. Der Vorteil: Mitarbeiter, die sich den Anforderungen der agilen IT nicht gewachsen fühlen, können in den beständigeren, aber nicht weniger wichtigen Bereichen verbleiben, der Übergang ist sanft und nimmt Zeit in Anspruch. Ziel ist eine IT, wie sie Digitalunternehmen wie Amazon, Facebook oder Google betreiben: Dort läuft die Technik komplett in Abstimmung zu den Geschäftszielen.

Dafür sorgt das Digitalproduktmanagement. Manager, die ein Entwicklungsteam führen, sind eben nicht nur für eine App und ihre Anwendung verantwortlich, sondern beispielsweise den gesamten Kauf- und Zahlprozess bis zur Bestellbestätigung und Ansage des Liefertermins. Diese »Ende-zu-Ende«-Verantwortung führt nicht nur zu kürzeren Durchlaufzeiten, sondern auch zu einer gesteigerten Qualität des Endprodukts oder der Dienstleistung. Die Digitalproduktmanager machen zahlreiche Tests und Experimente, in denen sie Marketingstrategien mit verschiedenen Zielen ausprobieren. Dabei sammeln sie Kundendaten und -reaktionen, analysieren diese und lassen die Ergebnisse sofort in die Entwicklung einfließen. Zu den Aufgaben gehört auch, ein Set von Kennzahlen zu entwickeln, an dem sich der Erfolg des Teams messen lässt.

Die Kombination aus agiler und reaktionsschneller IT, einem Produktmanagement für das Digitale und kleinen Gruppen von unternehmerischen Talenten hat das Fundament für den sagenhaften Erfolg von Amazon, Google und Co. gelegt – heute können auch Unternehmen aus der analogen Welt davon profitieren.

## 6.2 Big Data und Advanced Analytics

Holger Hürtgen beschreibt den Weg zu besseren, weil datengetriebenen Entscheidungen.

Wieso kann Amazon nach wenigen Buchkäufen ein Werk empfehlen, das mich tatsächlich interessiert? Warum weiß Spotify nach wenigen Downloads schon, welcher Hit mir als Nächstes gefällt? Und weshalb treffen Onlinemodehändler mit ihren Empfehlungen meinen Geschmack, obwohl ich mir erst ein paar ihrer Seiten angeschaut habe? Es überrascht uns nicht mehr, im Gegenteil: Wir erwarten den guten Rat. Aber die wenigsten wissen, wie er zu Stande kommt.

Webshops und Apps wie Spotify sammeln alle erreichbaren Daten zu uns und allen anderen Kunden: Was kaufen wir, was schauen wir uns an, von welcher Webseite kommen wir, mit welchem Gerät, zu welcher Uhrzeit, in welchen Abständen, was schauen wir uns sonst so an? Den riesigen, unstrukturierten Datenwust (»Big Data«) durchforstet dann eine Analysesoftware (»Advanced Analytics«) nach Mustern, aus denen das Unternehmen Vorhersagen für unser Verhalten ableiten kann. Onlinehändler lieben beispielsweise das »Lookalike Modelling«, die Suche nach statistischen Zwillingen: Ein Mensch, der die gleiche Datenspur wie wir gelegt hat, glauben die Analysten der Händler, hat ähnliche Bedürfnisse wie wir. Wenn der oder die einen Song, ein Video oder eine Hose gemocht hat, bekommen wir umgehend eine Empfehlung.

Big Data und Advanced Analytics sind natürlich nicht nur für Händler nützlich, sie helfen auch Herstellern und Dienstleistern, zu besseren, weil faktengetriebenen Entscheidungen zu kommen. Doch noch immer entscheiden viele Manager und Mitarbeiter allein auf Basis persönlicher Erfahrungen oder statischer Planungen. Dabei wurden allein in den vergangenen drei Jahren mehr Daten in die Welt gesetzt als in der gesamten Menschheitsgeschichte zuvor. Wer diese Datenmassen für sich nutzen kann, erobert sofort einen Wettbewerbsvorteil. Big Data und Advanced Analytics liefern die Werkzeuge für bessere und schnellere Entscheidungen. Technik ist dabei wichtig, aber längst nicht alles: Der Mehrwert entsteht erst dort, wo technische Möglichkeiten und unternehmerische Ziele zusammengeführt werden. Und weil von der Unternehmensstrategie über das Geschäftsmodell bis zur Wachstumsperspektive der Kern des Unternehmens betroffen ist, ist wieder einmal das Topmanagement gefragt – die Big-Data-Strategie muss mit Rückenwind von ganz oben umgesetzt werden.

## Die drei Erfolgsfaktoren von Big Data und Advanced Analytics

Wer sein Geschäft mit Big Data und Advanced Analytics voranbringen will, muss drei Voraussetzungen schaffen: In einer Vision muss das Unternehmen formulieren, was das Ziel der Mühen ist, in definierten Anwendungen sollen die Datenanalysen erprobt werden. Dazu muss, dritte Voraussetzung für den Erfolg, die technische, organisatorische und personelle Basis stehen.

Jede erfolgreiche Transformation zum datengesteuerten Unternehmen beginnt mit einer Vision. Darin wird ein Zielbild skizziert, das nicht nur ein gesamtes Ziel, einen »Business-Case«, formuliert, sondern für ganz konkrete Anwendungen – von der Kundenbindung bis zur Produktionsoptimierung – messbare Ziele vorgibt. Zur Vision gehört auch ein Transformationspfad, der die Reise in die Datenwelt in Schritte unterteilt und Termine vorgibt, an denen diese Etappenziele erreicht sein sollen.

Auf dieser Stufe definiert das Unternehmen, an welchen Stellen im Geschäftsprozess es die Datenanalysen nutzen will. Am spannendsten ist es dort, wo es sich in die neu entstehenden Ökosysteme – vom Smart Home bis zum digitalen Gesundheits-

**Übersicht über beispielhafte Big-Data- und Advanced-Analytics-Module**

### Vision

| Entwicklung einer Vision | Strategieentwicklung inklusive neuer Geschäftsmodelle, die eine Disruption von Anwendungsfällen oder Grundlagen bedeuten | | |
|---|---|---|---|
| Vision und Zielbild | Daten als Vermögenswert | Cloud Analytics | Erkenntnisgewinn in Echtzeit |
| Grundlagendiagnose | Monitoring sozialer Medien | Internet der Dinge | Künstliche Intelligenz |
| Priorisierung der Anwendungsfälle und Roadmap | Agile Test-und-Lern-Piloten | Crowdsourcing weltweit verfügbaren Wissens | Automation und Robotik |

### Anwendungsfälle

| Kommerzielle Hebel (umsatzbezogen) | | Interne Optimierung (CAPEX/OPEX) | |
|---|---|---|---|
| Sortimentsoptimierung | Dynamische B2C-Preisbildung | Vorausschauende Instandhaltung | Callcenter-Routing |
| Cross-/Upselling | Wertbasierte B2B-Preisbildung | Nachfrageprognose | Personaleinsatzplanung |
| Kundenabwanderung | Vertriebsgebietsplanung | Forderungsmanagement | Optimierung der Lieferkette |
| Nächstbeste Maßnahme/Angebot | Optimierung des Marketingmix | Betrugs-/Diebstahlerkennung | Standort-/Bereichsplanung |
| Akquisition | Ertragsmanagement | Prognose von Risiken/Forderungsausfällen | Personalwesen |

### Fundament

| Technische und personelle Basis | | Neues operatives Modell | |
|---|---|---|---|
| Daten | IT | Kultur und Einstellungen | Prozesse und Steuerung |
| Analytics | Mitarbeiter | Leistungsmanagement | Organisation |

geschäft – aufmachen will und Neuland betritt. Aber auch gängige Ansatzpunkte können drastische Verbesserungen bringen: So lassen sich für den Kundenkontakt, etwa zur Vermeidung von Vertragskündigungen, in der direkten Kundenkommunikation oder im Cross-Selling, aus den Daten Ansätze zur Optimierung ableiten. Auch die internen Prozesse – von der Optimierung des Maschineneinsatzes bis und zur vorausschauenden Wartung zur Bindung von Mitarbeitern – profitieren von den Erkenntnissen.

Die Umsetzung der Big-Data-Strategie beginnt idealerweise mit einer überschaubar komplexen Anwendung, die gleichwohl hohen Ertrag verspricht. Wenn sich dort schnell Ergebnisse zeigen, bekommt das ganze Transformationsprojekt neuen Schub. Ganz nebenbei liefert das Teilprojekt sofort Ergebnisse. Wer schnell mehrere solcher Teilerfolge schafft, finanziert das Großprojekt aus sich selbst.

## Die Grundlagen

Schon die Teilerfolge sind nur zu schaffen, wenn das Unternehmen zuvor für ein stabiles Fundament an Technik, Prozessen und Talenten sorgt. Zum Start genügen Grundlagen, mit der Umsetzung wachsen Wissen und Fähigkeiten. Fünf Faktoren sind für die gelingende Transformation wichtig.

- *Daten.* In der Digitalwirtschaft gelten Daten als das neue Gold. Google hat vorexerziert, was man daraus machen kann. Je mehr Daten ein Unternehmen sammelt, desto treffsicherer können die Entscheidungen werden, die es daraus ableitet. Dabei sammeln viele Unternehmen längst Daten in großem Stil, sie bringen sie nur noch nicht zusammen und können sie deshalb auch nicht gesamthaft auswerten. Mal hat das technische Gründe, wenn weit verzweigte Konzerne ihre Daten in unterschiedlichen IT-Systemen speichern, mal liegt es an der Organisation, wenn Marketing, Produktion, Logistik und Personal jeweils eigene Datensilos pflegen.

- *Analytik.* Nach dem Sammeln der Daten kommt die Auswertung. Dazu sind analytische Verfahren nötig. Die haben unterschiedliche Perspektiven: Es gibt »Descriptive«, »Predictive« und »Prescriptive Analytics«. Die erste erklärt, was in der Vergangenheit passiert ist, die zweite prophezeit, was in der Zukunft geschieht, und die dritte empfiehlt Entscheidungen, mit denen die zukünftige Entwicklung im Sinne des Unternehmens beeinflusst werden kann. Neue Algorithmen in selbstlernenden Systemen (»Machine-Learning«) mit künstlicher Intelligenz eröffnen hier neue Möglichkeiten. Pioniere wie Amazon und Google stellen ihre Algorithmen öffentlich zur Verfügung, etwa Tensorflow, mit dem Google ursprünglich seine Suchergebnisse verbesserte und das man heute für Bilderkennung einsetzen oder mit dem man automatisierte Antworten für Callcenter entwickeln kann. An ihren gehorteten Daten allerdings lassen Amazon und Google niemanden teilhaben – daran lässt sich ablesen, womit diese Unternehmen sich differenzieren wollen und was sie eher als Allgemeingut sehen.

- *Werkzeuge.* Zwei Typen von Werkzeugen werden eingesetzt: Die Datenanalysten brauchen professionelle Programme, die ihnen helfen, die Datenmassen zu verwalten und zu strukturieren, etwa die Software SAS oder IBM Modeler, die es erlauben, mit graphischen Oberflächen sehr schnell Komponenten für das Machine-Learning zusammenzuklicken. Immer häufiger setzen Unternehmen dafür aber schon auf öffentlich zugängliche Open-Source-Software wie R oder Python, da diese sich durch die aktiven Mitglieder ihrer großen Community sehr schnell entwickeln und alle fortschrittlichen Algorithmen enthalten. Die Anwender als Adressaten der Analysen und Empfehlungen brauchen wiederum einfach zu bedienende Software, die ihnen die Ergebnisse visualisiert. Dazu kaufen die Unternehmen Programme wie Tableau oder entwickeln die Software zur Entscheidungshilfe gleich selbst.

- *Translators.* Neben dem Management als Empfänger der Analysen und den Techniktalenten, die sie erarbeiten, brauchen Unternehmen auf dem Transformationspfad noch eine dritte Gruppe von Mitarbeitern: die »Translators«. Die müssen den Data-Scientists und -Engineers die Geschäftsanforderungen übersetzen und umgekehrt den Entscheidern erklären, welche Analysen mit welcher Aussage möglich sind. Die Anforderungen an den Job sind hoch: Wer ihn übernimmt, muss sich in der digitalen Welt so gut wie in der Geschäftswelt auskennen. Generell unterschätzen Unternehmen oft, wie viel Wissen ihre Mitarbeiter aufbauen müssen, um Big Data und Advanced Analytics erfolgreich nutzen zu können. Stattdessen wird oft die Aufmerksamkeit vor allem auf die Aufrüstung der IT-Systeme gelenkt – auch wichtig, aber viel leichter lösbar.

- *Prozesse.* Daten, Analytik, Werkzeuge und Mitarbeiter sind durch die Prozesse verbunden. Und auch hier gilt: Die Wertschöpfungskette ist nur so stark wie das schwächste Glied. Wenn die falschen oder schlechte – etwa fehlerhafte oder lückenhafte – Daten gesammelt werden, nützt die beste Analytik nichts, es kommt Unsinn heraus. Das war schon den frühen ITlern bekannt: »Garbage in, garbage out.« Und selbst wenn Daten und Analytik top sind, kann noch alles schiefgehen, wenn der Prozess nicht narrensicher ist. Wenn beispielsweise der Agent im Callcenter eines Mobilfunkanbieters die vom virtuellen Assistenten auf Grund von Kundendaten und Gesprächsverlauf vorgeschlagenen Empfehlungen (»next best action«) schon deshalb gewohnheitsmäßig wegklickt, weil er sie schwer versteht, bleiben Daten, Analytik und Werkzeuge wirkungslos.

Richtig eingesetzt lösen Big Data und Advanced Analytics die kniffligsten Probleme. Ein Beispiel aus der Beratungspraxis: Eine Supermarktkette dachte über die Erweiterung des Sortiments in Richtung Bioprodukte sowie zucker-, gluten- und laktosefreie Produkte nach. Das Problem: Die Regalfläche ist begrenzt. Welche Produkte sollten die Filialen dafür aufgeben? Die naheliegende simple Lösung war grundfalsch: Wenn die Märkte nur die profitabelsten Artikel im Sortiment behielten, fehlten wichtige Ankerprodukte, viele Kunden würden nicht mehr kommen, wenn sie die nicht fänden. Mit Hilfe von Entropiemodellen und hierarchischem Clustering haben wir ein Modell entwickelt, mit dem der Händler den Abwanderungseffekt bei der Auslistung eines Artikels präzise vorhersagen kann. Auch die Steigerung der Marge durch die Aufnahme neuer Produkte lässt sich damit berechnen. Die Supermarktkette berechnet heute so ihr optimales Programm – und wächst doppelt so schnell wie die Wettbewerber.

### Künstliche Intelligenz: Der nächste Disruptor

Wenn Google und Amazon Recht behalten, werden sich Unternehmen bald nicht mehr über besonders pfiffige Algorithmen differenzieren können – die schlauen Formeln werden als Allgemeingut geteilt. Immerhin müssen die Data-Scientists, die heute diese Formeln erfinden, nicht um ihre Arbeit fürchten – sie wird sich nur verändern. Sie müssen dann die für ihr Unternehmen optimalen Algorithmen auswählen und richtig kombinieren, damit sie den Datenschatz heben.

Doch der nächste große Entwicklungsschub ist von der künstlichen Intelligenz zu erwarten. Maschinen und die eingebauten Algorithmen werden immer mehr Aufgaben übernehmen, die für den Menschen zu komplex sind oder die sie effizienter ausüben können. Schon heute sind selbstlernende Systeme als Pilotprojekte in der Industrie im Einsatz. 2016 hat ein Algorithmus von Google, AlphaGo, den Weltmeister im Go-Spiel geschlagen – da kommt noch einiges auf uns zu.

## 6.3 Cyber-Security: Die Kunst der sicheren digitalen Ökonomie

Wolf Richter über die sieben Schritte zu einer funktionierenden Abwehr von Hackerangriffen.

81 Millionen US-Dollar sind eine Menge Geld im armen Bangladesch. Um diesen Betrag erleichterten 2016 findige Hacker die Zentralbank des Landes, nachdem sie in das globale Kommunikationsnetzwerk der Banken, Swift, eingedrungen waren und über ihre Schadsoftware (»Malware«) Überweisungen der Bangladescher umgeleitet hatten. Gut ein Jahr früher waren Hacker, die sich den schönen Namen »Guardians of Peace« (Friedenswächter) gegeben hatten, in die Rechner der Sony-Filmstudios eingedrungen. Sie veröffentlichten die Gehälter der Chefs, verrieten persönliche Daten von Angestellten und versuchten erfolglos, das Studio zu erpressen, einen Film nicht zu veröffentlichen, der krude Scherze mit dem nordkoreanischen Diktator Kim Jong-un trieb. Und 2014 hatten talentierte Digital Natives den Code geknackt, mit dem die Transponder in den elektronischen Schlüsseln von Volkswagen Türen öffnen und Autos starten – das perfekte Werkzeug für Autodiebe.

Drei Beispiele nur aus einer Flut von Vorfällen – aber sie demonstrieren, wie verwundbar die digitale Wirtschaftswelt ist. Das Risiko ist beträchtlich: Auf rund 3 Billionen Dollar – fast so viel wie das deutsche Bruttosozialprodukt – beziffert eine McKinsey-Studie den weltweit bis 2020 zu erwartenden Schaden, wenn Unternehmen und Regierungen keine wirksamen Maßnahmen für den Umgang mit Cyberrisiken ergreifen. Denn die Angreifer finden mit der Digitalisierung der Wirtschaft immer mehr Einfallstore für ihre Angriffe.

Die können von verschiedenen Seiten mit ganz unterschiedlichen Interessen kommen: Manchmal stecken Staaten hinter Hackerangriffen, die entweder Informationen besorgen sollen, um die eigene Wirtschaft voranzubringen, oder den politischen

Gegner zu schwächen. Manchmal initiieren Wettbewerber die Cyberattacken, um das Wissen der Konkurrenz zu stehlen und selbst einzusetzen oder auch um zu zeigen, wie schlecht bei den Wettbewerbern sensible Daten geschützt sind, um ihnen einen Imageschaden zu verpassen. Eine andere Agenda verfolgen Gesinnungstäter, im Cybersprech »Hacktivists« genannt. Sie wollen entweder ein Unrecht aufdecken, das die Zielfirma anderen angetan hat, oder ihre je nach Typus des Angreifers antikapitalistische, nationalistische oder ökologische Ideologie befördern. Manche – auch das gibt's – wollen einfach nur zeigen, dass sie es können. Und zuletzt sind da noch die Attacken von Insidern – frustrierten, bestochenen oder von ihrem Gewissen getriebenen Mitarbeitern.

### In sieben Schritten zur Cyberresilienz

In einer weltweiten Umfrage äußerten zwei Drittel der befragten Manager, dass Cyberattacken ein gravierendes Problem darstellen und erhebliche strategische Implikationen nach sich ziehen können. Nur 5 Prozent meinen, dass ihr Unternehmen in sechs abgefragten Fähigkeiten zur Abwehr von Angriffen durchgängig kompetent sei. Und 80 Prozent fürchten, dass die Hacker schneller dazulernten als ihre Unternehmen. Dabei wirken sich die getroffenen Gegenmaßnahmen schon negativ auf das Geschäft aus: Zum Beispiel verzögern Sicherheitsmaßnahmen die Einführung mobiler Funktionen im Schnitt um sechs Monate. Drei Viertel der befragten Manager sagen, dass die Produktivität ihrer Mitarbeiter mit Kundenkontakt gesunken sei, weil die Sicherheitsvorgaben das Teilen von Daten verlangsame.

So besteht weitgehend Einigkeit, dass die bisherigen Modelle, für Sicherheit zu sorgen, überfordert sind. Nach einer Phase der Sorglosigkeit etwa bis 2007 hatten die IT-Abteilungen durch strikte Prozesse und besonders gesicherte technische Infrastrukturen eine Art Sicherheitsnetz gespannt, das nun zunehmend löchrig wird. Um den heutigen Gefahren gerecht zu werden, ist es Zeit

**Unternehmen sehen Cybersicherheit mittlerweile als integralen, auf sieben Praktiken basierenden Geschäftsbestandteil**

| | | Hebel |
|---|---|---|
| 1 | **Datenbestände und Geschäftsrisiken** priorisieren und die Führungsebene einbinden | Business |
| 2 | **Frontline-Mitarbeiter** sensibilisieren, indem man ihnen den Wert von Datenbeständen vor Augen führt | Business |
| 3 | Widerstandsfähigkeit gegen Cyberangriffe in unternehmensweite Prozesse integrieren | Business |
| 4 | **Incident-Response**-Maßnahmen in alle Geschäftsfunktionen integrieren und durch realistische Tests verbessern | Business |
| 5 | **Sicherheitsfunktionen in die Technologie** integrieren, um die Skalierbarkeit zu erhöhen | IT allgemein |
| 6 | Die wichtigsten Assets differenziert schützen | Cybersicherheit |
| 7 | **Aktive Schutzsysteme** einsetzen, um in Echtzeit auf Angriffe reagieren zu können | Cybersicherheit |

***Bei richtiger Aufstellung der IT-Sicherheitsorganisation und Anwendung der sieben Praktiken können Unternehmen widerstandsfähig gegen Cyberangriffe werden***

für eine Lösung, die Sicherheit gleich beim Design der Prozesse mitdenkt und einbaut. Die gefährdeten Unternehmen können am besten mit einem Programm reagieren, das die so genannte »Cyberresilienz« zum Ziel hat. Resilienz ist ein Begriff, den die Betriebswirtschaft bei der Evolutionsbiologie ausgeborgt hat. Er beschreibt die Fähigkeit eines Systems, Störungen und Schocks zu absorbieren und trotzdem erfolgreich weiterzuarbeiten. In sieben Schritten können Unternehmen Cyberresilienz erreichen.

## Prioritätenlisten: In welchen Daten stecken die größten Geschäftsrisiken?

In den wenigsten Unternehmen ist klar, welche Geschäftsdaten am wertvollsten sind. Deshalb müssen die Sicherheitsteams im ersten Schritt mit dem Management die gesamte Wertschöpfungskette daraufhin untersuchen, wo die größten Risiken lauern: Sind es die Daten für das Design eines neuen Produkts, für ein selbstentwickeltes Herstellungsverfahren oder ganz allgemein die sensiblen Kundendaten, deren Verlust einen GAU bedeuten würde?

Banken und Versicherer haben so schon lange ihre Risiken bewertet. »Crown-Jewels-Programs« nennen sie den Ansatz. Das könnte ein Vorbild für andere Branchen sein.

### Manager mit Kundenkontakt müssen ins Team – und erkennen, dass Daten Vermögenswerte sind

Nur wenn diejenigen, die mit den Daten umgehen, deren Wert kennen, nehmen sie das Thema Sicherheit ernst. Deshalb müssen die Mitarbeiter in dem Thema geschult werden.

Bei Microsoft hat das Gründer Bill Gates persönlich übernommen, seiner Zeit weit voraus im Jahre 2002. Die Sicherheit der Produkte habe absolute Priorität, schrieb er in einem Brandbrief an alle Mitarbeiter. Wenn abzuwägen sei, ob ein neues Produkt zusätzliche Fähigkeiten bekommen oder sicherer werden solle, sei stets die Sicherheit zu wählen. 2003 führte Gates bei Microsoft den »Patch Tuesday« ein, eine Initiative, um kontinuierlich Sicherheitslücken in der Software zu flicken, was »patch« auf Deutsch bedeutet.

### Cyberresilienz als integrierter Teil des Risikomanagements

Die Cybersicherheit ist Teil des Unternehmensrisikos und muss auch so gemanagt werden. Also wird die Abschätzung der Risiken durch Onlineangriffe in die übrigen Risikoanalysen integriert, auf den entsprechenden Sitzungen des Managements präsentiert und in der Geschäftsführung diskutiert.

Damit die Organisation resilient gegen Angriffe wird, ist die Abwehr von Onlineangriffen beim Design aller Prozesse mitzudenken. General Electric gab schon 2012, beim Aufbruch in die Industrie 4.0 und das industrielle Internet, die Losung aus, bei der Konstruktion der Maschinen, der Software und des Netzwerks stets die Sicherheitskomponenten integral mit zu entwerfen. 2014 kaufte der Konzern eigens den Sicherheitsspezialisten Wurdtech, um zusätzliche Kompetenz ins Unternehmen zu bringen.

### Cyberkriegsspiele: Ständig die Abwehr testen

Warum auf feindselige Hacker warten, wenn man den Angriff auch selbst in Auftrag geben kann? Nach dieser Devise handelt United Airlines und hat mit seinem Programm »Bug Bounty« (»Fehler-Schatzsuche«) Freimeilen für pfiffige Hacker ausgelobt, die Schwachstellen in den Programmen der Airline aufdecken. Die Deutsche Post hat einen ähnlichen Wettbewerb für die Sicherheitsüberprüfung des E-Postbriefs ausgelobt. Die Barclays Bank hat sich gleich eine ganze Abteilung von Hackern ins Haus geholt: Die attackiert die IT-Systeme der Bank und repariert die entdeckten Schwächen dann auch gleich. Und in einem europäischen Elektrokonzern zog sich sogar der Vorstand für zwei Tage zurück, um in einem Kriegsspiel Onlineangriffe auf die eigene Organisation zu simulieren.

Wer die Situation realistisch sieht, wird auch die Reaktion auf einen gelungenen Cyberangriff üben. Wenn Datenlecks offenbar und öffentlich werden, können falsche Äußerungen verheerende Folgen haben. Nicht nur die Verantwortlichen der IT, sondern auch von Marketing, Kundenservice und natürlich der Öffentlichkeitsarbeit sollten dann vorbereitete Antworten parat haben.

### Die Sicherheitstechnik: Ein integraler Teil der IT-Architektur

Betriebssysteme, Kommunikationsprotokolle und Anwendungsprogramme sind etablierte Elemente der IT-Architektur. Jedes von ihnen kann zu einem Sicherheitsproblem werden, denn sie bieten Angriffspunkte für mögliche Eindringlinge, wenn sie nicht richtig konfiguriert, getestet und gewartet werden. In jede Komponente, ob Hardware, Middleware oder Anwendungssoftware, müssen Sicherheitselemente integriert werden. Im Entwicklungsprozess selber müssen diese Elemente ständig auf ihre Robustheit geprüft und weiterentwickelt werden. Die Kombination der verschiedenen Komponenten führt zu einer unüberschaubaren Menge von potentiellen Sicherheitsproblemen, die nur durch ausdauernden Test und permanente Wartung erkannt werden können.

Durch den Trend zur schnellen Digitalisierung sind in letzter Zeit in vielen Unternehmen hastig neue Technologien eingeführt worden, zu deren Management oft das erforderliche Wissen fehlt und deren Zusammenspiel mit der Bestandsarchitektur nicht verstanden wird. Gleichzeitig werden Budgets von der Pflege der Altsysteme auf den Aufbau neuer digitaler Fähigkeiten umgeschichtet – sinnvoll aus Geschäftssicht, allerdings häufig mit schwerwiegenden Folgen für die mittelfristige Sicherheit der IT-Architektur.

Ein wichtiger Schritt ist die Einführung unterschiedlicher Sicherheitszonen. So hat ein deutscher Sportartikelhersteller eine »Playzone« eingeführt, in der schnell Onlinekampagnen erstellt und durchgeführt werden können. Diese »Playzone« ist von den Bestandssystemen durch eine eigene Sicherheitszone getrennt. Wenn Sicherheitsprobleme auftauchen, kann die Kampagne schnell gestoppt oder gelöscht werden, ohne dass es zu Schäden an anderen Systemen kommt.

Ein weiteres Element ist die Ownership der Sicherheitselemente: Oft sitzt der »Feind« im eigenen Haus, und Zuständigkeitsgerangel zwischen IT, Sicherheitsorganisation und Produktentwicklung bindet Ressourcen und Budgets. Sicherheitstechnik sollte deshalb in der Governance eines jeden Unternehmens höchste Priorität genießen. Dazu hat beispielsweise General Electric die IT-Sicherheitsfunktion in seinem Board of Directors verankert. Regelmäßig und systematisch werden die Geschäftseinheiten und die Firmenzentrale einem Sicherheitsaudit unterzogen. Bill Ruh, Chef des GE-Geschäftsbereichs Software, sagt dazu: »Bei GE fokussieren wir uns auf Softwareplattform-Sicherheit, schützen kritische Infrastrukturelemente und helfen unseren Kunden, verlässliche und sichere Transaktionen im Internet durchzuführen.«

## Schutzebenen: Nicht alle Daten brauchen gleich viel Sicherheit

»Wer alles schützt, schützt gar nichts«, wusste Friedrich der Große, der von Attacken und ihrer Abwehr einiges verstand. So können verschiedene Prozesse, je nach ihrem Platz auf der Prioritätenliste, unterschiedlich geschützt werden – durch mehr oder weniger Verschlüsselung oder höhere oder niedrigere Anforderungen an die Passwörter.

Banken zum Beispiel haben beim Onlinebanking nur Standardanforderungen in Sachen Authentifizierung an ihre Kunden, solange es um Routineabfragen geht. Sollen höhere Summen bewegt oder ungewöhnliche Transaktionen durchgeführt werden, verlangen sie häufig die Eingabe zusätzlicher Codes, die in dem Moment per SMS an das Smartphone des Kunden geschickt werden.

## Aktiv abwehren – am besten vor dem Angriff

Über potentielle Angriffe und Angreifer gibt es fast immer viele Informationen, aus externen und internen Quellen. Zukünftig müssen die Unternehmen die Fähigkeit entwickeln, alle verfügbaren Informationen zu einem Gefahrenbild zu verdichten, und dann die Firewalls, die ihre Systeme vor Eindringlingen schützen, gezielt aufzurüsten. Schließlich sind die Unternehmen durchaus wehrhaft: Der Rüstungskonzern Lockheed Martin beispielsweise initiierte 2011 die Allianz Nexgen zum frühzeitigen Aufspüren von Cyberbedrohungen. Netzwerkpartner EMC, eine Cloud-Computing-Firma, stärkte die Allianz durch den Kauf von NetWitness, einem Spezialisten für Echtzeitspurensuche im Netz, für automatisierte Analyse von Bedrohungen und für die Jagd auf illegale Eindringlinge in Computernetzwerke.

Um mehr Sicherheit gegen Cyberangriff zu schaffen, müssen Funktionsträger im ganzen Unternehmen mitmachen. Die operativen Manager sind gefragt, wenn es um die Einschätzung der wertvollsten Daten geht, die Compliance-Abteilung muss die Risiken abschätzen, die etwa der Verlust von Kundendaten birgt, die Personalabteilung ist dabei, wenn entschieden wird, welcher Angestellte Zugang zu welchen Daten hat, und der Einkauf muss mit den Zulieferern, die an das IT-System des Unternehmens andocken, die Sicherheitsanforderungen verhandeln. Die Koordination kann angesichts der Komplexität der Aufgabe nur bei der Unternehmensführung liegen.

Enigma – es ist ein immerwährender Krieg zwischen Coding und Decoding, Chiffrieren und Dechiffrieren. Dieser Wettlauf setzt sich fort – schneller, kompetenter, gewiefter und kompromissloser als je zuvor, denn mit der zunehmenden Verlagerung der Wertschöpfungskette in die digitale Welt steigt der potentielle Gewinn für die Angreifer.

## 6.4 Embedded Software: Maschinen und Anlagen werden digital

Ondrej Burkacky über die fünf Leitgedanken, die klassischen Hardwareherstellern zu einer Softwarestrategie verhelfen.

Mehr als 15 000 Softwareentwickler hatte Siemens schon im Konzern, da kam Ende 2016 ein Paukenschlag: Die Münchner kauften für mehr als 4 Milliarden Euro das amerikanische Softwareunternehmen Mentor Graphics und steigerten so ihren Softwareumsatz von zuvor etwa 3,3 auf 4,3 Milliarden Euro.

Mit dem Wandel zur Industrie 4.0, die alle Maschinen vernetzt und ihnen Sensoren einbaut, die kontinuierlich Daten erheben und via WLAN an zentrale Rechner funken, müssen auch Maschinen- und Anlagenbauer ihre Produkte digital aufrüsten. Andere früher komplett analoge Branchen sind schon vorausgegangen. So stecken heute in jedem Mittelklasseauto mehr Programmzeilen Software als in einem Apple Powerbook. Die Hersteller von Mobiltelefonen haben schon 2012 weit mehr als doppelt so viel Software- wie Hardwareentwickler beschäftigt. Und gut zwei Drittel aller Maschinen- und Anlagenbauer in Europa bieten ihren Kunden auch Software an.

Aber wie erschließen sich Unternehmen den Weg vom analogen zum digital aufgerüsteten Produkt? Wie bekommen sie die richtige Software in ihre Maschinen? Sie brauchen neue Fähigkeiten und Talente im Unternehmen, neue Organisationsstrukturen und Prozesse. Zehn Schritte führen sie zur »Embedded Software«, je fünf mit Schwerpunkt auf Strategie und Umsetzung.

### Strategie: Konzentrieren auf das, was Wert schafft

Wer bislang vor allem die Mechanik in seinen Maschinen beherrschte, wird sich schwertun, aus dem Stand eine überzeugende Strategie für den Einbau von Software zu entwickeln. Was wollen die Kunden, wie viel sind sie zu zahlen bereit, was machen die Wettbewerber? Für die Antworten auf diese Fragen fehlt ihnen die Erfahrung. Um eine Softwarestrategie zu formulieren, die wirklich Wert schafft, helfen die folgenden fünf Gedanken:

- *Entwickle einen detaillierten Plan für die Transformation, der zur Unternehmensstrategie passt.* Software benötigt sehr viel häufigere Updates und mehr laufende Betreuung als die klassischen mechanischen Produkte. Deshalb braucht das Unternehmen eine eigene Strategie für die Software. Diese formuliert, mit welchen softwarebasierten Fähigkeiten sich die Maschinen künftig vom Wettbewerb differenzieren sollen, was dafür an Software geschaffen werden muss und bis wann das Ziel erreicht sein soll.

Vorher sollte das Unternehmen allerdings per Marktforschung feststellen, welche Probleme oder Ineffizienzen seine Kunden beklagen, die sich mit Software lösen lassen. So entwickelte beispielsweise Intel zu seinen Hochleistungschips, die für Advanced Analytics eingesetzt werden, eine Reihe von Softwarehelfern, die bei Problemen Hilfe bieten – die Marktforschung hatte ergeben, dass Kunden sich dabei oft alleingelassen fühlen. Der strategische Plan für die Softwareentwicklung leitet sich direkt aus der Strategie des Unternehmens und den darin vorgegebenen quantitativen Zielen für die wichtigsten Produkte ab. Und wenn das Markenimage in der Strategie betont wird, muss dieses mit besonders fortschrittlicher und leistungsfähiger Software gestützt werden. Deshalb hat beispielsweise der Autobauer Mercedes erhebliche Ressourcen in den Aufbau digitaler Fähigkeiten gesteckt – von der Unterhaltung über die Navigation bis zum autonomen Fahren stecken Autos voller Software, und Mercedes muss als Premiumanbieter hier ebenso vorneweg fahren wie bei der Mechanik.

- *Das Topmanagement muss die Strategie mitentwickeln.* Wie bei den anderen Transformationsprojekten, die wir in diesem Buch beschreiben, gilt auch hier: Ohne die Chefs wird die Sache nichts. Ohne den Schub, den nur die Großen geben können, konzentrieren sich die Bemühungen meist auf kleinteilige Projekte und heben niemals die Potentiale, die das breitflächige Ausrollen über die ganze Organisation verspricht. Und nur das Topmanagement kann strategische Entscheidungen fällen, etwa bei Zielkonflikten: Will das Unternehmen in erster Linie Software entwickeln, um den Verkauf der Hardwareprodukte zu beflügeln, oder will es vor allem zusätzliche Umsätze durch Softwareverkauf erreichen?

- *Lieber an den eigenen Stärken orientieren als an der Strategie von Start-ups.* Für die meisten klassischen Hersteller hat es keinen Sinn, den direkten Wettbewerb mit Start-ups zu suchen. Typischerweise fehlt es ihnen an Agilität und Tempo sowie an den speziellen Fähigkeiten, die diese Jungunternehmen aufbringen. Sie konzentrieren sich besser auf Produkte, bei denen ihre Stärken helfen – von der Kundenbasis über die Kraft der Marke bis zur Kenntnis der Branche. Gegen aggressive Eindringlinge von außen kann auch einmal ein Zusammenschluss mit den eigenen Wettbewerbern zur Entwicklung besserer Software verhelfen. So arbeiten beispielsweise Audi, BMW und Daimler als Partner beim Kartendienst Here zusammen, den sie für 2,8 Milliarden Euro von Nokia gekauft haben. Here liefert die genauen Karten (»automotive grade«), die für das autonome Fahren benötigt werden, beliefert ebenso die anderen Autohersteller und hält damit branchenfremde Kartendienstleister auf Distanz.

- *Strategisches Ziel: Unangreifbare Positionen erobern und Netzwerkeffekte erreichen.* Ein hochgestecktes Ziel, aber erreichbar: Schon viele Unternehmen haben sich in einem Segment ihres Geschäfts unentbehrlich gemacht, weil sie einzigartige Produkte oder Dienstleistungen bieten. So konnte Siemens Maschinen und Software für die Automatisierung von Fertigungslinien entwickeln, die heute bei 14 der 15 größten Automobilhersteller der Welt laufen und in dieser Branche global einen Marktanteil von 80 Prozent erobert hat. Wer ein starkes Produkt hat, kann auch externe Softwareentwickler einladen, Apps zu entwickeln. Je mehr pfiffige Anwendungsmöglichkeiten es für das Produkt gibt, desto gefragter wird es sein. Apple hat es beispielsweise geschafft, nach Einführung des iPhone mit den Umsätzen im eigens eingerichteten App-Store gut zu verdienen.

- *Eine Strategie für die Preissetzung entwickeln.* Was umsonst ist, taugt nichts, sagen die Kunden – und man verdient auch nichts dran, klagen die Unternehmen. Deshalb sollten die Strategen lukrative Ansätze für die Preise bedenken: Eine Möglichkeit bietet das so genannte »Freemium«-Modell (»free« und »premium«): Dabei gibt es die Basissoftware gratis zur gekauften Maschine, aber die bessere Version mit mehr Funktionen kostet dann Geld. Oder der Kunde zahlt strikt nach Nutzung, entweder nur für die Software oder für das Gesamtpaket. Dritte Möglichkeit: ein Abonnement, unabhängig von der tatsächlichen Nutzung rein nach der Zeit, auch hier entweder nur für Software oder für Maschine und Programme.

## Umsetzung: Talente und Wissen an Bord holen

Ein klassisches Industrieunternehmen ist aus Sicht digitaler Talente zunächst kein besonders attraktiver Arbeitgeber. Sie drängt es eher zu den Googles dieser Welt oder zu erfolgreichen Start-ups. In der Industrie, argwöhnen sie, fehlt es an den Freiräumen für erfolgreiches Entwickeln ebenso wie am Niveau der technischen Ausrüstung und der Aufgaben. Wie können die Unternehmen diese Vorurteile überwinden?

- *Einen in der Softwareszene bekannten Manager anwerben.* Wenn ein Industrieunternehmen einen Star der Entwicklerszene gewinnt, macht es nicht nur deutlich, dass es seine Softwareanstrengung ernst meint, sondern gewinnt über das Netzwerk des Managers Zugang zu digitalen Talenten.

- *Eine Softwarefirma kaufen.* Der Vorteil: Die Neuen arbeiten vom ersten Tag an produktiv – wichtig, wenn eine Entwicklung unter Zeitdruck steht. Und wenn es sich um ein eingespieltes Team handelt, ist die Gefahr von Abwanderungen gering, weil die Entwickler eine erprobte und angenehme Zusammenarbeit kaum aufgeben wollen. Der Nachteil: Gute Softwareunternehmen sind im Vergleich zu Industrieunternehmen zwei- bis fünfmal teurer.

- *Die Bedingungen schaffen, die Talente erwarten.* Mit einem hohen Gehalt ist es nicht getan. Wir haben untersucht, was für Digital Natives wirklich zählt: Sie erwarten einen tollen Job, was für die meisten bedeutet, dass sie mit Spitzentechnik an besonders herausfordernden Aufgaben arbeiten, in internen Netzwerken organisiert, mit den nötigen Freiräumen. Dazu erwarten sie ein überzeugendes Topmanagement, das einen offenen Kontakt mit den Entwicklern pflegt. Und sie wollen nur für eine Firma arbeiten, die in der Branche einen Spitzenruf hat, dynamisch und gesellschaftlich verantwortlich arbeitet und Arbeitsplätze bietet, an denen sich die Leute wohl fühlen. Natürlich muss das Gehalt stimmen: Zum wettbewerbsfähigen Grundgehalt sollten kurzfristige Erfolgsprämien und ein langfristiger Plan zum Vermögensaufbau kommen. Am Ende zählt das verlockende Gesamtpaket.

- *Entwicklergruppen unabhängig arbeiten lassen.* Softwareentwickler sind in ihren Projekten häufig auf Zusammenarbeit mit ihren Kollegen angewiesen, brauchen viele Testläufe und Revisionen der Programme. So unterscheidet sich ihre Arbeit von den Abläufen in den Entwicklungsabteilungen für die Maschinen. Deshalb ist es meist eine schlechte Idee, die Programmierer in die existierende Organisation einzubauen. Besser läuft es, wenn die Softwaretruppe eine eigene Einheit mit eigener Führung und eigenen Prozessen bildet.

- *Trotzdem die Kommunikation mit allen anderen organisieren.* Viele Unternehmen folgen noch einem sequenziellen Entwicklungsprozess, bei dem die Programme erst geschrieben werden, wenn die Hardware fertig konstruiert ist. Dabei verlieren sie viel Zeit. Dank neuer Digitalwerkzeuge können heute die Softwareentwickler bereits starten, lange bevor die Maschine fertig ist. Sie testen dann ihre Programme auf virtuellen Prototypen. Damit die gesamte Entwicklung erfolgreich abläuft, müssen Hard- und Softwareingenieure sich regelmäßig über ihre Fortschritte informieren, gemeinsam das Anforderungsprofil an das neue Produkt entwickeln sowie Ziele und Zeitpläne abstimmen.

Die meisten Unternehmen im produzierenden Gewerbe haben keine Wahl: Sie müssen ihre Maschinen mit Software aufrüsten, sonst sind sie nicht mehr wettbewerbsfähig. Unsere Empfehlungen helfen auf dem Weg zum digitalisierten Produkt, liefern aber kein Patentrezept. Erwarten Sie unterwegs das Unerwartete!

## 6.5 Der Chief Digital Officer: Ein Steve Jobs für jede Firma

Jürgen Meffert im Gespräch mit CDOs über die Kunst der digitalen Transformation.

Angriff ist die beste Verteidigung – das haben wir schon mal gehört. Aber eine Attacke auf das eigene Kerngeschäft? So lautet der Auftrag für Mark Klein, Chief Digital Officer (CDO) der Versicherungsgruppe Ergo. »Ich soll unser klassisches Versicherungsgeschäft frontal angreifen, mit einem ›pure digital player‹«, sagt er. Diese rein digitale Versicherung baut Klein außerhalb der Ergo-Organisation auf, mit eigenem Firmensitz, eigener IT und eigener Mannschaft. Ziel: eine Disruption, die das traditionelle Geschäftsmodell der Assekuranz bei einer bestimmten Zielgruppe obsolet werden lässt. Besser, wir versuchen es selbst als ein Wettbewerber, ist die Überzeugung, die hinter dem Auftrag steht.

Mark Klein ist einer von noch recht wenigen Chief Digital Officers in deutschen Unternehmen. Bei Audi treibt Roland Villinger die Digitalisierung voran, beim Heizungsbauer Viessmann ist Maximilian Viessmann CDO, beim Aufzugbauer Schindler hat Michael Nilles diese Aufgabe.

Die Rolle verlangt Multitalent, der CDO muss Stratege, Digital Native, Kundenversteher und Mitarbeiterflüsterer in einem sein. Die Entwicklung einer Digitalstrategie ist nur ein Absatz in der Jobbeschreibung, außerdem muss der CDO vor allem ein begabter Netzwerker sein – sowohl nach außen, um die spannendsten

**Der Chief Digital Officer ist für die gesamte digitale Agenda des Unternehmens verantwortlich**

Ziel

- **Gezielte Digitalisierung des heutigen Geschäfts** und Verlagerung von Offlinefunktionen auf eine Onlineplattform
- **Einführung neuer Technologien,** Förderung von Innovationen, Verständnis von Internettrends und Darlegung von Gedanken zur Anwendung neuer Technologien und zu deren Potentialen

Hauptaufgaben

**Vorantreiben moderner Technologien**

- Beobachtung von Technologietrends
- Information der Fachseite über Technologien
- Anwendung neuer Technologien bei der Entwicklung von Geschäftslösungen

**Steuerung der Nachfrage**

- Ressourcenbereitstellung für Projekte der Fachseite
- Treibende Kraft bei der Steuerung umfassender bereichsübergreifender Nachfrage

**Entwicklung neuer Lösungen**

- Implementierung neuer Technologien zusammen mit Anbietern
- Management der Arbeitsumfänge verschiedener Bereiche einschließlich Outsourcinganbietern

Organisatorische Aufhängung

**Direkte Berichtslinie zur Geschäftsführung**

Kennzahlen

**Zeitbezogene Kennzahlen**

- Prozentsatz von Softwareeinführungen zum Zieltermin
- Gesamtzeit der Entwicklung

**Kostenbezogene Kennzahlen**

- Anteil Onlinetransaktionen am gesamten Transaktionsvolumen (in Prozent)
- Anteil budgetkonformer Projekte (in Prozent)

**Qualitätskennzahlen**

- Onlineanteil an erfolgreichen Abschlüssen
- Anstieg der Anzahl Onlinenutzer
- Anstieg der Konversionsrate bei Kaufabschlüssen
- Rückgang der Abwanderungsrate von Kunden in den verschiedenen Kaufphasen

technischen Entwicklungen sowie die vielversprechendsten Start-ups aufzuspüren, als auch nach innen, um die ganze Organisation auf dem Weg zum digitalen Unternehmen mitzunehmen. Und so wie ein CDO genau einschätzen muss, was er den Mitarbeitern in Sachen Digitalisierung zumuten kann, muss er auch verstehen, was die Kunden vom Unternehmen erwarten und welche Technik sie bewältigen können.

## Der CDO muss das Silodenken aufbrechen

»Kooperationsfähigkeit« muss ein guter CDO mitbringen, sagt Roland Villinger, der diesen Job bei Audi macht: »Die klassischen technischen Entwickler brauchen ihre Zeit, der Vertrieb will alles sofort haben, die Rechtsabteilung muss auf Nummer sicher gehen, die IT-Leute sprechen sowieso eine andere Sprache, bei unseren externen Partnern herrscht eine ganz andere Kultur – und ich muss sie alle zusammenbringen.« Villinger verantwortet alle Digitalisierungsprojekte, die auf die Kunden zielen – die Aufrüstung von Autos und Serviceangeboten – sowie die internen Prozesse betreffen, mit Ausnahme der Produktion. Als CDO muss Villinger zudem dafür sorgen, dass Audi genügend Digitaltalente anzieht. »Wir schauen in allen Ecken«, beschreibt er, wie Audi die gewohnten Felder der Rekrutierung bespielt, »aber den größten Erfolg haben wir, wenn wir unser Netzwerk ausnutzen können: Am meisten hilft es, wenn wir empfohlen werden.«

Weil seine Aufgabe bereichsübergreifend ist, muss der CDO das Silodenken aufbrechen: »Wir haben eine hemdsärmelige Kultur, wo man mit Begeisterung den Fokus auf den eigenen Bereich richtet«, sagt Villinger, »aber wir müssen sicherstellen, dass wir ein integriertes digitales Ökosystem aufbauen.« Zu jeder mechanischen Fahrzeugplattform im Konzern gehört auch eine virtuelle Digitalplattform mit einer eigenen Architektur. Regelmäßig diskutiert Villinger mit den Kollegen im weiten VW-Reich, welche digitalen Angebote konzernweit und welche zur Differenzierung nur bei der jeweiligen Marke entwickelt werden. »Das ist eine komplizierte Grätsche, weil wir einerseits die Markenidentität stützen und andererseits den Größenvorteil nutzen wollen«, sagt der CDO. »Wenn wir es richtig machen, sind wir unschlagbar.« Dazu muss er bei Audi die alte Welt (»Früher zählte beim Auto nur die Leistung und das Design«) und die neue Welt (»Heute geht es auch um Konnektivität und digitale Dienste«) zusammenbringen. »Meine Rolle ist die des Provokateurs und Change-Agent«, sagt Villinger, »ich muss die Leute mitnehmen.«

Das ist nicht immer einfach. »Ich habe schnell herausgefunden, dass eine Versicherung per se nicht digital denkt«, sagt Mark Klein von Ergo. Wer digital tickt, will schnell sein, probiert Lösungen aus und nimmt dabei Fehler in Kauf – das exakte Gegenbild zum Selbstverständnis des klassischen Versicherers, der Risiken tunlichst vermeidet. Deshalb der Plan, ein digitales Gegenmodell zu gründen: »Wir wollen zeigen, dass die digitale

Versicherung funktioniert, und erwarten, dass wir so alle Mitarbeiter überzeugen, diesen Weg mitzugehen.«

Nexible, so soll der digitale Ergo-Konkurrent heißen, ist nur eines der Projekte des CDO. Seine Aufgabe ist es, dem Unternehmen eine digitale Kultur zu geben, das bestehende Geschäftsmodell digital zu optimieren und neue Ideen für das Geschäftskundenbusiness zu entwickeln. Bei Nexible erprobt Mark Klein Arbeitsweisen und Prozesse, die er später im ganzen Unternehmen einführen will. Seine Entwickler arbeiten in kleinen Gruppen ohne Manager. »Einer im Team ist der Product-Owner«, sagt Klein, »der entscheidet aus fachlicher Kompetenz.« Er glaubt: »Wir brauchen eine Organisationsstruktur mit weniger Management.« Vorbilder mit flachen Hierarchien gibt es in der Digitalwirtschaft.

Auch in der Kundenorientierung haben Google, Amazon und Co. früh die Standards gesetzt. Der Gedanke ist in der Realwirtschaft angekommen, sagt Max Viessmann, CDO beim Familienunternehmen Viessmann, Marktführer für Heiz- und Kühlsysteme: »Früher haben wir geschaut, was die Wettbewerber machen, heute setzen wir uns mit dem Kunden auseinander.« Hier liegt ein Schwerpunkt der Arbeit des CDO: Er muss sich ein genaues Verständnis davon erarbeiten, wie die Reise des Kunden durch die Kontaktpunkte mit dem Unternehmen (»Customer-Decision-Journey«) abläuft, von der ersten Begegnung bis zur Kaufentscheidung. Welche digitalen Angebote entlang dieser Reise verstehen und goutieren die Kunden, wo steigen sie aus? Welche technischen Hilfen bei Auswahl und Konfiguration sind möglich, und welche sind sinnvoll? Was macht der Wettbewerb, und tauchen vielleicht neue Konkurrenten auf – eventuell sogar mit einem Start-up im Silicon Valley oder Berlin? Auf all diese Fragen muss der CDO eine Antwort suchen.

CDO Max Viessmann sieht sein Unternehmen in der zweiten Phase der Digitalisierung. Zunächst sei es darum gegangen, sich mit dem Thema auseinanderzusetzen und es zu begreifen, nun stünde das digitale Geschäft im Mittelpunkt: »Wir konzentrieren jetzt unsere Ressourcen auf die wichtigsten Wachstumstreiber.« Deshalb hat er Mitte 2016, als er den Job übernahm, 80 Prozent der laufenden Projekte gestoppt und alle Kraft in die chancenreichsten Vorhaben gelenkt. »Da haben wir schnell große Teams aufgebaut«, sagt Viessmann, »und trotz aller Wachstumsschmerzen haben wir inzwischen die ersten Erfolge gefeiert.« Und weil in allen Teams Kollegen aus der analogen Viessmann-Welt mitarbeiten, sieht der CDO inzwischen auch schon digitale Kompetenz in der Kernorganisation verankert.

### Interne Talente entwickeln

Der Gedanke ist Max Viessmann wichtig: »Man muss Zeit investieren, um alle auf die Reise mitzunehmen, es darf nicht die digitalen Gewinner und die analogen Verlierer geben.« Viele Mitglieder des Digitalteams seien aus der Mitarbeiterschaft gekommen: »Der externe Anteil ist nicht sehr hoch.« Wer eine Affinität zum Thema gezeigt habe, konnte in einem der Projektteams mitmachen. Wer sich bewährte, bekam das Angebot, dauerhaft dabeizubleiben. Auf die Ausbildung schaute der CDO dabei nicht (»Da sind Maschinenbauer, BWLer und Sozialwissenschaftler bei – das ist am Ende egal«), auf die Einstellung kam es ihm an. Viessmann: »30 Prozent meiner Zeit verbringe ich damit, unseren Mitarbeitern zu erklären: Wir sind nicht alle Digital Natives, wir erarbeiten uns das.«

Auch beim Aufzughersteller Schindler ist die Digitalisierung längst angekommen. »Vor drei oder vier Jahren haben wir uns ganz defensiv gefragt: Was kann uns passieren? Kommt vielleicht irgendein Uber daher und sorgt für eine Disruption in unserem Markt?«, sagte CDO Michael Nilles in einem Interview mit dem Wall Street Journal. »Heute fragen wir uns: Wo sind unsere Chancen?« Schindler ist dabei, seine weltweite Aufzugsflotte mit dem Internet zu vernetzen, als Teil seiner Transformation zum digitalen Unternehmen. Ziel ist das Anbieten neuer Dienstleistungen für Kunden und deren Aufzugpassagiere. Zur Entwicklung von Komponenten für das Internet der Dinge hat sich Schindler mit

General Electric und Huawei verbündet. Die gesammelten Daten, so Nilles, sind die unverzichtbare Grundlage für die Entwicklung neuer Services. Erst die Softwareangebote rund um die Hardware sorgen in Zukunft für Differenzierung, sagt Michael Nilles: »Nur mit dem Produkt werden Sie sich nicht mehr vom Wettbewerb absetzen können.«

Der Chief Digital Officer – ausgestattet mit den richtigen Kompetenzen – setzt sich zunehmend durch. Namhafte Unternehmen quer durch alle Branchen und Größen haben ihre Führungsriege um diese Rolle erweitert. Von A wie Allianz oder Audi über Bayer, Deutsche Telekom, Gruner + Jahr, Media-Saturn, ProSiebenSat1, Schindler, Viessmann und Volkswagen bis zu Z wie ZF Friedrichshafen – alle haben sie diese Funktion eingerichtet, um nur einige zu nennen.

Der CDO, ein Steve Jobs in jeder Firma, ausgestattet mit Durchgriff und Kompetenz, kann helfen, die funktionalen Silos aufzubrechen und als ständiger Challenger den Aufbruch in die Digitalisierung zu gestalten. Ohne diese Kompetenz ist die Funktion ein Feigenblatt – ein Cargo-Kult!

## 6.6 Die digitale Organisation: Alle Macht den multifunktionalen Teams

Markus Berger-de León über autonome Teams, agile Sprints und Product-Owner.

Mehr als 9000 Mitarbeiter, geführt von einem einzigen Manager – kann das funktionieren? Gut sogar: Buurtzorg, der niederländische Marktführer für häusliche Pflege, ist so organisiert. Die Verwaltung in der Zentrale braucht gerade 40 Mitarbeiter, nur der Vorstandsvorsitzende hat eine Vorgesetztenfunktion. Die rund 9000 Pflegerinnen und Pfleger sind in Teams aufgeteilt, die jeweils für eine Region verantwortlich sind, von der Pflege der Patienten bis zur Abrechnung und Dokumentation. Die Teams haben höchstens zwölf Mitglieder, da kann sich keiner wegducken. Niemand hat eine Chefrolle, alle lernen gemeinsam, arbeiten gemeinsam an den auftretenden Problemen, fällen gemeinsam Entscheidungen. Wenn ein Team eine pfiffige Idee hat, teilt es diese online über das Buurtzorgweb Forum. Die Mitarbeiter teilen ihre Arbeitszeit selbst ein, weil die Zufriedenheit hoch ist, fallen nur geringe Fehlzeiten an. Für je 40 Teams gibt es einen Coach, der hilft, wenn er gerufen wird.

Für die Teams stehen die Patienten und ihre Bedürfnisse im Mittelpunkt, manche gute Idee wurde schon umgesetzt. So entwickelten Pfleger eine Plattform, über die sie einsame Patienten zusammenbringen. Andere erarbeiteten ein Schulungsprogramm, mit dem die besonders fitten Pflegefälle lernen, bestimmte Arbeiten selbst zu erledigen. Der Erfolg der Teams wird an drei Indikatoren gemessen: an der Kundenzufriedenheit, der Auslastung und dem Engagement der Mitarbeiter für die Aufgabe. Der Erfolg des gesamten Unternehmens jedenfalls ist beeindruckend: Zehn Jahre nach der Gründung hat Buurtzorg in den Niederlanden einen Marktanteil von 70 Prozent.

Das Pflegeunternehmen hat sich eine Organisationsform gegeben, die es sich bei kreativen und schnellen Softwareentwicklern abgeschaut hat: Das Schlüsselwort lautet »agil«. Agile Unternehmen sind wie gemacht für das digitale Zeitalter, weil sie es schaffen, in einfachen, stabilen und effektiven Strukturen sehr flexibel und reaktionsschnell zu arbeiten. All das wird gebraucht, weil die Digitalisierung neben den Chancen auch allerlei Herausforderungen mit sich bringt. Sie macht die Geschäftswelt volatiler durch ihre Fortschrittssprünge, macht sie ungewisser, komplexer und vieldeutiger. Die alte Organisation unserer Unternehmen zeigt sich überfordert. Die Hierarchien arbeiten zu langsam für das Digitaltempo, starre Budgetierung ist oft schon überholt, ehe ein Projekt startet, die stetig wachsende Komplexität überfordert auch das talentierteste Topmanagement. Innovationen, die hergebrachte Geschäftsmodelle zerstören, ganz neue geschäftliche Ökosysteme mit branchenfremden neuen Wettbewerbern, Entwicklungen in wahnwitzigem Tempo – die neue Zeit braucht neue Organisationsformen.

Die agile Organisation verbindet ein stabiles Gerüst mit dynamischen Fähigkeiten. Auch hier gibt die Spitze die Richtung vor, existieren eine einfache gemeinsame Berichtsstruktur, von der Zentrale vorgegebene schlanke Prozesse und Werte. Dazu kommen die dynamischen Komponenten: eine Kultur von schnellem Lernen, im Sinn von Versuch und Irrtum, die Chancen ergreift, schnell ausprobiert und dabei Fehlschläge in Kauf nimmt, hierarchiefreie Teams, die eigenverantwortlich arbeiten, Mitarbeiter, die Verantwortung übernehmen.

### Wie arbeiten agile Organisationen?

Die Softwareindustrie, die als Erste nach dem Prinzip »agil« gearbeitet hat, hat in einem Manifest die Grundsätze festgeschrieben: Wenn die Arbeit gelingen soll, ist unter www.agilemanifesto.org zu lesen, sind Individuen und deren Interaktionen wichtiger als Prozesse und Werkzeuge, ebenso wie das Schreiben einsatzfähiger Software statt lückenloser Dokumentationen. Zusammenarbeit mit den Kunden bringt mehr als die gewieftesten Vertragsverhandlungen, ebenso wie das Reagieren auf einen Fehler weiter führt als das Abarbeiten eines vorgegebenen Plans. Ein Manifest gegen die Bürokratie und für die schöpferische Freiheit – geboren aus der Erfahrung langwieriger Großprojekte, die nie fertig werden, und wenn sie mal fertig sind, dann sind Markt und Kunden schon weiter.

Agile Unternehmen nehmen Abschied vom zeit- und kostenintensiven Perfektionsdrang des deutschen Ingenieurwesens und nehmen sich Unternehmen aus der digitalen Welt zum Vorbild: Diese bringen Produkte auf den Markt, die oft zunächst nur ein eingeschränktes Nutzungsangebot machen. Agile Unternehmen nutzen heuristische Methoden, um in kontinuierlich am Markt getesteten Schritten das Produkt zu komplementieren und zu verbessern. Deshalb sind Produkteinführungen schon mit wenigen,

**Um zu einem innovativen Unternehmen zu werden, muss die Organisation im Kern dynamisch, agil, kundenorientiert, datengestützt und schnell sein**

| | Von | Zu |
|---|---|---|
| Kunden-orientierung | Ausrichtung an Prozessen, Prozeduren und Steuerung | Ausrichtung am Kundennutzen |
| Faktengestützte Entscheidungen | Bauchentscheidungen | **Datengestützte** Entscheidungen |
| Schnelle Bereitstellung | Projektbezogene Bereitstellung | **Kontinuierliche Verfeinerung** auf Grundlage schnellen Feedbacks |

**Beobachtbares Verhalten**

**Unterliegende Einstellungen**

| | Von | Zu |
|---|---|---|
| Schnelles Scheitern | Angst vor Misserfolg | **Mentalität des schnellen Scheiterns** |
| Experimente | »Nostalgie«: Traditionen und Bekanntes bewahren | **Bewusstes Experimentieren, um neue Lösungen zu finden** |
| Transparenz | Protektionismus | **Offenheit und Transparenz** |

aber für den Kunden extrem relevanten Kernfunktionen möglich. MVP, »Minimum Viable Product«, nennt sich der Ansatz. Ein Paradebeispiel für diese Vorgehensweise gibt der amerikanische Autohersteller Tesla, der per Software-Update kontinuierlich die

Leistung und Funktionen seiner Fahrzeuge auch nach dem Kauf noch verbessert – und dafür sogar Geld nimmt, denn es kommen auch komplett neue Funktionen hinzu.

Das bedeutet einen Paradigmenwechsel für viele Unternehmen, denn Produkte sind nie mehr fertig, sie werden kontinuierlich aktualisiert. Die ersten traditionellen Großunternehmen experimentieren mit dem Ansatz, einige, wie etwa die holländische Bank ING, haben ihn sogar schon umgesetzt.

Um im »Agil-Modus« arbeiten zu können, brauchen Unternehmen eine neue Organisationsstruktur. Den Kern bilden künftig produktbasierte stabile Teams, die weitgehend autonom ihre vorgegebenen Ziele verfolgen. In den Teams arbeiten Menschen aus allen Funktionen, die man braucht, um die geschäftlichen Zielvorgaben zu erreichen – je nach Auftrag von der IT über das Design, Marketing, Controlling bis zur Produktion. Eine zentrale Rolle im Team spielt der so genannte »Product-Owner«. Er vertritt den Kunden und dessen Interessen und gibt deshalb die Prioritäten vor und portioniert die Aufgaben für das Team. Außerdem koordiniert er die übrigen Akteure – hat aber keine Vorgesetztenfunktion.

Die Teams arbeiten in »Sprints«, Etappen, die in der Regel eine bis vier Wochen dauern. Diese Sprints laufen immer gleich ab: Zum Start erklärt der Product-Owner dem Team das Ziel. Das Team plant den Aufwand, sagt, was es wann liefern kann – und fängt an zu arbeiten. Jeden Tag setzen sich die Teammitglieder zusammen, um die anstehende Arbeit zu organisieren, Blockaden zu lösen und Fortschritte zu kommunizieren. Am Ende des Sprints führt das Team dem Product-Owner und allen anderen Akteuren, die am Produkt Interesse haben, die Ergebnisse des Sprints vor. Abgeschlossen wird ein Sprint immer vom Blick zurück: Was lief gut, was ging daneben, und was können wir daraus lernen? So lernt jedes einzelne Team und über alle Teams hinweg auch die Organisation kontinuierlich.

Die Organisation in crossfunktionalen Teams ist deshalb so erfolgreich, weil sie von Anfang bis Ende verantwortlich für ihre

Produkte und Dienstleistungen sind. Weil alle wichtigen Funktionen im Team sind, gibt es keine Abhängigkeit von anderen, die den Liefertermin gefährden können. Diese Verantwortung und Autonomie sind sehr gute Motivatoren für die Teammitglieder.

### Viele Mitarbeiter müssen neue Rollen übernehmen

Wenn sich Unternehmen so organisieren, müssen viele Mitarbeiter umlernen und neue Rollen übernehmen. Vor allem wird weniger Management gebraucht, weil mehr Verantwortung in den Teams bleibt. Viele der Manager, die in der Organisation bleiben, müssen ihre gewohnte Chefrolle aufgeben und sich zum Coach und Wissensvermittler entwickeln. Führungskräfte steuern dann über Visionen und Werte, verstehen sich als Katalysatoren, die Denken und Handeln aller Akteure zusammenbringen. Natürlich steuern sie auch künftig die Organisation über die wichtigsten Finanz- und Leistungskennziffern, koordinieren die teamübergreifenden Initiativen und kommunizieren mit allen Akteuren im und um das Unternehmen, mit den Mitarbeitern, den Eigentümern und der Gesellschaft. Auch viele IT-Mitarbeiter bekommen neue Aufgaben: Arbeiteten sie in der herkömmlichen Organisation noch weit weg vom Kunden im »Backoffice«, müssen viele von ihnen künftig in den Teams wie »Produktmanager der Technik« Lösungen für die Kundenanforderungen suchen.

Die agile Organisation definiert auch die Beziehungen zu Zulieferern neu. Datenanalyse und Softwareentwicklung zählen künftig für viele Unternehmen zu den strategischen Kernbereichen. Statt diese Aufgaben nach außen zu vergeben, werden sie versuchen, vieles selbst zu machen, oft auch in Partnerschaften oder zusätzlich mit flexiblen freien Mitarbeitern. Dieses Netzwerk gilt es aufzubauen und zu pflegen. Dynamisiert wird ebenfalls die Budgetplanung, die nicht mehr einmal im Jahr stattfindet, sondern sich an den Methoden der Wagnisfinanzierer orientiert: Zunächst gibt es ein überschaubares Budget für die Entwicklung eines einfachen Produkts, das im Markt getestet wird und bei

Erfolg sukzessive mehr Mittel zugewiesen bekommt. Umgekehrt wird bei ausbleibendem Erfolg sehr schnell das Budget reduziert.

Die größte Veränderung allerdings betrifft die Unternehmenskultur. Statt auf Hierarchie und Anordnungen von oben setzt die agile Organisation auf Vertrauen. So verpflichten sich selbstorganisierte Teams auf definierte Ziele, arbeiten ohne Direktiven von oben und rechtfertigen das Vertrauen, indem sie Ergebnisse liefern. Beim Videoanbieter Netflix geht die Freiheit so weit, dass die Mitarbeiter selbst entscheiden können, wie viel Urlaub sie nehmen – vom Management gibt es keine Vorgaben, allerdings muss der Einzelne mit seinem Team Einigkeit erzielen.

Der Trend zu mehr Verantwortung statt Kontrolle wird sich in den nächsten Jahren verstärken. Wenn sich immer größere Teile der Belegschaft in Teams verselbständigen, werden die klassischen Managementstrukturen obsolet – eine schlechte Nachricht für die mittlere Führungsebene. Den Mitarbeitern im Team aber eröffnen sich künftig immer größere Freiräume. Gemeinsam entscheiden sie über Arbeitszeiten, Weiterbildung, Neueinstellungen, Entlassungen und vielleicht sogar über die Höhe der Gehälter. Dies führt wie bei Buurtzorg zu einem besseren Erlebnis für Kunden und für die Mitarbeiter – das Unternehmen wächst und ist erfolgreich am Markt.

## 6.7 Talentmanagement: Alle wollen die Digital Natives

Denny Morawiak über den Umbruch am Arbeitsmarkt und über Strategien für den Kampf um die knappen Talente.

Produktionsroboter, Chatbots, digitale Assistenten – bei vielen Arbeitnehmern löst die Digitalisierung der Unternehmen Angst aus. Sie fragen sich: Gibt es meinen Beruf morgen noch? Einige Studien schüren die Furcht. Für viel Aufsehen sorgten schon 2013 die Ökonomen Carl Benedikt Frey und Michael Osborne. Sie analysierten für 702 Berufe in den USA die Wahrscheinlichkeit, in naher Zukunft von Automaten erledigt zu werden, und kamen zu dem Schluss, dass knapp die Hälfte der Beschäftigten in den USA in den nächsten 20 Jahren den Verlust des Arbeitsplatzes befürchten muss.

Ein differenzierteres Bild ergibt sich, wenn man nicht auf ganze Berufe, sondern auf einzelne Tätigkeiten eingeht. Eine Studie des McKinsey Global Institute zeigt, dass mit gegenwärtig absehbarer Technik nur weniger als 5 Prozent der Berufe voll und ganz automatisierbar sind. Sie belegt aber auch, dass insgesamt 45 Prozent der von Arbeitnehmern ausgeübten Einzeltätigkeiten innerhalb der verschiedenen Berufe automatisiert werden können. Dieser Anteil wird auf 58 Prozent steigen, wenn die Verarbeitung und Analyse natürlicher Sprache ein mittleres menschliches Niveau erreicht. Auch die Tätigkeiten von Akademikern, schätzt das Zentrum für Europäische Wirtschaftsforschung (ZEW), sind zu 20 bis 30 Prozent automatisierbar. Im Endeffekt wird damit ein ähnliches Arbeitsvolumen wie in der Studie von Frey und Osborne automatisiert, aber die Perspektive ist eine andere: Maschinen werden den Menschen idealerweise die monotonere Hälfte ihrer Tätigkeit abnehmen und ihnen Freiraum für mehr kreative und selbstbestimmte Arbeit verschaffen.

Die aber kann nicht jeder leisten. Ökonomen und Sozialforscher prognostizieren angesichts der bisherigen Erfahrungen eine Polarisierung des Arbeitsmarkts. Sie sagen voraus, dass kreative, hochqualifizierte Arbeitskräfte gefragter denn je sein werden, dass Erbringer persönlicher Dienstleistungen ihre Position behaupten, aber Beschäftigte mit mittlerer Qualifikation, die zu großen Teilen Routinetätigkeiten ausführen, nach und nach von leistungsfähigen Computern und Robotern ersetzt werden.

### Unternehmen kämpfen um die digitalen Talente

Gerade um junge, hochqualifizierte und technikaffine Kräfte, die Digital Natives, ist schon heute ein Kampf entbrannt. Den führen die Unternehmen nicht nur über hohe Gehälter. Sie müssen Angebote machen, die ihre eigene Organisation verändern, denn die begehrten digitalen Talente stellen hohe Ansprüche an flexibles und eigenverantwortliches Arbeiten. Das löst einen tiefgreifenden kulturellen Wandel in der Arbeitswelt aus.

Doch die digitalen Talente sind knapp. Im »McKinsey Global Survey«, einer weltweiten Umfrage unter fast tausend Topmanagern, benennen diese den Mangel an geeigneten Führungs- und Fachkräften als größte Hürde für die Digitalisierung ihrer Unternehmen. 31 Prozent der befragten Vorstände sprachen diese Sorge an.

Die Rekrutierung und Weiterentwicklung digitaler Talente steht daher in vielen Unternehmen ganz oben auf der Agenda. Dabei geht es nicht nur um Informatiker – Digitalisierung ist längst nicht nur ein Thema für die IT-Abteilungen. Es geht auch nicht nur um Experten für Entwicklung und Vermarktung digitaler Produkte und Dienstleistungen, um Data-Scientists oder Social-Media-Kenner. Vielmehr geht es um eine neue Generation von Mitarbeitern, die mit digitalen Technologien souverän umgehen, unternehmerisch denken sowie schnell und flexibel agieren. Und es geht nicht nur um Rekrutierung, sondern auch darum, die neuen digitalen Talente in Teams mit erfahrenen Mitarbeitern einzubringen und so die noch analog Denkenden für die Anforderungen der digitalen Wirtschaft fortzubilden.

Um die begehrten Talente zu finden und zu binden, muss sich vor allem in den Personalabteilungen der Unternehmen viel ändern. Die Rekrutierung bleibt nicht länger der Personalabteilung überlassen, stattdessen übernehmen Führungskräfte mit Digitalerfahrung den Prozess. Die Kandidaten werden auf Konferenzen und in Online-Communitys angesprochen, statt klassischer Interviews lässt man sie eher um die Wette programmieren. Ist es gelungen, sie an Bord zu holen, werden regelmäßig die Fähigkeiten bewertet und Entwicklungsmöglichkeiten besprochen. Um die Talente langfristig im Unternehmen zu halten, orientiert sich ihre Entlohnung an Gehältern, wie sie Partnerunternehmen ihren Leistungsträgern zahlen.

### Was können etablierte Unternehmen tun, um attraktiv für Talente zu sein?

Üblicherweise besitzen traditionelle Unternehmen nicht den Sexappeal, den Start-ups auf junge Leute ausstrahlen. Wie können sie ihr Defizit wettmachen? Mit hohen Gehältern, das zeigt die Erfahrung, gelingt dies nicht. Solange die Bezahlung auf dem Niveau der Wettbewerber liegt, zählen andere Faktoren mehr, etwa eine inspirierende Mission und anspruchsvolle Aufgaben. Einige Großunternehmen wenden sogar den Nachteil gegenüber Start-ups ins Gegenteil und kommunizieren den Talenten, dass sie ihre ganze Organisation für das digitale Zeitalter neu erfinden müssen – eine tolle Aufgabe für den Nachwuchs. So macht es beispielsweise General Electric, wenn das Unternehmen beim Anwerben der Digital Natives auf sein Ziel hinweist: GE will bis 2020 zu den zehn größten Softwarefirmen der Welt zählen. Auf das Storytelling kommt es an: Wer seine Vision in eine glaubwürdige und spannende Geschichte umsetzen kann, gewinnt Herz und Kopf der Talente.

Und weil gleich und gleich sich gern gesellt, heuern manche Unternehmen auf dem Weg von der analogen in die digitale Welt szenebekannte Talente an – mit denen arbeiten andere Talente gern. American Express beispielsweise hat für seinen Aufbruch in die FinTech-Welt gleich drei Digitalstars eingestellt: den früheren Chef des Internettelefondienstes Skype, Josh Silverman, sowie zwei Ex-Manager des Bezahldienstes PayPal, David Yoo und Dan Schulman. Alle drei bringen neben ihren Erfahrungen ein starkes Beziehungsnetz mit und ziehen viele Talente nach.

Andere Unternehmen halten sich gar nicht damit auf, Stars abzuwerben – sie kaufen gleich das ganze Start-up. In der Szene heißt das Verfahren »Acqui-Hiring«, von Akquisition und Anwerbung. So übernahm Amazon 2011 die Softwareentwickler von Quorus, die Social Media und Onlinehandel zusammenbringen und Apps entwickeln, mit denen man während des Kaufs Rat von Freunden einholen kann. Amazon gliederte die komplette Truppe in seine Entwicklungsmannschaft ein. Und 2015 kaufte Zalando das insolvente Start-up Txtr, das sich mit dem Bau eines E-Readers verhoben hatte. Zalando war einzig an der fünfzehnköpfigen Entwicklertruppe interessiert.

### Auf neuen Wegen nach Talenten suchen

Personalabteilungen reagieren beim Beurteilen von Digitaltalenten oft hilflos, weil die gewohnten Maßstäbe nicht taugen. Die Softwareentwickler Catalyst DevWorks haben die Lebensläufe einiger hunderttausend IT-Systemmanager analysiert und fanden keine Korrelation zwischen der Qualität des Universitätsabschlusses und dem Karriereerfolg. Heute schauen die Personalmanager des Softwarehauses nicht mehr auf den Bildungsabschluss, sondern haben eigene Tests entwickelt, die mit Hilfe ausgefeilter Algorithmen aufdecken, welches IT-Wissen und welche Fähigkeiten ein Aspirant mitbringt.

Inzwischen nutzen viele Personalabteilungen Onlinetests, Spiele und Analysen, um zu einem besseren Rekrutierungsprozess zu kommen. Schon gibt es sogar psychometrische Tests, die herausfinden sollen, wie gut ein Neuer zur Firmenkultur passt. Manchmal helfen ganz einfache Ideen: Ein Konzern gleicht in einem 30-Minuten-Test das Profil von Bewerbern mit den Profilen von Personen ab, die auf dem Feld, um das es geht, besonders erfolgreich arbeiten. Das reduziert die Zahl der Fehlbesetzungen deutlich.

Aber wie können Unternehmen Digitaltalente aufspüren? Hilfreich sind Internetplattformen, beispielsweise GitHub. Das ist die größte Deponie für Open-Source-Software, die stolzen Programmierer bekennen sich mit Namen zu ihren Werken. Wer besonders pfiffige Lösungen identifiziert, kann die Schöpfer ansprechen – dass sie ihren Job beherrschen, haben sie schon unter Beweis gestellt. Auf Plattformen wie TopCoder, Kaggle oder HireIQ veranstalten Unternehmen, die Talente suchen, regelmäßig Programmierwettbewerbe.

Und wenn die Talente schon nicht von selbst ins Unternehmen kommen, kommt das Unternehmen eben zu ihnen: Viele Konzerne gründen Digitallabore rund um die führenden technischen Hochschulen oder in Städten, in denen sich die Digital Natives ballen, von Tel Aviv bis Berlin. Walmart, der größte Einzelhändler der Welt, hat seine WalmartLabs gleich in der Nähe der Universität von Stanford angesiedelt.

### Was tun, damit die Talente an Bord bleiben?

Weil die Spezies der digital Begabten knapp ist, werden die Talente über Social Media von Xing bis Facebook ständig von Personalberatern angesprochen, die sie zu neuen Arbeitgebern locken wollen. Umso wichtiger ist es, dass Unternehmen den frisch angeworbenen Kräften vom ersten Tag an mit einem klaren Förderprogramm begegnen. Um den reibungslosen Einstieg (»Onboarding«) zu garantieren, gibt es heute maßgeschneiderte Programme, die von Spezialisten wie dem niederländischen Start-up Appical oder der US-Firma LearnUp programmiert werden. Mit solch einem systematischen Training der Neuen konnte Google deren Arbeitsproduktivität um 15 Prozent steigern.

Auch Unzufriedenheit und Abwanderungsgedanken von Mitarbeitern lassen sich heute schon digital aufspüren. »Predictive Analytics«, vorausschauende Analysen, untersuchen die sozialen Interaktionen in Teams und schlagen Alarm. Dann kann die Personalabteilung einen Mentor oder gleich einen neuen Job anbieten, vielleicht auch eine Beförderung. Wieder einmal liegt Google ganz vorn beim Einsatz digitaler Technik in der Personalarbeit: Der Suchmaschinenriese hat eine »People Analytics Unit« gegründet, die untersucht, wie sich Teamdynamik und -harmonie

**Spitzenkräfte gewinnen und halten: Was sich vom Silicon Valley lernen lässt**

Google
LinkedIn
facebook
@WalmartLabs

- Kleine Teams funktionieren am besten
- Rollen im Team sollten fließend sein
- Zusammenarbeit und Wissensaustausch sind unverzichtbar
- Experimente zulassen – und auch die damit verbundenen Misserfolge
- Leistung am Geschäftseffekt messen – nicht am Aufwand
- Zieloffenheit und Leistungsbewertungen anwenden
- Macher statt Manager honorieren

auf das Ergebnis auswirken und wie die Kreativität der Softwareingenieure am besten stimuliert werden kann. Das Unternehmen rühmt sich, dass es mit seiner Software gelingt, sowohl die Produktivität der einzelnen Mitarbeiter als auch die der Entwicklungsteams deutlich zu steigern.

Deutsche Mittelständler müssen sich von den Kunststückchen der Internetriesen nicht einschüchtern lassen. Auf ihrem Weg in die digitale Zukunft können sie eine im Wortsinn naheliegende Ressource anzapfen: die eigene Belegschaft. Der Anteil extern angeworbener Spezialisten sei gar nicht sehr hoch, berichtet Max Viessmann, Chief Digital Officer (CDO) beim Heizungsbauer Viessmann. »Wir haben Mitarbeitern, die eine Affinität für das Thema zeigten, die Möglichkeit gegeben, Teil des Digitalisierungs-Teams zu werden«, sagt Viessmann, »darunter sind Maschinenbauer, Betriebswirte und Sozialwissenschaftler – egal, es kommt vor allem auf die Geisteshaltung an.«

## 6.8 Partnermanagement: Gemeinsam sind wir stark

Niko Mohr über die Kunst, ein Kooperationsnetzwerk zu leiten.

Apple kann es: Auf seiner Gesundheitsplattform HealthKit bringt der Technikkonzern alle Akteure der Medizin zusammen. Ärzte, Forscher, Kliniken und Patienten, dazu viele pfiffige Entwickler von Apps docken an der offenen Plattform an. Wie die Spinne im Netz besetzt Apple die zentrale Position, verbindet Akteure, vernetzt etwa Mediziner zu Forschungsverbünden, die Krankheiten wie Asthma oder Parkinson ergründen wollen, und bietet den Apple-Kunden über selbstentwickelte oder von Partnern programmierte Apps die Möglichkeit, ihre Gesundheit und ihre Krankheiten besser zu managen. Die Provisionen aus dem Verkauf der Apps sind für Apple nur ein angenehmer Nebeneffekt. Das Unternehmen ist vor allem am Verkauf seiner Endgeräte und an den Daten interessiert – am Gold des digitalen Zeitalters.

Das HealthKit ist ein Prototyp für ein funktionierendes Partnernetzwerk: Alle Akteure profitieren – Mediziner und Forscher, weil ihnen Organisation und Datenverwaltung eines Researchnetzwerks erspart werden, iPhone-Besitzer, weil ihr Smartphone noch wertvoller für ihr Leben wird, Apple durch Mehrumsatz und Daten. Die Kalifornier sind Pioniere des Partnermanagements, denn auch dank der Ideen externer Programmierer war dem Unternehmen der Aufstieg zum wertvollsten Unternehmen der Welt gelungen.

Das Beispiel des Digitalunternehmens Apple kommt jetzt in der analogen Welt an. Die Komplexität und das hohe Entwicklungstempo der Digitalisierung machten das früher beliebte Prinzip des »Alles-selber-machen« obsolet. In den überall schnell entstehenden neuen wirtschaftlichen Ökosystemen kann ein einzelnes Unternehmen nicht alle Rollen übernehmen. Wer in die digitale Welt aufbricht, braucht die Offenheit, mit Partnern zu arbeiten.

In der Automobilindustrie war das Zusammenspiel mit mehreren Partner zwar schon lange etabliert; neu ist das digitale Denken – das Fahrzeug der Zukunft wird sich in einem Ökosystem bewegen, in dem sich die klassischen Zulieferer, aber auch ganz neue digitale Unternehmen wie Here, Amazon mit Alexa, Google, Restaurant-Apps und andere wiederfinden. Das eigentlich Neue ist das Zusammenspiel mit vielen Partnern, die das Auto als ein System aus Hardware, Software und Service anbieten. Dazu arbeiten die Fahrzeugentwickler mit Start-ups, großen Digitalunternehmen, Hightech-Firmen und anderen digitalen Dienstleistern zusammen.

Siemens etwa hat sich mit IBM und einem kleinen Start-up namens Local Motors verbündet und experimentiert mit einem offenen Netzwerk. Per Crowdsourcing haben viele unabhängige Programmierer und Ingenieure ein Automobil entwickelt, das fast völlig im 3-D-Drucker entsteht, vor Ort beim Kunden – »Local« Motors eben. Von der Entscheidung über das Produktdesign bis zur Fertigstellung des ersten Prototypen vergingen gerade zwei Monate – ein Bruchteil der in der Autoindustrie üblichen Zeitspannen.

Auch das deutsche Traditionsunternehmen Vorwerk hat sich mit seinem Erfolgsprodukt Thermomix einem Partnernetzwerk geöffnet. Für den acht Kilogramm schweren und 1.200 Euro teuren Mix-Pürier-Kochapparat hat der ehrwürdige Hausgerätehersteller eine digitale Plattform aufgebaut: Über eine offene Schnittstelle können Thermomix-Eigner auf eine Bibliothek von Rezepten zugreifen, die von Partnern zugesteuert werden und via WLAN direkt auf dem Bildschirm des Geräts zu lesen sind. Daneben gibt es eine lebendige Online-Community und nicht zuletzt inzwischen schon vier Zeitschriften mit Tipps für das Leben mit dem vielfältigen Küchengerät. In der Zukunft wird es um die Einbettung in größere Ökosysteme, die smarte Küche oder das vernetzte Haus gehen.

## Die richtigen Partner finden und managen

In der Partnerschaft hat ein Unternehmen grundsätzlich die Wahl zwischen drei Rollen: Es kann Initiator und Koordinator eines Ökosystems sein, sich als Mitglied einordnen oder ein eigenes Ökosystem als Teil eines größeren Ganzen gründen. Wer sich als Koordinator im Zentrum des Ökosystems platzieren will, muss für die Partner, die rundherum andocken sollen, attraktiv sein. Eine starke Marke zieht andere an, weil sie sich unter dem Schirm der Marke gute Geschäfte versprechen. Ebenso attraktiv ist ein Koordinator oder Aggregator, der schon eine große Kundenbasis ins Netzwerk einbringt wie beispielsweise Apple. Ein gesuchter Partner ist auch, wer Digitaltechnik mitbringt, die das neue Ökosystem vom Wettbewerb differenziert, oder wer es schaffte, im Markt einen Standard durchzusetzen. Dann ist es für alle, die hier Umsätze machen wollen, rational, den Standard zu übernehmen und Teil des Ökosystems zu werden – andernfalls sind sie aus dem Geschäft.

Wer ein Unterökosystem als Teil eines größeren Systems initiieren will, muss dafür sorgen, dass sein Teilsystem mit dem größeren reibungslos vernetzt wird. Wer beispielsweise im smarten Zuhause für die intelligente Steuerung von Heizung und Klimatisierung sorgen will, muss im größeren Ökosystem Smart Home mit den dort agierenden anderen vertikalen Ökosystemen (etwa Digital Entertainment oder Intelligentes Licht) ebenso zusammenarbeiten wie mit etablierten Aggregatoren, etwa Apples HomeKit.

Wenn Traditionsunternehmen prüfen, ob ein Hightech-Konzern oder ein Start-up ein sinnvoller Netzwerkpartner sein kann, hilft eine Bewertung in fünf Dimensionen weiter. Der erste Blick gilt dem Markt, auf dem sich der potentielle Partner tummelt, und der Wettbewerbsintensität dort. Am besten gefallen natürlich ein dynamischer Markt und eine starke Wettbewerbsposition. Dann geht es um das Geschäftsmodell: Ist es einleuchtend und zukunftsfähig? Wie steht es um Produkte und Dienstleistungen – wie innovativ und kundenzentriert ist das

Angebot? Schließlich der menschliche Faktor: Wie gut sind Führungspersonal und Belegschaft des überprüften Unternehmens? Und schließlich der Blick auf die Kultur: Passen der potentielle Partner und dessen Art, das Geschäft zu betreiben, zum eigenen Unternehmen? Aus den Antworten lässt sich recht verlässlich ableiten, ob die Kooperation im gleichen Ökosystem sinnvoll ist.

Um das Kooperationsnetzwerk zu managen, sind bei den teilnehmenden Unternehmen vier Fähigkeiten gefragt:

- *Methodisches Partnermanagement*, von der Definition der Ziele des Netzwerks über die Art der Beteiligung der einzelnen Kollaborateure der Produkte und entwickelten Ideen bis hin zu den dahinterliegenden Geschäftsvereinbarungen.

- *Eine interne Organisation*, die an der Schnittstelle zwischen Unternehmen und Ökosystem für reibungslose Zusammenarbeit sorgt.

- *Neue Managementprozesse*, die das Partnermanagement als Funktion in der Organisation des digitalisierten Unternehmens integrieren. Gerade in der Führungsebene müssen dazu viele umdenken, weg vom Motto »Allein gegen alle« und hin zu: »Gemeinsam sind wir stark!«

- *Der Aufbau einer Kultur*, die das Unternehmen zu Partnerschaften befähigt und andere im Ökosystem als Partner, nicht als Konkurrenten sieht.

Für eine fruchtbare Partnerschaft sind viele Dinge zu regeln. Alles beginnt mit der Einigung auf messbare Ziele. Um das ganze Potential zu erschließen, sollten die Partner die gesamte Wertschöpfungskette daraufhin überprüfen, wo Zusammenarbeit Sinn stiftet. Generell gilt das Ziel, möglichst viel gemeinsam zu erarbeiten. Damit das Ökosystem wirtschaftlich arbeitet, muss regelmäßig überprüft werden, ob Budgets eingehalten und Etappenziele erreicht werden. Auch die Ideen der Partner für neue Produkte oder Dienstleistungen sind kontinuierlich zu evaluieren. Und alle Netzwerkpartner sollten die richtigen Leute für das Ökosystem abstellen – ohne das Talent zur Zusammenarbeit gelingt diese auch nicht. Für die neu geschaffenen Rollen im Partnermanagement müssen die Akteure extra geschult werden.

### Coopetition: Wenn Wettbewerber sich zusammentun

Immerhin gibt es ja auch Dinge zu verhandeln, bei denen die Interessen der Netzwerkpartner konkurrieren. In der digitalen Welt gilt das besonders für das Teilen von Daten. So muss jeder Teilnehmer für sich entscheiden, welche Daten oder welche Teile des Datenmodells er mit allen anderen teilen will und welche er für so sensibel hält, dass er sie exklusiv besitzen will. Auch über die Aufteilung der Erlöse muss geredet werden: Wie profitiert ein Unternehmen, wenn ein Bestandskunde über die gemeinsame Plattform bei einem Partner einkauft? Was gebe ich an den Netzwerkkoordinator von dem Umsatz ab, der über meine App im Ökosystem hereinkommt?

Kollaboration statt Konkurrenzkampf – der Gedanke ist in deutschen Chefetagen noch nicht überall angekommen, US-Unternehmen zeigen sich dafür offener. Doch unter dem Druck der Digitalisierung wandelt sich in Deutschland die Einstellung. So bündeln jetzt sogar direkte Wettbewerber ihre Kräfte. Etwa die deutschen Premiumhersteller Audi, BMW und Mercedes, die gemeinsam den Kartierungsdienstleister Here von Nokia übernahmen. Extrem genaue Karten sind eine Voraussetzung für das autonome Fahren, an dem die Branche gerade arbeitet. Here ist Weltmarktführer für die Lieferung solcher Daten, die alle drei Partner brauchen und die sie überdies auch Interessenten weiterverkaufen. »Coopetition« (von Competition und Cooperation) heißen solche Zweckbündnisse unter Konkurrenten, von denen wir in den nächsten Jahren mehr erleben dürften.

Die neu entstehenden digitalen Mega-Ökosysteme, etwa rund um die Mobilität, die smarten Häuser, die digitalisierte Finanzwelt oder Gesundheitsbranche werden in den nächsten Jahren viele Unternehmen zu Partnern in Netzwerken machen, die heute noch weit gehend insular arbeiten. Die Vision zeigt eine Wirtschaftswelt, die wie ein Konstrukt von Nervenbahnen aussieht, die über unzählige Synapsen verbunden sind – alle sind mit allen vernetzt.

## 6.9 Die besondere Rolle des Marketing bei der Digitalisierung

Professor Heribert Meffert hat sich als Hochschullehrer für Marketing in den letzten 50 Jahren intensiv mit den Themen Aufbau neuer Geschäfte und erfolgreiches Management bestehender Geschäfte befasst – hier seine Ratschläge.

*Aufbau neuer Geschäfte:* In der digitalen Transformation sprechen wir in diesem Zusammenhang vom Aufbau neuer digitaler Ökosysteme. Diese entstehen insbesondere an den Grenzen zwischen etablierten Branchen. Typischerweise sind es neue Technologien, die neue Wertversprechen hervorbringen oder bekannte Wertversprechen zu ungeahnt neuen Preispunkten anbieten. Diesen neuen Ökosystemen ist eines gemeinsam: Traditionelle Methoden der Markt- und Wettbewerbsanalyse greifen nicht oder geben ambivalente Signale. Denn der Kunde kennt das neue Wertversprechen nicht, kann den daraus resultierenden Kundennutzen nicht einschätzen.

In dieser Phase der Markteinführung kommt dem Marketing eine besondere Rolle zu. Den anvisierten Zielgruppen und -personen sind die digitalen Neuheiten bekanntzumachen, deren Vorteile aufzuzeigen, um mit überzeugenden verkaufsunterstützenden Argumenten zur Übernahme der Neuerung zu bewegen.

Das Marketing muss gemeinsam mit dem Kunden in »schnellen Schleifen« das Feedback und die Akzeptanz erkennen, das Wertversprechen verbessern und erneut testen. Das ist von eminenter Bedeutung, da klassische Methoden von Produkt- und Markttests nur bedingt taugen. Entscheidend sind Leistungsbeweise und das Risiko reduzierende Empfehlungsverhalten von Referenzkunden.

Vor allem in der Einführungsphase sind Erfahrungsberichte und Verbesserungsvorschläge der Early Adopter wichtig. Die Adoptions- und Diffusionsforschung liefert hierzu interessante Erkenntnisse. Danach sind die aufgeschlossenen Erstkunden die wichtigsten Partner des Marketing: Besser gebildet und von höherem sozialen Status als der Schnitt, empathisch und für den Wandel offen, sind sie ideale Multiplikatoren. Sie sind typischerweise auch wesentlich intensiver in die sozialen Systeme eingebunden als spätere Nutzergruppen – in den Worten der Betriebswirtschaft: die frühe und die späte Mehrheit sowie die Nachzügler. Vor allem sind sie häufig Meinungsführer.

Beim Markteintritt kommt es auch im digitalen Zeitalter nicht allein darauf an, Erster zu sein. Gerade Unternehmen, die in den neu entstehenden Ökosystemen – von den smarten Häusern bis hin zum autonomen Fahren – Erfolg suchen, sind auf verlässliche technische Standards angewiesen. Was einem Unternehmen passieren kann, das als Erstes ein technisch überlegenes Produkt lanciert und doch keinen Markterfolg hat, zeigt das Beispiel der Unternehmen Philips und Sony: Philips war zeitlich und technisch mit Video 2000 vorn, Sony war mit Betamax wettbewerbsfähig. Aber der schnelle Follower JVC etablierte mit VHS den Marktstandard.

JVC hatte seine Patente offengelegt und andere Marktteilnehmer eingeladen, Videorekorder nach dem gleichen System zu bauen – so vergrößerte der Hersteller den Kuchen und setzte den Industriestandard. Damit nahm JVC bereits in der 1970er Jahren die Idee von Android vorweg, das heute auf Smartphones aller möglichen Hersteller als offenes Betriebssystem läuft. Hier erlauben offene Schnittstellen externen Entwicklern, ihre Ideen einzubringen und eigene Produkte oder Apps im Markt zu platzieren.

Es bleibt also für die erfolgreiche Durchsetzung am Markt die Erkenntnis: Schnelligkeit ist ein Plus, aber noch kein Garant für den Erfolg. Das Marketing muss mit der richtigen Einführungskampagne den Weg ebnen, und das Management braucht eine Strategie, um im Markt die Standards zu setzen.

*Erfolgreiches Management bestehender Geschäfte:* Über die Zeit hat sich das Marketing spezialisiert. Es hat sich eine Vielzahl von Spezialdisziplinen herausgebildet, angefangen vom Pricing über Kanalmanagement und Kundenbestandsmanagement (CRM) bis zur Neukundengewinnung und vielem mehr. Im Zeitalter der Digitalisierung und insbesondere neuentwickelter Analysemethoden – ich möchte hier auf die Möglichkeiten durch das Machine-Learning verweisen – hat sich auch hier die Innovationsgeschwindigkeit vervielfacht.

Dazu ein Beispiel: Aus der Analyse von weniger als 10 Prozent der Kassenbons lässt sich heute im Einzelhandel mit einer über neunzigprozentigen Sicherheit der Kundenmix vorhersagen. Das hat natürlich nachhaltige Auswirkungen auf das Store-Management. Das CRM beschränkt sich heute nicht mehr nur auf seine Bestandsdaten, sondern bezieht in innovativer Weise zusätzliche Informationen aus anderen Quellen ein, zum Beispiel öffentlichen wie dem Internet. Dies erlaubt eine wesentlich verbesserte Segmentierung und attraktivere, auf individuelle Bedürfnisse zugeschnittene Produkte und Dienste.

Ganz entscheidend bei diesen Innovationen ist es, die Balance nicht zu verlieren zwischen der zunehmenden Spezialisierung und Professionalisierung auf der einen Seite und dem »Big Picture« auf der anderen. Dies trifft insbesondere auf die Herausforderungen des Omni-Channel-Managements zu. Optimiert jeder nur seinen Einzelkanal, ist es nahezu unmöglich, den Kundenbedürfnissen gerecht zu werden oder einen konsistenten Marktauftritt sicherzustellen – geschweige denn, das betriebswirtschaftliche Optimum zu erzielen. Es hat sich über die Jahre gezeigt, dass gerade der Schritt zurück, also die ganzheitliche Ende-zu-Ende-Sicht, Durchbruchsideen zu Tage fördert.

Beide Themen, die Einführung neuer Geschäfte und das Management bestehender Geschäfte, haben eines gemeinsam: Die marktorientierte Unternehmensführung als Maxime bringt den Erfolg – gerade im digitalen Zeitalter.

---

**Fragen, die sich das Management stellen sollte: Wo stehen Sie?**

In Kapitel 3 haben wir geklärt, warum alle Unternehmen ein Digitalkonzept brauchen. In den Kapiteln 4 bis 6 haben wir strukturiert, was zu tun ist. Wir haben die wichtigsten neu entstehenden wirtschaftlichen Ökosysteme vorgestellt, den Veränderungsbedarf in der Geschäftsarchitektur erklärt und beschrieben, wie das Fundament aus Technik und Organisation gestärkt werden muss. Ideen, Konzepte und Beispiele digitaler Vorreiter zeigen, wie es andere machen.

Jetzt sind Sie als Führungskraft gefordert. Wo entstehen in Ihrer Branche neue Ökosysteme? Schlummern auch in Ihrer Geschäftsarchitektur Effizienzpotentiale, die durch Digitalisierung und Advanced Analytics realisiert werden können? Setzen Sie bereits State-of-the-Art-Technologien und sichere, agile IT-Systeme ein? Haben Sie die richtigen Talente an Bord? Investieren Sie gezielt in den Aufbau strategischer Partnerschaften? Machen Sie eine Selbstdiagnose! Ihre Antworten decken die Defizite auf und führen direkt in die nächsten Kapitel: Da geht es um das Wie der Digitalisierung: Wie man einen Plan für die Transformation aufstellt, wie dann der Wechsel in den Digitalmodus gelingt und wie dieser Modus dann im ganzen Unternehmen eingeführt wird – Digital@Scale.

## Was? Schlüsselfragen an das Management zur Selbsteinschätzung

*Grad der Zustimmung von 1 (sehr niedrig) bis 5 (sehr hoch)*

| | | | 1 | 2 | 3 | 4 | 5 |
|---|---|---|---|---|---|---|---|
| Neue Ökosysteme bauen | 1 | Greifen Wettbewerber unser Geschäftsmodell mit neuen Technologien an? | | | | | |
| | 2 | Nutzen wir das Potential digitaler Technologien, um uns neu zu erfinden? | | | | | |
| | 3 | Entstehen an den Grenzen traditioneller Branchen neue Profit Pools? | | | | | |
| Geschäfts-architektur weiterentwickeln | 4 | Nutzen wir Digitalisierung wirklich voll, um das Kundenerlebnis fundamental zu verbessern? | | | | | |
| | 5 | Entwickeln wir neue Produkte radikal und schnell genug, um vorne zu sein? | | | | | |
| | 6 | Schöpfen wir alle Effizienzpotentiale durch Digitalisierung oder Advanced Analytics aus? | | | | | |
| Fundament stärken | 7 | Setzen wir State-of-the-Art-Technologien und -IT ein? | | | | | |
| | 8 | Haben wir eine agile, flache Organisation und fördern unternehmerisches Handeln? | | | | | |
| | 9 | Bringen wir neue Talente ins Unternehmen und bauen gezielt Partnerschaften aus? | | | | | |

Kapitel 7

# Wie? Entschlossen, ganzheitlich und schnell umsetzen

Nachdem wir die Transformationselemente mit den Fragen nach dem Warum und dem Was behandelt haben, geht es jetzt an die konkrete Umsetzung. In den nächsten drei Kapiteln beschreiben Karel Dörner und Jürgen Meffert das Wie – das Herzstück der Transformation zu Ihrem digitalen Unternehmen.

Die Erkenntnis ist da, nun geht es ans Handeln: Wir haben verstanden, warum die Digitalisierung keine Option, sondern Notwendigkeit ist, haben gesehen, welche Möglichkeiten – von den neuen Ökosystemen über digitalisierte Unternehmensfunktionen bis zu den neuen technischen und organisatorischen Fundamenten – sich bieten. Jetzt wird es konkret, es geht an den Umbau des Unternehmens. Wie schon in den Was-Kapiteln stellen sich viele Fragen: Wie setzen wir die Prioritäten, an welchen Ansatzpunkten beginnen wir den Wandel zum digitalen Unternehmen? Wie führt man solch ein digitales Unternehmen, wie wird es agil, und wie nimmt man Bedenkenträger mit? Auch beim Wie hilft eine dreistufige Struktur, die Fragen zu sortieren, die richtigen Antworten zu finden und die Transformation anzugehen.

Als Erstes brauchen wir einen Plan, der die Etappen des oft mehrjährigen Transformationsprogramms definiert – unsere Blaupause. Wo man anfängt, was dabei wichtig ist, was im Wege steht und welche Weichen schon zu Beginn gestellt werden sollten, erklärt dieses Kapitel.

**Wie? Schlüsselfragen für das Management**

| | | | |
|---|---|---|---|
| Plan erstellen | 1 Haben wir einen Plan für die Digitalisierung unseres gesamten Unternehmens? | 2 Wie stellen wir den Kunden bei der Veränderung in den Mittelpunkt? | 3 Welche Struktur unterstützt die notwendige Veränderung? |
| Digitale Unternehmen scharfschalten | 4 Digital Natives denken in Wochen, nicht in Jahren – wie agil ist unsere Unternehmung? | 5 Markterfolg – wie messen wir den Erfolg der Digitalisierung richtig? | 6 Wie stellen wir ein Team mit digitaler Erfahrung und Branchenkenntnis zusammen, und wie führen wir es? |
| Konsequent skalieren | 7 Wie skalieren wir schnell, systematisch und konsequent? | 8 Wie kann unsere IT unsere Unternehmung schnell machen? | 9 Wie nehmen wir die Organisation mit, und haben wir ein Konzept zum Umgang mit Bedenken? |

Testen, scheitern, lernen, gewinnen – das digitale Unternehmen tickt anders als die analogen Vorgänger. Die Organisation, ihre Führungsinstrumente und Prozesse müssen auf »digital« gestellt werden – wie Sie Ihr digitales Betriebssystem scharfschalten, erfolgreich Ihren ersten Piloten starten und die Kultur verändern, steht in Kapitel 8.

Was sich im Test bewährt, wird schnell in der Breite ausgerollt – und dabei geht es immer um Ihr ganzes Unternehmen. All das erfordert Mut. Wie IT-Kompetenz zur zentralen Waffe wird, wie Start-ups Ihnen dabei helfen können und wie Geschwindigkeit zum neuen Credo wird, das beschreibt Kapitel 9. Zum Abschluss der Wie-Kapitel schreibt Professor Heribert Meffert über Beschleuniger und Bremser digitaler Transformationen.

Beim langen Weg zum digitalen Unternehmen hilft häufig ein Blick auf diejenigen, die schon digital zur Welt kamen: Von Amazon und Google bis zu kleinen Start-ups gibt es einige Gemeinsamkeiten, die das Kopieren lohnen. Tempo vor Perfektion, ausprobieren und aus Fehlern lernen, mit kleinem Budget starten und nach Erfolg aufstocken, datenbasiert entscheiden, statt nach Bauchgefühl, und immer überlegen, was der Kunde wirklich wollen könnte – denn das ist zu Beginn selten klar.

Digitale Unternehmen brauchen eine eigene Führungsphilosophie, wenn sie erfolgreich sein wollen. Niklas Östberg, Mitgründer und Vorstandsvorsitzender von Delivery Hero, hat Erfahrung damit: Sein Unternehmen, das schon in 33 Ländern arbeitet und in der letzten Finanzierungsrunde mit 3 Milliarden Dollar bewertet wurde, bringt über eine Plattform hungrige Menschen und Restaurants zusammen. Online bestellte Gerichte werden per Boten nach Hause geliefert.

Beide Seiten würden gewinnen, argumentiert Östberg im Gespräch mit McKinsey Quarterly: Die Kunden können aus vielen Angeboten auswählen, bekommen Informationen über Qualität und Geschmack aus den Kundenbewertungen, zahlen einfach online und sparen über ein Treueprogramm Geld. Die Restaurants profitieren von zusätzlicher Nachfrage, niedrigeren operativen Kosten sowie den Informationen aus den anfallenden Daten: Welche Gerichte gehen wo am besten, was fehlt in einer Region, welche Preishürden bremsen die Nachfrage – es gibt viel zu lernen.

Sein internationales Imperium führt Östberg, typisch für die Digitalwirtschaft, sehr dezentral: »Wir geben den lokalen Führungskräften möglichst viel Autonomie, um den Unternehmergeist zu wecken. Aber natürlich müssen wir in der Zentrale die Spielregeln bestimmen und die Unternehmenskultur definieren.« Bei dem Balanceakt hilft die Technik. »Wir haben eine datengetriebene Kultur«, sagt Östberg, »deshalb kann ein lokaler Manager in einer Auseinandersetzung niemals behaupten, dass man etwas in seinem Land eben einfach so und nicht anders machen würde. Er muss entlang von Daten argumentieren«, und die fallen in dem Geschäft reichlich an. Typisch digital: Delegieren ja, aber das Vertrauen muss durch faktenbasiertes Argumentieren verdient werden – reine Bauchentscheidungen sind Old Economy.

Um die Chancen der Digitalisierung zu nutzen, brauchen Unternehmen individuelle, passende Digitalstrategien. Dazu müssen sie Ziele formulieren, Projekte anstoßen und gegebenenfalls Partnerschaften eingehen. Solch eine Strategie bedingt jedoch auch einen Kulturwandel: Die Digitalwirtschaft ist schnelllebig und verlangt rasche Skalierbarkeit, ist also deutlich stärker auf Kurzfristigkeit ausgerichtet als traditionelle Unternehmen. Das Spannungsverhältnis aus sauber durchdachtem und strukturiertem Fahrplan und der Bereitschaft zur geschmeidigen Anpassung stellt für viele Manager heute eine große Herausforderung dar.

Da kann es eine Hilfe sein, sich an den bewährten Methoden der großen Risikokapitalgeber, den Venture-Capitalists (VC), zu orientieren. Wenn die sich an einem Start-up beteiligen, schauen sie genau und immer wieder auf drei Faktoren: das Managementteam, das Geschäftskonzept und die Meilensteine des Businessplans. Dabei grenzen sie ihr Risiko ein, indem sie zunächst nur sehr knappe Budgets freigeben und diese an das Erreichen von Meilensteinen knüpfen. An denen wird dann überprüft, ob die zuvor für diesen Zeitpunkt formulierten quantitativen oder qualitativen Ziele tatsächlich erreicht sind. Ist das der Fall, gibt es frisches Geld für die Weiterentwicklung – wenn nicht, wird es spannend: Dann kommt es darauf an, wie das Managementteam reagiert, wie es den Businessplan verändert, neue Kompetenzen ins Team holt und ihren VC überzeugt. Gelingt dies nicht, wird der Versuch konsequent beendet.

Was lernen wir aus den Methoden der Wagnisfinanziers? Dass wir den ersten Grundsatz der Venture-Capitalists kopieren sollten, wenn wir in die digitale Welt aufbrechen: Die investieren nur, wenn sie vom Team und seiner Erfahrung überzeugt sind. Der gute Businessplan, zweiter Baustein der Investoren, fällt den meisten großen Unternehmen eher leicht – Pläne zu erstellen haben sie ja gelernt. Der dritte Grundsatz, Budgets und ihre Freigabe an das Erreichen von Meilensteinen zu knüpfen, stellt eine echte Herausforderung dar. Große Unternehmen haben typischerweise periodische Strategie- und Planungsprozesse: Meist einmal im Jahr werden da Entscheidungen getroffen und Budgets verein-

**Wie? Elf Grundsätze: was sie wirklich bedeuten**

| | Grundsätze | Was sie wirklich bedeuten |
|---|---|---|
| Plan erstellen | 1 Think big – digitalisiere das gesamte Unternehmen | ▪ Ganzheitlich denken<br>▪ Sortieren nach Wertbeitrag<br>▪ Lücken schließen |
| | 2 Überraschung – es geht um den Kunden! | ▪ Kritische Prozesse bereichsübergreifend und gesamthaft optimieren<br>▪ Konzeptiteration – mit dem Kunden lernen<br>▪ Digitalisierung nach Wertbeitrag im Unternehmen einführen |
| | 3 Brich die funktionalen Silos auf! | ▪ Digitale Reife des Unternehmens bestimmen<br>▪ Neue digitale Geschäftseinheit aufbauen<br>▪ Digitales Kompetenzzentrum aufbauen<br>▪ Mandat verleihen und digitale Talente aufbauen |
| Digitale Unternehmung scharfschalten | 4 Wechsle zum digitalen Betriebssystem | ▪ Team rekrutieren und ausbauen<br>▪ Fähigkeit zur schnellen Konzeptiteration aufbauen<br>▪ Meilensteinbasierte Steuerung aufbauen |
| | 5 Verändere die Kultur | ▪ Arbeitsumfeld weiterentwickeln<br>▪ Kulturtransformation – zeitgleich an 4 Dimensionen arbeiten<br>▪ Kommunikation – Digitales tun und darüber reden |
| | 6 Steuere die Veränderung | ▪ Steuerungsteam einsetzen wie ein Venture Capitalist<br>▪ Wie ein VC handeln: Budgets an Meilensteine knüpfen<br>▪ Neue Steuerungssysteme konsequent anwenden |
| | 7 Ermutige zu führen – und das auf allen Ebenen | ▪ Topmanagement muss mit gutem Beispiel vorangehen<br>▪ »Lizenz zum Töten« |
| Konsequent skalieren | 8 Es geht ums Ganze! | ▪ Der Plan lebt<br>▪ Digital Build-Operate-Transfer (DBOT) als Turbo |
| | 9 Mache IT zur Waffe | ▪ Vorgehen hängt stark vom Startpunkt ab<br>▪ Erfolgsfaktoren für 2 Geschwindigkeiten<br>▪ Ein agiles System einrichten |
| | 10 Kooperiere eng mit Start-ups | ▪ Neue Geschäftsideen mobilisieren die Organisation und geben Impulse<br>▪ Start-ups beschleunigen die Transformation |
| | 11 Sei schnell! | ▪ Nicht zögerlich, sondern entschlossen handeln |

bart. In der digitalen Welt spielen solche periodischen Planungen eine untergeordnete Rolle – Risikokapitalgeber halten sie sogar für irrelevant. Ihnen kommt es darauf an, dass Ziele an vereinbarten Meilensteinen erreicht werden, und dann gibt es wieder neues Geld. Diese Logik gilt es jetzt in Ihrem Unternehmen einzubauen. Der Aufbruch in die digitale New Economy organisiert sich entlang von elf Grundsätzen (Grafik auf Seite 283), die wir in den nächsten drei Kapiteln vertiefen.

## 7.1 Einen Plan erstellen

1964 beobachtete der kanadische Medienwissenschaftler Marshall McLuhan die gefährliche Abhängigkeit der Zeitungsverleger vom Geschäft mit den Kleinanzeigen: »Sobald es eine alternative Quelle für diese Information gibt, wird das Geschäftsmodell der Presse einstürzen.« Anfang des neuen Jahrtausends war es dann so weit: Seitdem werden Wohnungen, Autos und Jobs im Internet inseriert – die Zeitungsverlage erleben ihre tiefste Krise.

Allerdings nicht alle. In einem gewaltigen Kraftakt erfand sich beispielsweise das Verlagshaus Axel Springer mit Zeitungen wie Bild oder Welt als digitales Unternehmen neu. Seit 2005 kaufte sich Deutschlands größtes Zeitungshaus einem minuziösen Plan folgend in rund 70 Digitalunternehmen ein – darunter die erfolgreichen Plattformen, auf denen heute das Kleinanzeigengeschäft stattfindet. Dazu startete der Verlag etwa 90 eigene Initiativen.

### So gelingt der digitale Wandel

In dem zehnjährigen Transformationsprozess zum digitalen Unternehmen ging es um Veränderung auf allen drei Ebenen: Mit seinen Akquisitionen von Digitalunternehmen stieß der Verlag in ganz neue Ökosysteme vor und baute auch die Geschäftsarchitektur drastisch um. Das Fundament stärkte der Verlag, indem er neben der nötigen technischen Aufrüstung auch die Unternehmenskultur auf digital einstellte. Dazu ging Springer auf fünf Feldern in die Offensive, wie es im Verlag hieß:

- *Bezahloffensive:* Mit dem Bezahlangebot Bild plus beendete der Verlag die Unkultur, dass journalistische Inhalte im Internet durchweg umsonst angeboten wurden. Um die spannendsten Artikel sowie Videos lesen oder sehen zu können, zahlten 2016 mehr als 300 000 Abonnenten zwischen 4,99 und 14,99 Euro im Monat.

- *Integrationsoffensive:* WeltN24 ist seit Ende 2013 das erste trimediale Angebot. Den Kern bildet der Newsroom, in dem die journalistischen Inhalte für Welt online, die verschiedenen Printausgaben der Welt sowie die Videos des Nachrichtensenders N24 verarbeitet werden – alles nach dem Motto »online first«. Die Webseite setzt, ganz im Trend, immer stärker auf die Bewegtbilder von N24.

- *Frühphasenoffensive:* 2013 eröffnete der Verlag einen Akzelerator für die Entwicklung gerade gestarteter Digitalunternehmen, Axel Springer Plug and Play. Die Start-ups bekamen 25 000 Euro für die Anlaufkosten, für drei Monate Büroraum, Mentoren und Technikberatung aus dem Verlag. Wenn sich die Sache gut entwickelte, gab es weitere Förderung. Bis 2016 wurden daraus mehr als 70 Beteiligungen an aufstrebenden Jungunternehmen.

- *US-Offensive:* 2016 kaufte Springer das Wirtschaftsportal Business Insider, oft als das »Wall Street Journal für die digitale Generation« bezeichnet. Die Webseite ist inzwischen auch in Deutschland gestartet und soll zur Weltmarke ausgebaut werden. Springer insgesamt zählt mit gut 200 Millionen Nutzern pro Monat heute zu den sechs reichweitenstärksten Medienkonzernen der Welt.

- *Kooperationsoffensive:* Digitalunternehmen suchen gezielt Verbündete. Springer hat sich mit Samsung zusammengetan, um den Smartphone-Kunden des koreanischen Konzerns einen attraktiven Zugriff auf Nachrichten zu schaffen. Über die App UpDay bekommen sie einerseits wichtige News (»need to know«), andererseits alles Neue aus ihren persönlichen Interessengebieten – ein maßgeschneidertes Nachrichtenangebot für die mobile Generation, ein Spielfeld für den Journalismus von morgen.

Gut zehn Jahre brauchte Springer, um sich digital neu zu erfinden. Das Beispiel zeigt: Wie alle komplexen Transformationen benötigt ein Digitalisierungsprogramm eine Struktur, einen Plan. Kurzfristiges Denken und Optimierung von Insellösungen führen nicht zum Ziel.

## 7.2 Think big: Das gesamte Unternehmen digitalisieren

Am Ende der Transformation wird die Digitalisierung das ganze Unternehmen erfasst und verändert haben. Das wissen wir schon heute – daher sollten Sie ganzheitlich denken, wichtige Lücken früh erkennen und die Themen nach ihrem Wertbeitrag und ihrer Signalwirkung sortieren.

### Ganzheitlich denken

Wer sein Unternehmen fit für die digitale Zukunft machen will, darf nicht kleinteilig ansetzen: Bis eine digitale Insel ihre Wirkung auf die gesamte Organisation ausstrahlt, vergeht allemal zu viel Zeit – dann sind die alten Wettbewerber schon weiter oder haben neue Konkurrenten den angestammten Markt erobert. Der Plan für die Digitalisierung muss auf allen drei Ebenen ansetzen und das Unternehmen in neue Ökosysteme führen, seine

Geschäftsarchitektur modernisieren sowie das technische und organisatorische Fundament für digitale Anforderungen rüsten. Er soll das gesamte Unternehmen erfassen und darf auf mehrere Jahre angelegt sein.

Ein moderner Strategieprozess kann hier den Ausgangspunkt bilden. Modern? Nun, eine solche Strategie entsteht nicht am Schreibtisch, nicht im Elfenbeinturm – neue Ideen sind gefragt. Also sollte ein umfangreiches Eintauchen in die neuen Welten den Anfang machen. Gehörten in den 1990er und 2000er Jahren Benchmarking-Anstrengungen zum modernen Handwerkszeug, gibt es heute andere Quellen der Inspiration. Neue Ökosysteme entstehen zwischen traditionellen Branchen, werden von neuen Technologien beflügelt und von echten Unternehmern getrieben. Sie und ihre Start-ups findet man überall in der Welt – im Silicon Valley, in Israel, Südkorea, Japan und zunehmend in China, manchmal aber auch gar nicht weit weg von zu Hause – suchen Sie den Kontakt, ein Besuch lohnt sich.

Spannende Jungunternehmen sind leicht zu finden: Achten Sie beispielsweise einfach auf die Platzierten in den Gründerwettbewerben von McKinsey, »Digital Top 50« (europaweit und gemeinsam mit Google und Rocket Internet) und »The Spark«. Bei »Spark« haben wir die deutschen Start-ups Relayr, Konux und NavVis ausgezeichnet. Dabei gab es fast hundert Bewerber mit ausgezeichneten Ideen. Einige davon werden Ihr Ökosystem verändern. Vielleicht finden Sie hier einen potentiellen Partner, einige Toptalente oder ein attraktives Übernahmeziel.

Welche Veränderungen der Geschäftsarchitektur nötig sind, ist dagegen eher einfach zu erkennen. Die Bedeutung des Multikanalgeschäfts ist direkt vor Ort erlebbar. Kunden sagen ihnen am deutlichsten mit ihrem Verhalten, was sie erwarten. Ähnlich geht es mit den Produktinnovationen. Veränderungen bei der Supply-Chain, bei Produktion und Service dagegen erfordern mehr Vorarbeit. Typische Fragen: Welcher Algorithmus bringt mir Vorteile in Sachen Predictive Maintenance? Welche Sensorik verbessert die Supply-Chain?

Oft genügt nicht einmal mehr das Studieren und Bewerten der verfügbaren Digitaltechnik (»digital walk-through«), um die volle Wirkung neuer Technologien zu erfassen. Es muss eine Machbarkeitsstudie, ein »Proof of Concept« (POC), her, meist verbunden mit dem Bau eines Prototypen des zu verbessernden Produkts oder Prozesses sowie dessen Test. Die digitale Transformation ist keine triviale Aufgabe. Damit sie gelingt, ist es weise, schon beim Planen zwei Gedanken zu beachten.

### Sortieren nach Wertbeitrag

Wenn der Gesamtplan steht, geht es nicht mehr um die Was-, sondern um die Wann-Frage. Welche Aufgabe packen wir zuerst an? Dazu muss das Management abschätzen, mit welcher Maßnahme an welcher Stelle der Wertschöpfungskette mit welchem Aufwand in welcher Zeit wie viel Wertbeitrag geschaffen wird. Gibt es am meisten beim beherzten Eintritt in neue wirtschaftliche Ökosysteme zu gewinnen? Oder bringt ein besseres Verständnis der Kundenwünsche durch Big Data und Advanced Analytics mehr ein? Vielleicht liefert auch die digitale Renovierung der Fertigung oder Logistik den schnellsten Wertbeitrag?

Die Entscheidung ist nicht einfach – denn oft betreten die Unternehmen Neuland, Erfahrungen fehlen. Zudem gilt es einzuschätzen, ob die heutige Organisation überhaupt im Stande ist, das Programm zu bewältigen. Oft ist es der Mangel an Talenten, der den Zeitplan bestimmt. Aus einer so entstehenden Prioritätenliste bauen die Digitalisierer ihren meist mehrjährigen Zeitplan: Darin halten sie fest, wann welches Etappenziel erreicht sein soll.

### Lücken schließen

Nach dem Blick auf das Positive – die höchsten Wertbeiträge – gilt der nächste Blick den Defiziten. Wo die Bestandsaufnahme der Fähigkeiten bedrohliche Lücken aufzeigt, ist schnelle Aktion gefragt. Bei vielen Unternehmen dürfte gerade das Wissen um den Umgang mit Big Data, den unstrukturierten großen Datenmengen, sowie mit Advanced Analytics, den Methoden zur Analyse dieser Datenmassen, fehlen. 2016 gaben in einer globalen Studie von McKinsey zu diesem Thema 86 Prozent der befragten Vorstände an, dass ihr Unternehmen hier höchstens partiell erfolgreich sei, und 25 Prozent werteten ihre Bemühungen um Big Data und Advanced Analytics sogar als gänzlich erfolglos.

Dabei sind kluge Auswertungen der verfügbaren Daten Grundlage für die Optimierung von digitalen Produkten und Dienstleistungen – ohne geht es nicht. Wer hier Defizite feststellt, sollte gezielt investieren, um schnell die erforderlichen Fähigkeiten aufzubauen. Dabei können Partner helfen: Weil er in Sachen Datenanalyse, künstliche Intelligenz und selbstlernende Maschinen schneller dazulernen will, schloss Michael Nilles, Chief Digital Officer des Aufzugbauers Schindler, Kooperationen mit General Electric und Huawei. Die Partner teilen sich für ihre Teams sogar ein gemeinsames Büro im Silicon Valley.

Mangelnde Agilität in der Fertigung war die erste Lücke, die der Schmuckhersteller Swarovski auf seinem Weg in die digitale Welt schloss. Die Österreicher investierten fast 5 Millionen Euro und 50 000 Ingenieurstunden in eine Fertigungslinie, die selbst kleinteilige Aufträge kostengünstig abarbeitet. Zur digitalen Zeit gehört eben eine Produktpalette, die immer individuellere Kundenwünsche befriedigt.

Die Kunden wollen heute aber über viele Kanäle angesprochen werden und auch die Möglichkeit zum Einkauf haben: Beim Thema Omni-Channel machte Swarovski gleich die zweite teure Lücke aus und begab sich entschlossen daran, sie zu schließen. Heute betreibt Swarovski nicht nur stationäre Geschäfte in vielen Metropolen der Welt, sondern auch eine digitale Vertriebsplattform, die sich als Marktplatz auch für die Accessoires anderer Luxushersteller durchsetzen will.

Um eine weitere Schwäche zu beheben, nahm der Schmuckhersteller schließlich noch einmal 5 Millionen Euro in die Hand:

Bis dato war es nicht gelungen, mit Start-ups Partnerschaften zu bilden, um von ihren Ideen und Techniken zu profitieren. Swarovski baute eine alte Fabrik in Lofts um, in denen junge Hightech-Unternehmen neben Swarovski-Entwicklern arbeiten. Wenn es passt, will sich das Kristallunternehmen auch beteiligen. Mit einigen Partnern funktioniert heute die Zusammenarbeit schon recht gut. Etwa mit dem Hersteller von Fitnessarmbändern, Misfit: Um die Mess- und Anzeigegeräte in den Armbändern mit Strom zu versorgen, liefern Swarovski-Techniker winzige Solarzellen. Die haben sie für Schmuckkristalle entwickelt, die Sonnenenergie in Farbspiele umsetzen. Misfit und Swarovski wollen auf dem Feld weiter zusammenarbeiten.

Auch Siemens entdeckte offenbar noch Verbesserungspotential im Partnermanagement, jedenfalls soweit es Start-ups angeht. 2016 gründeten die Münchner als Teil ihres Digitalisierungsprogramms next47. Die »Start-up-Einheit«, wie Siemens diese Abteilung nennt, hat in den nächsten fünf Jahren eine Milliarde Euro zur Verfügung, um junge und innovative Unternehmen zu fördern und sich an ihnen zu beteiligen. Die Einheit konzentriert sich auf die Felder künstliche Intelligenz, autonome Maschinen, dezentrale Elektrifizierung, vernetzte Mobilität sowie so genannte Blockchain-Anwendungen, die aus der FinTech-Szene stammen, für Siemens aber beispielsweise den Datentransfer in der Industrie oder den Energiehandel vereinfachen und sicherer machen sollen.

Die Transformation zum digitalen Unternehmen ist kein Sprint, sondern ein Langstreckenlauf: Der Fahrplan sollte dafür mehrere Jahre vorsehen. Und er sollte alle drei Ebenen aus unseren Was-Kapiteln adressieren: In welche neuen Ökosysteme will das Unternehmen aufbrechen, und welche Rolle will es dort übernehmen? Wie verändert die Digitalisierung die Geschäftsarchitektur, vom Marketing bis zur Produktion? Und wie muss dafür das organisatorische und technische Fundament gestärkt werden?

## 7.3 Überraschung: Es geht um den Kunden

Alle erfolgreichen Digitalunternehmen wie Apple, Google oder Amazon haben eines gemeinsam: Sie denken Produkte und Prozesse konsequent vom Kunden her – Ende zu Ende, ohne Ausnahme. Seine Wünsche und Bedürfnisse bestimmen, was und wie sie es anbieten. Was erwarten also die Kunden? Und wo wird es schmerzhaft – liegt ein »Pain Point« vor, wie die Digitalisierer sagen –, wenn ein Produkt oder Service die Erwartung enttäuscht?

Je nach Branche fällt die Antwort natürlich unterschiedlich aus – doch jenseits der Produkteigenschaften wünschen sich Kunden immer, dass die Prozesse von der Bestellung über die Lieferung bis zum späteren Service reibungslos klappen. Das ist in vielen Unternehmen heute noch eine Ausnahme. Wer schon einmal im Callcenter seines Telekommunikationsdienstleisters angerufen hat, kennt das: Erst wartet man ewig in der Warteschleife, es folgt eine langwierige Suche nach dem Problem, dann wird man mehrfach weiterverbunden, und schließlich ist das Problem vielleicht gelöst – oder Sie fliegen aus der Leitung, und die Frustration ist hoch.

### Kritische Prozesse optimieren

Hohe Priorität haben bei erfolgreichen Digitalisierern deshalb alle Prozesse, die auf den Kunden gerichtet sind. In der Regel ist das eine überschaubare Zahl. Ein Telekommunikationsunternehmen, das seine Interaktion mit Kunden analysierte, kam auf fünf wichtige Prozesse: die Vertragsauswahl und -unterzeichnung, den Bezahlvorgang, das Managen des Vertrags, also das Zu- oder Abbuchen von Leistungen, die Kommunikation bei Störungen und Problemen mit dem Kunden sowie die Beendigung des Vertrags.

Wer heute eine Bestellung aufgibt, mag sich nicht mehr damit abfinden, dass sein Auftrag träge durch die Funktionen im Unternehmen gereicht wird, bis er irgendwann versandt und erledigt ist. Kunden erwarten einen schlanken, durchgängigen Arbeitsprozess über alle Funktionen hinweg – in der Fachsprache »end to end« (E2E), Ende zu Ende. Und sie erwarten, dass dieser Prozess digital abläuft, sie idealerweise nur wenige Klicks machen müssen – egal, ob sie eine Frage haben, einen Vertrag ändern wollen oder eine Beschwerde loswerden. Wer das bieten kann, hat einen Wettbewerbsvorteil.

Bei der Digitalisierung und Neugestaltung der Prozesse sollten sich die Unternehmen am Konzept der »Customer-Journeys«, also den Kontaktpunkten mit den Kunden, orientieren. Der Gedanke stammt von den erfolgreichen Onlinehändlern: Sie planen jeden Punkt entlang des Wegs vom Erstkontakt bis zum Kauf so, dass der Besucher es möglichst einfach und bequem hat und unterwegs gut unterhalten wird – das Kundenerlebnis steht im Zentrum des Bemühens. Doch die Idee lässt sich auch leicht auf die Kunden im B2B-Geschäft übertragen und ebenso auf unternehmensinterne »Kunden«.

Wer seine Prozesse digitalisiert, sollte sich an jedem Kontaktpunkt fragen: Was erwartet der Kunde hier? Worauf kommt es an, und wo tut es weh, wenn etwas nicht läuft – wo liegt der »Pain Point«? Die Fragen sind naheliegend, gleichwohl ist die Denkweise noch längst nicht Standard. Die herkömmliche Organisation fokussiert gewöhnlich auf Effizienz statt auf den Kunden. Also, was ist den Kunden wichtig? Auf welche Customer-Journeys kommt es an? Die letzten zentralen Fragen lauten: Mit welcher Customer-Journey fängt man an? Wie hangelt man sich von der ersten zur nächsten Customer-Journey? Und wie lässt sich ein digitales Momentum in der Organisation generieren?

Direktbanken wie die ING-DiBa haben offensichtlich die Painpoints ihrer Kunden richtig identifiziert. So konnte beispielsweise die Zeit für die Eröffnung eines neuen Kontos von Wochen auf Minuten reduziert werden. Mit benutzerfreundlichen, digitalisierten Prozessen konnten sie den traditionellen Banken und Sparkassen viele Kunden abwerben.

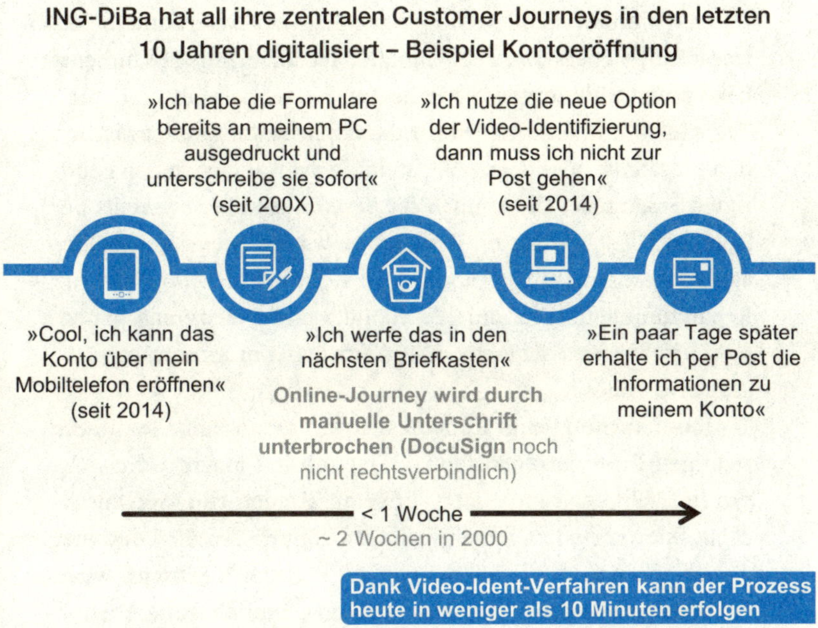


Quelle: Webseite von ING-DiBa; Digital McKinsey

Im Geschäft mit Investitionsgütern steht für die Kunden das reibungslose Funktionieren im Vordergrund. Bei Ausfällen ist schnell der Pain Point erreicht. Der Aufzughersteller Schindler, dessen Fahrstühle jeden Tag eine Milliarde Menschen in aller Welt transportieren, setzt im Zuge der Digitalisierung deshalb auf vorausschauende Wartung. »Wir beheben Probleme, ehe unser Kunde überhaupt bemerkt, dass es sie gibt«, sagt Michael Nilles, CDO bei Schindler.

Dazu hat sich das Schweizer Unternehmen mit Apple verbündet. Über das Betriebssystem iOS und eigens für Schindler entwickelte Apps bekommen die Schindler-Servicetechniker heute minuziöse Pläne für ihre Einsätze. Sensoren in den Aufzügen messen kontinuierlich kritische Daten (»Remote Monitoring«), etwa Wegstrecken, Geschwindigkeit, Temperatur, und senden diese an eine Computerplattform des Unternehmens. Dort werden die

Daten – immerhin 200 Millionen pro Tag – analysiert und in Serviceaufträge übersetzt. Die Schindler-Techniker im Außendienst bekommen frühmorgens über die App FieldLink Joblisten für den Tag, gleich mit Vorschlägen für die effizienteste Route zwischen den Einsatzorten und einer Aufstellung der wahrscheinlich benötigten Ersatzteile. Die können die Servicetechniker ebenfalls per App bestellen, so dass die Teile schon warten, wenn sie am Einsatzort ankommen. Dort können sie sich über die App FieldWiki Reparaturanleitungen durchlesen oder auf Videos anschauen. »Wir liefern einen schnelleren und effizienteren Kundenservice«, sagt CDO Nilles.

Und manchmal sind Kunden schon am Pain Point, wenn die richtigen Informationen fehlen. Deshalb hat Maersk, die weltgrößte Reedereigruppe, jetzt für seine Kunden eine App entwickelt, mit der sie in Echtzeit verfolgen können, wo ihr Container gerade schwimmt. Sie bekommen auf Wunsch Nachricht, wenn eine Verspätung droht oder eine außergewöhnlich frühe Ankunft zu erwarten ist. Überdies können Kunden sich per App über die Maersk-Fahrpläne kundig machen oder die Adresse des nächstgelegenen Reedereibüros herausfinden.

### Konzeptiteration: Mit dem Kunden lernen

Die Digitalisierung ermöglicht Produkt- und Serviceangebote, die es früher nicht gab. Deshalb liegen auch keine Erfahrungen vor, was die Kunden wirklich schätzen und was sie nicht nutzen. So bleibt den Unternehmen nichts anderes übrig, als wieder einmal zu schauen, wie es Digitalunternehmen machen.

Diese entwickeln aus Kosten- und Zeitgründen zunächst stets ein Produkt, das gerade mal Minimalanforderungen erfüllt, die wirklich nötigen Funktionen bietet (»Minimum Viable Product«, MVP). Aus den Kundenreaktionen lernen sie und verbessern dann schnell das Angebot. Wir erinnern uns an die Beispiele Tesla und iPhone: Beide kamen mit schmaler Ausstattung auf den Markt, adressierten aber wirkungsvoll einen Pain Point der Kundschaft:

Tesla bot das weltweit erste attraktive Elektroauto an, das iPhone machte die umständliche Tastatur überflüssig. Beide Produkte wurden dann mit Hilfe der Kunden und ihrer Rückmeldungen stetig weiter verbessert. Und in der Zeit bis zu neuen Hardwareangeboten halten die Hersteller ihre Produkte frisch, indem sie in schnellem Takt neue Softwarelösungen freischalten.

## Digitalisierung nach Wertbeitrag durch das Unternehmen treiben

Doch von den Kunden kann man nicht nur im Positiven lernen. Wer ihr Verhalten sorgfältig analysiert, entdeckt auch die Engpässe und Schwachstellen, an denen Kunden aussteigen, die Umsätze verhindern. In Handel und Gastronomie zählen sicherlich lange Warteschlangen zu den Schwächen, die Kunden nicht tolerieren.

Deshalb hat die Kaffeehauskette Starbucks 2015 für die Kundschaft die App Mobile Order & Pay entwickelt, über die sie in der nächstgelegenen Filiale schon von unterwegs den Café latte in der richtigen Mischung und Größe ordert. Via Smartphone können die Kunden gleich zahlen, sie müssen ihren Kaffee dann – an allen Warteschlangen vorbei – nur schnell im Vorbeigehen mitnehmen. Die App, die auch mit dem Starbucks-Bonusprogramm verbunden ist, wurde begeistert aufgenommen und genutzt – und das schlug sich in steigenden Umsätzen nieder. Doch das Unternehmen gewinnt noch etwas mindestens ebenso Wertvolles: einen Datenschatz über das Kaufverhalten seiner Kunden. Und es hat einen direkten Kanal für die Königsdisziplin, das so genannte »One-to-one-Marketing«: Starbucks kann seinen Kunden mit seiner App Mobile Order & Pay maßgeschneiderte Angebote, basierend auf ihren Vorlieben, aufs Handy schicken.

Amazon hat den lästigen Routineeinkauf von spaßbefreiten Haushaltsutensilien wie etwa Waschmitteln als einen Pain Point für seine Kunden ausgemacht. Deshalb hat der Onlinehändler einen Nachschubknopf, den Dash Button, eingeführt. Wer etwa sieht, dass das Waschmittel zur Neige geht, drückt einfach auf diesen Knopf, der via WLAN das Signal an Amazon funkt, Nachschub auf den Weg zu bringen. Lieferadresse und Kreditkartennummer werden automatisch mitgeschickt.

Während herkömmliche, analoge Unternehmen bei Kundenwünschen und Pain Points stark auf Mutmaßungen angewiesen sind, verfügt das digitalisierte Unternehmen hierzu über eine Menge Wissen. Es kann genau analysieren, welche Produktvariante wann wo bei wem gut oder schlecht ankommt, und erkennt genau, an welcher Station der Customer-Journey Interessenten aussteigen, weil sie einen Pain Point erreicht haben. Dieses Wissen erlaubt datengestützte Entscheidungen über die Ansprache der Kunden – ein ganz großer Vorteil des digitalisierten Unternehmens.

## 7.4 Funktionale Silos aufbrechen

Die Transformation zum digitalen Unternehmen ist eine große Aufgabe. Quer durch die ganze Organisation sind viele neue Fähigkeiten aufzubauen. Prozesse müssen neu gedacht, Strukturen neu geschaffen, Pilotanwendungen gestartet werden. Und schließlich sind auch Digitaltalente mit völlig anderen Arbeitsweisen zu integrieren. All diese Herausforderungen kann die traditionell hochgradig arbeitsteilige Organisation nicht bewältigen. Oft ist sie nicht »agil« genug, um Tempo und Ausmaß der Veränderung mitzugehen. Zunächst müssen wir also die Organisation dazu befähigen und ihre funktionalen Silos aufbrechen – aber wie?

### Welche digitale Reife hat das Unternehmen?

Den einen idealen Weg zum digitalen Unternehmen gibt es nicht. Der Pfad hängt von der digitalen Reife ab, also der Erfahrung, die ein Unternehmen bereits gesammelt hat. Wir unterscheiden pragmatisch drei Reifegrade:

- *Reifegrad 1:* Unternehmen, die noch sehr wenig Erfahrung gesammelt haben und deren Kerngeschäft wenig Berührung mit Digitalthemen hat. Zu diesem Segment gehören viele traditionelle Maschinenbauer, die Turbinen, Getriebe, Kupplungen oder Antriebe bauen.

- *Reifegrad 2:* Unternehmen, die sich bereits mit der Thematik Digital befasst haben und deren Geschäft von Digitalunternehmen angegriffen wurde. Dazu gehören Versicherungen, Telekommunikationsunternehmen, Stromversorger und die Autohersteller. Sie alle stehen vor der Herausforderung, ihre großen Unternehmen systematisch umzubauen.

- *Reifegrad 3:* Typus des voll digitalen Unternehmens. Dieses hat schon alle kritischen Fähigkeiten für die digitale Zeit an Bord und befasst sich konsequent mit der Weiterentwicklung seines Geschäfts.

Natürlich gibt es alle möglichen Zwischenstadien – aber zur eigenen Einordnung reicht diese Einteilung völlig aus. Wir befassen uns in diesem Buch mit den Unternehmen der Grade 1 und 2 – das sind übrigens in Deutschland mit ganz wenigen Ausnahmen alle Unternehmen. Wo stehen Sie? Eine Standortbestimmung und ein externes Benchmarking helfen. Der Digital-Quotient (DQ), den wir in Kapitel 3.1 kurz eingeführt haben, erlaubt eine recht präzise Standortbestimmung. Wer sich dafür interessiert und wissen will, wo das eigene Unternehmen steht, kann weiterlesen unter *www.mckinsey.com/business-functions/digital-mckinsey/how-we-help-clients/digital-quotient*

Generell gilt: Unternehmen im Reifegrad 1, die in die digitale Welt aufbrechen, sollten sich darauf konzentrieren, zunächst eine autarke digitale Geschäftseinheit zu gründen. Diese Unit ist typischerweise autonom und hat einen eigenen, vom Kerngeschäft oft unabhängigen Geschäftsauftrag. Sie braucht ein Team mit Digitalerfahrung, entwickelt einen anspruchsvollen

Organisatorischer Reifegrad

| Reifegrad | Grad 1<br>Neue digitale Business Unit | Grad 2<br>Digitales Kompetenz-zentrum | Grad 3<br>Voll digitales Unternehmen |
|---|---|---|---|
| Beschreibung | ▪ Neue, vom Kerngeschäft getrennte Einheit<br>▪ Weitgehend autonom geführt<br>▪ Greift häufig bestehende Geschäftsmodelle anderer Business Units an | ▪ Gesamter Anspruch<br>▪ Digitales Kompetenzzentrum als Treiber des Change-Prozesses<br>▪ Systematische Ende-zu-Ende-Digitalisierung aller Prozesse im Unternehmen | ▪ Geschäft nach digitalen Prinzipien neu aufgebaut<br>▪ Typischerweise Start-up |
| Talente | ▪ Interne digitale Talente in neuer Einheit gebündelt<br>▪ Externe Talente angeheuert<br>▪ Oft Start-up übernommen | ▪ CDO<br>▪ Systematisch Digital Natives in Ende-zu-Ende-Prozesse integriert | ▪ Digital Natives bauen Geschäft auf |
| IT | ▪ Greenfield | ▪ Architektur der 2 Geschwindigkeiten | ▪ »DevOps«-fähig |
| Beispiel | ▪ Voith Digital Solutions | ▪ Lloyds Bank | ▪ Zalando |

Businessplan, startet ihre eigenen Pilotprojekte und wird konsequent nach Meilensteinen geführt. Unternehmen im Grad 2 haben dagegen den Anspruch, das Unternehmen im Ganzen sukzessive umzubauen. Dazu ist es sinnvoll, ein digitales Kompetenzzentrum aufzubauen und dies produktiv mit den Geschäftseinheiten zu verzahnen.

### Wie baut man eine neue digitale Geschäftseinheit?

Aller Anfang ist schwer, und so gibt es auch beim Aufbau der ersten digitalen Geschäftseinheit in einem traditionellen Unternehmen einige Herausforderungen. Die Pioniere müssen nahe null anfangen, finden keine strukturierten Prozesse vor zum Aufbau der digitalen Fähigkeiten oder für die Entwicklung digitaler Produkte und Dienste, stehen isoliert in einer herkömmlichen Organisation und meist auch noch ohne eigenes Budget. Aber sie genießen große Freiheiten: Sie können schnelle Entscheidungswege installieren, brauchen auf die vorhandenen IT-Systeme keine Rücksicht zu nehmen und können moderne Methoden wie die agile Scrum-Entwicklung einführen, die komplexe Entwicklungsprojekte in kurze »Sprints« zur schrittweisen Näherung an die endgültige Lösung zerlegt. Mit frischen Talenten vom Markt, den besten Kräften aus dem Kerngeschäft des Mutterkonzerns und manchmal mit einem Start-up, das die Muttergesellschaft erworben hat, gibt es einen Kristallisationskern, mit dem die Pioniere starten können.

Und jedem Anfang wohnt ein Zauber inne. Roland Münch, Chef von Voith Digital Solutions, die der schwäbische Maschinenbauer 2016 gegründet hat, sagt: »Nur selten hat man im Leben die Gelegenheit, auf einem weißen Blatt Papier ein neues Geschäft zu starten.« Voith Digital Solutions, gestartet mit 600 Mitarbeitern, bündelt alle IT-Tätigkeiten im Konzern und hat große Ambitionen. Die Heidenheimer wollen im Maschinen- und Anlagenbau der bevorzugte Ansprechpartner für alle Unternehmen werden, wenn es um das Internet der Dinge geht. Automation, Sensorik, Software und Datenanalyse sind das Kerngeschäft. Die neue Business-Unit ist schon mit smarten Steuerungen für die Papiermaschinen des Hauses am Markt und bietet auch Apps für die Ferndiagnose der von Voith gebauten Busgetriebe an.

In der Zwischenzeit gibt es sehr gute Erfahrungswerte, worauf es bei den digitalen Geschäftseinheiten ankommt. Vier Faktoren entscheiden offensichtlich über Erfolg und Misserfolg bei Unternehmen, die dort agile Methoden eingeführt haben:

- Die Organisationsstruktur muss klar auf die Produkte ausgerichtet sein, die von festen Teams eigenverantwortlich betreut werden.

- Die Verantwortlichen für das Geschäft (»Product-Owner«) und ihre Teams müssen möglichst direkt mit der IT zusammenarbeiten.

- Manager sehen sich eher als Coaches und Koordinatoren im Sinne der übergeordneten Strategie und übertragen die Verantwortung ihren Teams.

- Budgets wie bei Start-ups: Erst gibt es knappe Mittel für ein Produkt mit den nötigen Minimaleigenschaften. Reüssiert es am Markt, gibt es sukzessive mehr Geld für die Weiterentwicklung.

Der vierte Punkt ist der Entscheidende, denn hier prallen neue und alte Welt zusammen. Kann das Managementteam eine solche Geschäftseinheit produktiv führen? Eigentlich nicht, denn entscheidende digitale Kompetenzen und Erfahrungen fehlen. Also muss ein erfahrener Experte das Managementteam erweitern – oder man lädt einen professionellen Venture-Capitalist ein, sich an einer solchen digitalen Unit zu beteiligen. Die Risikofinanziers können ein Expertennetzwerk einbringen, das zusammen mit ihrer Erfahrung einen Erfolg deutlich wahrscheinlicher macht.

### Wie baut man ein digitales Kompetenzzentrum?

Für Unternehmen im Reifegrad 2 gibt es sicherlich sehr viele unterschiedliche Wege, und es ist wichtig, dass Sie die passende Lösung für Ihr Unternehmen finden. Inzwischen lässt sich aus den Erfahrungen von denen lernen, die schon früh in die digitale Welt aufgebrochen sind. Sie haben zunächst erfolgreich Pilotprojekte gestartet und dann ihre Kernprozesse konsequent und vollständig digitalisiert. Jetzt wollen sie im nächsten Schritt die gesamte Organisation auf Digital umstellen. Dabei hilft ihnen ein digitales Kompetenzzentrum.

## Digitales Kompetenzzentrum: Beispiel für organisatorische Einbettung

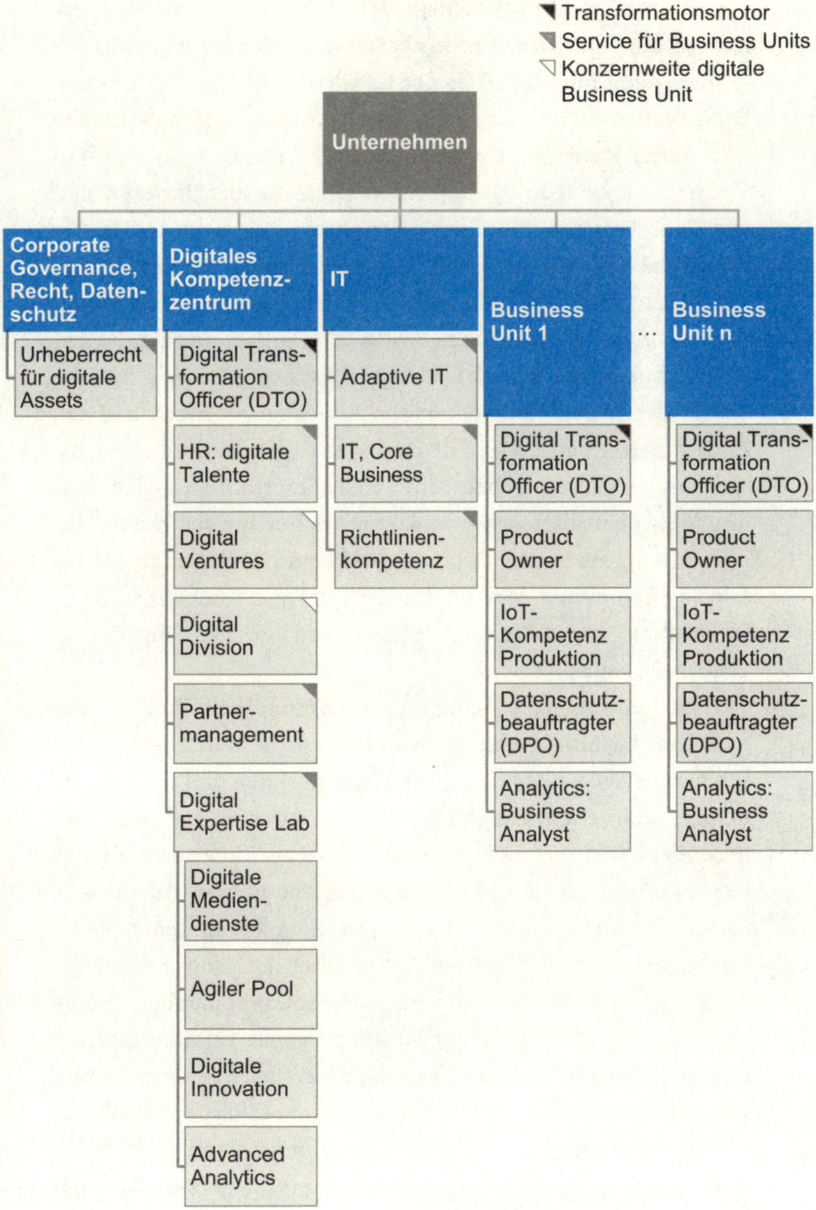

Das digitale Kompetenzzentrum ist in diesem Konzept primär der Dienstleister für die Geschäftseinheiten. Das DTO (Digital Transformation Office) schlägt den Takt und koordiniert und managt die Transformation als Motor der Veränderung. Es arbeitet dabei eng mit den DTOs der Geschäftseinheiten zusammen. Die Kompetenzzentrale ist für das Recruiting digitaler Talente und deren Karriereentwicklung verantwortlich. Eine »Digital-Ventures«-Einheit hilft, Akquisitionsziele zu identifizieren und den Kauf vorzubereiten. Eine »Digital Division« kann als Heimat für solche Ziele dienen, wenn diese nicht direkt in eine der bestehenden Geschäftseinheiten passen. Die Funktion »Partnermanagement« soll helfen, das neue digitale Ökosystem aufzubauen.

Jetzt brauchen wir noch ein »Digital Expertise Lab«, in dem die Träger der neuen Fähigkeiten zusammengefasst werden. Dazu zählen agile Coaches, UX/UI-Designer – also die Kollegen, die sich mit der Benutzeroberfläche (»User Interface«, UI) der Apps und Webseiten befassen – und Projektleiter für anstehende Innovationen, aber auch Datenanalysten und Mitarbeiter mit Erfahrung in digitalen Medien. Im »Digital Expertise Lab« sind alle versammelt, um die ersten Wellen der Digitalisierung durchs Unternehmen zu treiben.

Dazu muss auch die IT aufgerüstet werden. Denn für die IT der zwei Geschwindigkeiten, die wir schon vorgestellt haben, müssen wir die Systeme und ihre Fähigkeiten, Daten und Informationen zu verarbeiten, zielgerichtet stärken. Drei Fähigkeiten sind besonders wichtig: »Adaptive IT«, »Datenverarbeitung für das Kerngeschäft« und die »IT-Richtlinienkompetenz«. Adaptive IT verarbeitet die Daten, die über die Apps hereinkommen, baut die Infrastruktur für die Verarbeitung von Big Data sowie Software-Tools und Schnittstellen. Außerdem konsolidiert und betreibt die adaptive IT die IT-Welten von Desktopcomputern, Mobilgeräten und Servern. Ein weiteres Team kümmert sich um gemeinsam genutzte Netzelemente und Plattformen wie Skype, Cloud und Identity-Management. Schließlich stellt ein übergreifendes Team sicher, dass die IPRs (»Intellectual Property Rights«) aller digi-

## Überblick: Alternative Einstiegsmöglichkeiten für eine ganzheitliche digitale Transformation

**Existierende Organisation** → **Zukünftige digitale Organisation**

**Existierende Organisation**

- Begrenzter digitaler Talentpool
- Langsame Entscheidungsprozesse
- Hochgradig arbeitsteilige Organisation ohne Ende-zu-Ende-Kundensicht
- Legacy IT Systeme

**Zukünftige digitale Organisation**

- Digitaler Talentpool
- Agiler Arbeitsmodus und »Ownership Mindset«
- Cross funktionale Teams mit kundenzentrischem Mindset
- Moderner IT Technologie Stack

---

Existierende Organisation
Nucleus neue Organisation

**Prozess Transformation**

Radikales Umdenken entlang Ende-zu-Ende-Kernprozesslogik

---

**Core Transformation**

Transformation durch Aufbau eines internen digitalen Kompetenzzentrums

---

**Digital Business Building**

Aufbau einer digitalen Einheit außerhalb des Kerngeschäfts (DBOT)

---

**M&A**

Akquisition und Integration eines erfolgreichen digitalen Geschäfts

talen Produkte nach gemeinsamen Richtlinien sauber und übergreifend gemanagt werden.

Das Kompetenzzentrum und die IT unterstützen die Geschäftseinheiten beim Digitalisierungsprozess. In den Einheiten hält jeweils ein eigenes DTO den Kontakt und treibt die Transformation voran. Product-Owner führen die crossfunktionalen Teams zur Digitalisierung der kundennahen Prozesse und starten entsprechende Pilotprojekte. Sie nutzen dazu Ressourcen und Kompetenzen, die zentral im Kompetenzzentrum vorgehalten werden. Zusätzlich sind in den meisten Fällen neue, geschäftsspezifische Fähigkeiten notwendig, etwa zum Einsatz von Sensortechnik im Internet der Dinge oder zur Datenanalyse, wenn es um den Erkenntnisgewinn geht, den solche Sensoren bieten.

Zugegeben: Der Aufbau und Start eines funktionierenden Kompetenzzentrums und die Digitalisierung der betroffenen Geschäftseinheiten sind komplex. Daher setzen einige Unternehmen, insbesondere wenn es sehr schnell gehen muss, auf den so genannten DBOT-Ansatz. DBOT (»digital build, operate, transfer«) zielt darauf ab, den Aufbau digitaler Kompetenzen und solcher Einheiten signifikant zu beschleunigen. Dabei nutzen sie temporär externe Expertenteams und bauen die neuen Geschäftsmodelle zunächst in einer separaten Einheit auf. Hierbei können Experten, die in der digitalen Szene gut vernetzt sind, wertvolle Dienste leisten, etwa bei der Akquisition von digitalen Talenten und dem Aufbau neuer Business-Units. Die Manager der Einheit bauen ihr Kernteam auf und beginnen mit der Arbeit. Nach einigen Monaten ist das Team komplett, die ersten positiven Ergebnisse liegen auf dem Tisch. Dann gilt es, die externen Experten sukzessive durch eigene Talente zu ersetzen.

### Mandat verleihen und digitale Talente aufbauen

Das digitale Kompetenzzentrum als Triebfeder der Digitalisierung und Dienstleister der Geschäftseinheiten kann mit etwa 15 Mitarbeitern die Arbeit aufnehmen. Benötigt werden ein Leiter, vielleicht zwei Mitarbeiter für das zentrale »Digital Transformation Office« sowie je eine Person für Personal und Beteiligungen. Im »Digital Expertise Lab« sollten etwa zehn Experten eingestellt werden, die mit agilen Methoden und Analysefähigkeiten vertraut sind. In der IT kümmern sich zusätzliche zwei Mitarbeiter um das Thema »Adaptive IT«. Zunächst müssen Backendsysteme der Apps sowie die Infrastruktur für Big Data, Software-Tools und Schnittstellen funktionieren. Je nach Unternehmensgröße und Reifegrad braucht man zusätzliche Ressourcen zum Betrieb der Systeme für Desktop-PC, Mobilgeräte und Server.

Ein großes Technologieunternehmen transferierte seine Organisation schrittweise in die digitale Welt. Zunächst trainierte es fünf Teams in den agilen Methoden und schickte sie zur Arbeit. Die Erfahrungen bei Training und Arbeitseinsatz flossen direkt in den Lehrstoff ein und kamen der nächsten Welle von zwanzig Teams zugute. Auch deren Erfahrungen flossen dann wieder in die Ausbildung der nächsten Teams ein. Parallel ordnete das Unternehmen den Produkten feste, crossfunktional zusammengesetzte Teams zu, organisierte mehr Marktnähe für die IT und reduzierte nicht nur die Zeit für die Entwicklungen, sondern auch die Fehlerquote.

»Digital Natives« müssen keine Menschen sein, es gibt auch Unternehmen, die schon komplett digital auf die Welt gekommen sind: Google und Amazon sind die besten Beispiele, aber auch viele andere wie Zalando sind längst aus der Start-up-Phase heraus. Die haben in Sachen Digitalisierung nur noch Optimierungsaufgaben zu erledigen, bieten allen anderen aber ein gutes Beispiel. Wichtigste Gemeinsamkeit: Digitalunternehmen arbeiten datengetrieben, Bauchgefühl zählt nicht. Aus den vorliegenden, oft unvollkommenen Daten formen die Mitarbeiter Hypothesen, um diese – zweite wichtige Gemeinsamkeit – in ein gern ebenfalls unvollkommenes Angebot umzusetzen. Das wird am Markt getestet – und der Erfolg oder Misserfolg wird rasch analysiert. Google etwa testet mehrere tausend Ideen pro Jahr und hat eine Kultur, die den Misserfolg feiert (»Celebrate Failure«) –

denn daraus lernt man am meisten. Gemeinsam ist den Digital Natives auch ein hohes Tempo: Agile Teams entwickeln sehr schnell Prototypen, testen sie am Markt und stampfen sie entweder schnell ein oder verbessern sie auf Basis der gewonnenen Daten zügig – eine riesige Herausforderung für traditionell aufgestellte Unternehmen.

Im nächsten Kapitel beschreiben wir, wie Unternehmen mit dem digitalen Reifegrad 2 – die sich mit dem Thema schon befasst und erste Erfahrungen gesammelt haben – die personellen und organisatorischen Voraussetzungen für die Umsetzung des in diesem Kapitel aufgestellten Plans zur Digitalisierung schaffen. Kapitel 9 erklärt, wie der Plan im gesamten Unternehmen Wirklichkeit wird – Digital@Scale.

Kapitel 8

# Wie? Digitale Unternehmung scharfschalten

Der Plan steht, jetzt machen wir die Organisation fit für die Digitalisierung: der Schritt von der Theorie zur Praxis.

Ende 2016 beschrieb Facebook-Gründer Mark Zuckerberg auf seiner Facebook-Seite ausführlich, was ihn in den vergangenen Monaten beschäftigte: Er hatte eine Steuerungssoftware für die vielen unverbundenen »smarten« Systeme in seinem Privathaus geschrieben, für Heizung und Kühlung, Tür- und Fenstersicherung, Musik und Fernsehen. Und wenn der Social-Media-Erfinder auch sehr launig beschrieb, welche Schwierigkeiten er beim Programmieren erlebte, sandte er doch drei ernsthafte Botschaften an seine Mitarbeiter und an alle Wettbewerber. Erstens: Das Thema ist mir persönlich so wichtig, dass ich als CEO viel Zeit dafür investiere. Zweitens: Seht her, ich bin technisch versiert genug und kann selbst programmieren. Und drittens: Liebe Wettbewerber, wir werden uns in diesem hoch umkämpften Feld engagieren und unsere eigene Vision verwirklichen.

Typisch Digital Native – so führen die Manager der erfolgreichen Digitalunternehmen. »Storytelling«, das Ausspinnen mitreißender Geschichten, ist eins der wirkungsvollsten Motivations- und Führungsinstrumente. Doch auch sonst machen sie vieles anders als die Lenker traditioneller Unternehmen aus der analogen Welt. Und gerade wenn es darum geht, ein herkömmliches Unternehmen in die Digitalzeit zu transformieren, kann sich dessen Management viel bei den Kollegen von Facebook, Google, Amazon und Co. abschauen.

Dieses Kapitel beschreibt, wie Unternehmen die wichtigsten Grundsätze des digitalen Handelns und Denkens implementieren können. Wie sieht ein digitales Betriebssystem aus – wo finde ich das richtige Team, welche Rolle spielen die Kunden, was bedeuten Agilität des Unternehmens und dauerndes Testen und Lernen? Welche Rolle spielt der Kulturwandel, und wie treibe ich ihn erfolgreich voran? Wie wird ein digitales Unternehmen gesteuert – von welchem Team, nach welchen Kennzahlen und Prinzipien? Und wie wird es geführt – welche Rolle spielt das Management, warum braucht der CDO wie sonst nur James Bond die »Lizenz zum Töten«, und wo kommen die digitalen Talente her?

Je nach digitalem Reifegrad stehen die Unternehmen vor unterschiedlichen Aufgaben. Die Digital-Anfänger im Reifegrad 1 – wir erinnern uns – bauen sich eine autonome digitale Einheit und müssen den Versuch noch nicht perfekt starten, indem sie alle Punkte dieses Kapitels brav abarbeiten – hier zählt Geschwindigkeit. Sie können sich in diesem Kapitel nach Bedarf selektiv bedienen. Die Fortgeschrittenen im Grad 2 aber digitalisieren sukzessive alle Prozesse ihrer Geschäftseinheiten, ihnen kann das Kapitel als Fahrplan dienen. Gemeinsam ist beiden, dass sie viel »digitaler« agieren müssen – im Zielzustand so, wie es die geborenen Digitalunternehmen bereits heute vormachen. Auf dem Weg gilt es, vier Grundsätze zu beachten: den Wechsel zum digitalen Betriebssystem, die Verankerung der Kulturveränderung, die Steuerung nach Kennzahlen und Meilensteinen und die Führung nach digitaler Art. Was das bedeutet und wie man den ersten Piloten startet beschreiben wir jetzt.

## 8.1 Zum digitalen Betriebssystem wechseln

Wer sein Betriebssystem auf Digital schalten will, muss drei Voraussetzungen schaffen: Er muss ein Team rekrutieren, das gleichermaßen begeisterungsfähig wie technikkundig ist, Geschwindigkeit höher werten als Perfektion und eine Projektsteuerung entlang von Meilensteinen nach Art der Venture-Capitalists einführen.

### Team rekrutieren und ausbauen

»Data-Scientist«, »IoT-Softwareentwickler«, »User-Experience-Design-Experte«, »Product-Owner«, »Scrum-Master« – Berufe aus der digitalen Welt. Wissen Sie, was sich hinter den Bezeichnungen verbirgt und was die Leute den ganzen Tag treiben? Sicher ist: Sie werden gebraucht, und es gibt viel zu wenig erfahrene Kandidaten. Wo findet und wie gewinnt man sie?

Ganzseitige Anzeigen in klassischen Tageszeitungen oder Infostände auf Jobbörsen sind nur bedingt wirksam. Diese Talente müssen vor allem durch spannende und sinnvolle Aufgaben begeistert werden – über die Kommunikationskanäle, auf denen diese meist jungen Hoffnungsträger funken. Social Media, Blogs oder Start-up-Konferenzen sind gut für die richtige Ansprache. Nutzen Sie neue Formate, etwa Hackathons oder Start-up-Wettbewerbe, um mit den Digital Natives ins Gespräch zu kommen. Zeigen Sie Präsenz auf den wichtigsten digitalen Events und Konferenzen: In Deutschland sind das beispielsweise »DLD«, »Noah Berlin«, »Bits & Pretzels« und »Online Marketing Rockstars«, europaweit zählen »Web Summit«, »VivaTech« oder »Slush« dazu.

Dabei haben Traditionsunternehmen keine schlechten Chancen. Abschreckend wirkt auf Talente nicht ein großer Unternehmensname, sondern ein blutleeres Anforderungsprofil oder das Fehlen einer konkreten Herausforderung. Die Anwerber müssen eine packende Story erzählen und Begeisterung für die neuen Aufgaben wecken, sonst wird das nichts. Authentische Werte und eine spannende Unternehmensgeschichte kommen in der Regel gut an. Auch hochkarätige Führungskräfte – bis zum Vorstand – sollten Interviews führen und dabei gehörig Begeisterung ausstrahlen, gerade wenn die »Employer-Brand« des Unternehmens für diese Talente erst im Aufbau begriffen ist. Schließlich präsentiert sich das Unternehmen in den Interviews mindestens so sehr wie die Kandidaten – und konkurriert mit attraktiven Arbeitgebern, die in einschlägigen Rankings die vorderen Ränge einnehmen.

Digitaltalente lieben große Ziele und Ansprüche. Sie finden es attraktiver, die Geschichte der industriellen Robotik und Automatisierung neu zu schreiben, als »nur« den Logistikprozess in einem Werk zu optimieren – für die Anwerber ist das oft nur eine Frage der Intonation. Die Rekrutierer sollten auch selbst Teil der digitalen Community sein und nicht wie jemand von einem fremden Stern wirken. Die Personalabteilungen sind hiermit oft überfordert. Es gibt allerdings darauf spezialisierte Agenturen und auch Freiberufler, die zumindest für die erste Aufbauphase angeheuert werden können. Ganz oben auf der Liste mit den gesuchten Profilen sollte dann ein erfahrener Digital-Recruiter stehen.

Wer trotz der guten Ratschläge kein Digitalteam zusammenbekommt, kann sich eines kaufen und einfach ein komplettes Start-up mit allen Talenten übernehmen. Prominentes Beispiel ist Walmart: Der Händler hat 2011 für 300 Millionen Dollar die Social-Media-Experten von Kosmix übernommen.

Wenn es so schwierig ist, Talente zu gewinnen, müssen Führungskräfte dafür sorgen, dass die Angeworbenen zumindest gerne bleiben. Am wichtigsten ist die inhaltliche Aufgabe: Diese muss anspruchsvoll und zukunftsweisend sein – dann werden die Digital-Talente auch Kantinenessen und große Bürokomplexe verkraften. Gleichzeitig sollte man auch diese Umweltparameter attraktiv gestalten: Das fängt mit offenen Arbeitsbereichen an attraktiven Standorten an. So korreliert die Kreativität eindeutig positiv mit der Anzahl Quadratmeter beschreibbarer Wände.

Trainingsangebote und individuelle Coachings sind ebenfalls obligatorisch. Und schließlich zählen intensives Mentoring sowie Auseinandersetzen mit der persönlichen Entwicklung jedes Einzelnen.

Falsch ist der Ehrgeiz, alle offenen Positionen nur mit erfahrenen digitalen Talenten zu besetzen. Max Viessmann, Chief Digital Officer beim Heizungsbauer Viessmann, hat den überwiegenden Teil seiner Digitalisierungstruppe im eigenen Unternehmen gefunden, alle mit ganz unterschiedlichen Ausbildungswegen. Unternehmen müssen lernen, Talente selbst zu entwickeln. Sie sollten sich für junge Mitarbeiter öffnen und mehr denn je nach Potential und weniger nach Zeugnissen und Renommee rekrutieren. Allen im Unternehmen können sie immer neue Möglichkeiten schaffen, sich mit digitalen Technologien zu beschäftigen. Dazu gehören auch Freiräume, in denen sich die Talente selbst weiterentwickeln. Google beispielsweise lässt seinen Mitarbeitern die Freiheit, bis zu 20 Prozent ihrer Zeit an selbstgewählten Aufgaben zu tüfteln, und 3M hatte schon vor Jahren eine ähnliche Regelung etabliert.

### Fähigkeit zur schnellen Konzeptiteration aufbauen

Dass Steve Jobs sich das getraut hat: Als der Apple-Gründer 2007 das erste iPhone auf den Markt brachte, funktionierte es nur nach dem langsamen GSM-Übertragungsstandard, obwohl die Konkurrenz schon das schnelle UMTS einbaute. Auch die GPS-Signale für die Satellitennavigation konnte das frühe iPhone nicht empfangen. »Minimum Viable Product« (MVP) nennen die Digital Natives das, die geringstmögliche Ausbaustufe eines Produkts. Damit es ein Erfolg wird, muss es einen »Pain Point« treffen – den Kunden da abholen, wo er ein Defizit spürt. Apple verabschiedete mit seinem Touchscreen die Tastatur vom Handy und traf damit einen solchen Pain Point. Hinzu kam das rasch wachsende Angebot an Apps, geliefert von Programmierern rund um die Welt, die über Apples offene Schnittstellen ins Programm eingespeist wurden und die Attraktivität des iPhone schnell steigerten. Den Rest erledigten die Kunden: Deren Reaktionen und Kommentare ließen die Apple-Ingenieure nahezu in Echtzeit in die Weiterentwicklung einfließen – bald hatten sie das beliebteste Smartphone der Welt.

Den MVP-Ansatz sollten Unternehmen in der digitalen Transformation kopieren, auch wenn die Ingenieure dann ihren Perfektionsdrang zügeln müssen. Er verhindert teure und langwierige Entwicklungen von Produkten, die allein auf Annahmen basieren. Der amerikanische Innovationsguru Steve Blank fordert die Unternehmen sogar auf, die Kunden als Partner im Produktentwicklungsprozess zu sehen. Gerade die frühen Kunden (»Early Adopter«) seien kongenial visionär, was auszunutzen sei. Den Unternehmen bleibt natürlich immer noch die Aufgabe, den Pain Point für die Erstversion des Produkts zu finden, keine ganz triviale Aufgabe.

Auch die Lufthansa setzte auf ein »Minimum Viable Product«, als sie den Prozess des Eincheckens digitalisierte. In mehreren Etappen wurde dieser kritische Kernprozess an die jeweiligen technischen Möglichkeiten und die Kundenakzeptanz angepasst – kontinuierlich und iterativ. Dabei ist immer wieder die kritische Frage zu beantworten: Wie viel Veränderung kann man den Fluggästen zumuten? Immerhin arbeitete die Airline an einem wahren Pain Point, denn das Anstehen vor dem Check-in-Schalter war eine der Lästigkeiten des Fliegens.

Im ersten Schritt stellte die Lufthansa Check-in-Automaten auf und schickte freundliche Mitarbeiter, die den Gästen bei Problemen weiterhalfen. Die Kunden nahmen das Angebot an. In der nächsten Stufe bot die Airline an, schon am heimischen PC einzuchecken und sich die Bordkarte selbst auszudrucken. Das verhieß mehr Bequemlichkeit und war nur ein Schritt vom Einchecken am Automaten – die Kundschaft ging ihn gerne mit. Gleichzeitig konnte die Lufthansa damit die Kosten für den Prozess signifikant senken – schließlich stellte der Kunde jetzt selbst die nötige Hardware zur Verfügung. Und als der Prozess mit der

Verbreitung von Smartphones und Apps mobil wurde, machten sich die digitalisierungserfahrenen Kunden der Lufthansa völlig frei von der Abhängigkeit von PC und Drucker und halten heute routiniert beim Boarding ihr Handy auf die Lesegeräte.

Abgeschlossen ist der Prozess lange nicht, es gibt – wie einst bei der Lean Production – kontinuierliche Verbesserungen. So nutzt jetzt der Lufthansa-Konkurrent KLM als einer der ersten Partner von Facebook einen Chatbot auf Facebook Messenger als neuen Kommunikations- und Interaktionskanal. Per Messenger fordern KLM-Kunden jetzt ihre digitale Bordkarte an. Gleichzeitig kann KLM via Facebook einen sehr viel persönlicheren und individuelleren Kontakt mit dem Passagier pflegen. Wie bei WhatsApp bekommt der Reisende rechtzeitig eine Push-Nachricht, dass er jetzt einchecken kann, oder wird über mögliche Änderungen im Ablauf informiert. Dieser Entwicklungsschritt personalisiert den Prozess des Eincheckens.

Ein wichtiger Bestandteil des digitalen Betriebssystems sind seine spezifischen Methoden, Probleme zu lösen. Wenn Digitalunternehmen Produkte oder Prozesse neu entwickeln oder verbessern wollen, setzen sie meist auf »Design-Thinking«: Dabei lösen Teams von Menschen aus verschiedenen Fachdisziplinen Probleme, indem sie sich die Methoden klassischer Designer zu Nutze machen: beobachten, verstehen, Ideen entwickeln, diese schnell in Prototypen umsetzen (»Rapid Prototyping«), am Markt erproben, Kundenreaktionen sofort in Produktverbesserungen umsetzen. Ziel ist stets eine einfache Lösung – einfach aus Kundensicht, denn aus dessen Perspektive und zu dessen Nutzen entwickelt das Team seine Lösung.

Vor allem die »Customer-Interfaces« müssen möglichst einfach und intuitiv sein. Was heute die mobilen Apps sind, werden mit hoher Wahrscheinlichkeit in Zukunft die sprachbasierten Schnittstellen. Sprachassistenten wie Alexa von Amazon, Google Home oder Siri von Apple bieten einfache und intuitive Eingabemöglichkeiten – müheloser als über Bildschirme und Tastaturen. Onlinehändler machen es ihren Kunden leicht, wenn sie einen

Check-out-Prozess programmieren, bei dem die Kunden in einem einzigen Schritt den Kaufprozess zu Ende bringen können, statt mühsam über mehrere Stationen zu wandern. Digital Natives wie PayPal oder Amazon können das schon. Der Dash Button von Amazon, mit dem sich heute auf Knopfdruck Routinebestellungen von Waschmitteln und Artverwandtem losschicken lassen, ist ein weiteres Beispiel für innovative Designkonzepte, die an den Bedürfnissen des Kunden orientiert dessen Kaufprozess radikal vereinfachen.

Um nun Design-Thinking im Innovations- und Produktentwicklungsprozess zu verankern, muss das Management selbst diese Techniken verstehen und möglichst auch erfahren. Dabei kann Topmanagern schon die Teilnahme an so genannten Hackathons – Teamveranstaltungen zur digitalen Verbesserung eines Prozesses – die Augen öffnen. Eine wirksame Maßnahme ist die Ernennung eines Kollegen zum »Kunden«: Eine Führungskraft bekommt den Hut des Kunden aufgesetzt und muss immer aus dessen Sicht argumentieren. Sicherlich gibt es kein Unternehmen, dass nicht für sich in Anspruch nimmt, »kundenorientiert« zu handeln, doch allzu oft wird die Stimme des Kunden letztlich überhört oder erst ganz am Ende einbezogen.

### Meilensteinbasierte Steuerung aufbauen

Was ist das Charakteristikum des digitalen Unternehmens? Dass es faktenbasierte Hypothesen bildet oder Entscheidungen trifft. Um zu diesen Fakten zu gelangen, müssen häufig neue Daten erhoben werden – ob selbst gemessen oder von Dritten erworben. Deshalb muss das Unternehmen sicherstellen, dass es stets konkret messbare Ziele verfolgt, etwa die Senkung von Prozesskosten oder die Steigerung von Kundenakzeptanz, Konversionsraten oder Prozessgeschwindigkeit, natürlich können auch mehrere Ziele gleichzeitig verfolgt werden.

Auf jeden Fall müssen sie in entsprechenden Kennzahlen, den KPIs (»Key Performance Indicators«), verankert werden.

Für jeden Prozess, der digitalisiert werden soll, müssen aussagekräftige Indikatoren definiert werden. Die Zielwerte für die zu erreichenden Meilensteine lassen sich einerseits aus den Geschäftszielen, andererseits aus Benchmarkings ableiten. Wichtig ist, Ziele und tatsächliche Ergebnisse an vorgegebenen Terminen abzugleichen: Sind die Meilensteine erreicht?

Wie das in der Praxis funktioniert, erklären wir im dritten Abschnitt des folgenden Kapitels.

## 8.2 Kultur verändern

Der Managementlehrer Peter Drucker sagte: »Culture eats strategy for breakfast.« Bei uns wird die Bedeutung der Unternehmenskultur gern unterschätzt. Dabei spielt sie bei der Digitalisierung eine zentrale Rolle: In der hergebrachten Kultur wird die Transformation nicht gelingen. Das Topmanagement muss den Wandel anstoßen, vom »Ich« zum »Wir«, von der »Kontrolle« zum »Vertrauen«, von »Vorgaben« zur »Eigenverantwortung«, von »Sicherheitsorientierung« zu »Risikobereitschaft«, vom »Fehler vermeiden« zum »Testen und Lernen« und von »Zufriedenheit« zu »Leistungsanspruch«. Dieser kulturelle Wandel hat sich als wichtiger erwiesen als Äußerlichkeiten wie das szenetaugliche Loftbüro oder ein Wellnessmanager zum Bespaßen der Belegschaft.

### Arbeitsumfeld weiterentwickeln

Wie lässt sich eine Unternehmenskultur entwickeln, die zur digitalen Welt passt? Die Transformation beginnt beim Arbeitsumfeld. Flexibilität bei Arbeitszeit und Arbeitsort gehört dazu, ebenso eine Bürolandschaft, in der Teams sich wohlfühlen, und eine technische Ausstattung, die nicht nur fit für die Aufgaben ist, sondern Technikbegeisterten auch Spaß macht.

Das Büro im digitalen Zeitalter ist so flexibel wie die Mitarbeiter. Nur wenige werden immer im gleichen Zimmer am gleichen Schreibtisch arbeiten: Die meisten arbeiten mal zuhause, mal unterwegs auf dem Weg zum Kunden oder in einer anderen Niederlassung. Wenn sie ins Büro gehen, prüfen sie, welcher Arbeitsplatz frei ist, und setzen sich dorthin. Für die häufige Teamarbeit gibt es »Work-Cafés« und klassische Konferenzräume; wer in Ruhe nachdenken will, findet Rückzugsräume mit bequemen Sesseln. Natürlich sind alle überall ständig online und im Firmennetz unterwegs.

### Kulturtransformation: Zeitgleich an vier Dimensionen arbeiten

Mindestens so wichtig wie die Hardware sind die immateriellen Güter: Fördern Werte und Normen des Unternehmens den neuen Geist – von der Zusammenarbeit über offene Kommunikation bis zum hierarchieübergreifenden Miteinander? Und passen die Führungsprinzipien zur Zielkultur? Fühlen sich die Mitarbeiter durch ihre Führungskräfte im Kulturwandel gestärkt? Und sind die richtigen Anreize für das Management gesetzt, damit es diesen Wandel fördert? Wer seine Unternehmenskultur zügig den Anforderungen der Digitalisierung anpassen will, muss an vier Dimensionen arbeiten: Verständnis erzeugen, formale Strukturen schaffen, Fähigkeiten aufbauen und als Vorbild führen.

### Kommunikation: Digitales tun und darüber reden

Ohne erfolgreiche Kommunikation – nach innen wie nach außen – gelingt der Kulturwandel nicht und scheitert die digitale Transformation. Zwar kann man argumentieren, dass dies für alle Unternehmen in allen Lebenslagen gilt – was auch stimmt. Aber bei digitalen Transformationen bekommt die Kommunikation einen ganz neuen Stellenwert. Es gilt, die Mitarbeiter nicht nur zu informieren, sondern zu begeistern und zu mobilisieren, da-

**Ein zügiger und dauerhafter Kulturwandel erfordert die zeitgleiche Arbeit an vier Dimensionen**

| Kulturtransformation | »Ich ändere mein Verhalten, wenn …« | Bedeutung für die digitale Transformation des Unternehmens |
|---|---|---|
| **»Ownership«,** um Verständnis und Überzeugung zu stärken | »… ich weiß, was von mir erwartet wird, ich damit einverstanden bin und es für sinnvoll halte« | Begeisterung für die Digitalisierung wecken und ihre Bedeutung für das Unternehmen zeigen |
| **Stärkung** durch formale Mechanismen | »… die Strukturen, Prozesse und Systeme die Verhaltensänderungen unterstützen, die von mir verlangt werden« | Strukturen einführen, die Digitalisierung und Innovation unterstützen, von den wichtigsten Prozessen über Beurteilungen bis hin zu Anreiz- und Entlohnungssystemen |
| **Befähigung** durch notwendige Fähigkeiten | »… ich über die Fähigkeiten und Kompetenzen verfüge, mich in der neuen Art und Weise zu verhalten« | Fähigkeiten aufbauen, die uns zum digitalen Arbeiten befähigen, durch spezifische Konzepte und Methoden sowie laufende Trainings für unsere Mitarbeiter (Digital Campus) |
| **Führung** durch vorbildliches Verhalten | »… ich sehe, dass Vorgesetzte, Kollegen und Unterstellte sich in der neuen Art und Weise verhalten« | Gut sichtbare Vorbilder, die mit ihren Teams und im Alltag in Schlüsselinteraktionen innovativ und digital handeln |

**Radar: Rückmeldung über Fortschritt** – dimensionsübergreifend mit sie sich aktiv und mit Leidenschaft einbringen. Meist geht der Transformationsprozess auch einher mit der Änderung der Unternehmenskultur – also von durchaus tradierten Werten. Auch die vielen anderen Akteure im und um das Unternehmen – allen voran Kunden, Anteilseigner, Lieferanten und Partner – müssen überzeugt werden. Deshalb braucht der Veränderungsprozess eine klare und aktive Kommunikation, die den Bedürfnissen der Zielgruppen Rechnung trägt.

Die klassischen Informationskanäle sind heute durch wirksame neue Medien ergänzt. »Townhalls«, Diskussionsveranstaltungen mit den Chefs, Blogs oder Newsletter ersetzen schon vielfach die Mitarbeiterzeitung oder den Weihnachtsbrief – und nach außen runden Tweets oder Videos auf YouTube das öffentliche Bild des Unternehmens ab. Auch hier beschleunigt die Digitalisierung die Taktzahl, die Frequenz der Nachrichten nimmt zu. Statt zu fest terminierten Jahres- oder Quartalszyklen erwarten Mitarbeiter ebenso wie Externe heute Informationen jetzt und sofort. Großereignisse wie die »Consumer Electronics Show« (CES) in Las Vegas oder die »Auto Show« in Detroit begleiten die ausstellenden Unternehmen mit Live-Streams und einem stetigen Strom von Tweets, Blogs und Facebook-Posts.

Anders als früher läuft gute Kommunikation heute nicht mehr auf einer Einbahnstraße. In der »Townhall« folgt auf die Rede die Gegenrede der Mitarbeiter. Auch Blogs, Tweets und Facebook-Einträge laden Kommentare ein. Wer das störend findet, ist in der digitalen Zeit noch nicht angekommen – jede Äußerung und jede Kritik von Mitarbeitern und Externen geben schließlich einen Ansatz, besser zu werden.

Wichtig ist, dass sich alle Botschaften des Unternehmens in eine durchdachte und gut orchestrierte Kommunikationsstrategie einfügen. Drei Faktoren sind zu beachten:

- Die gesamte Kommunikation sollte sich auf wenige, klar verständliche Kernbotschaften fokussieren – weniger ist dabei oft mehr.

- Sie folgt einem klaren Kommunikationsfahrplan und -prozess. Die Schlüsselfragen lauten: Wer stellt die Inhalte her, welche Themen und Medien werden verwendet, was sind die richtigen Anlässe und Zeitpunkte, und welche externen und internen Kanäle werden benutzt?

- Wichtig ist ein Product-Owner für die Kommunikation, der die Kommunikation aktuell hält, die (messbaren) Erkenntnisse auswertet und Verbesserungen in der Kommunikation erarbeitet.

Bei aller Begeisterung für die neuen Kommunikationskanäle können doch auch die traditionellen Medien zur strategischen Waffe der digitalen Transformation werden. Hier setzt wieder einmal General Electric die Standards. Der Jahresbericht 2015 war einfach mit »Digital Industrial« überschrieben und zeigte den Stellenwert der Digitalisierung bei GE: Es ist die Überschrift über allem.

## 8.3 Steuere die Veränderung

Weiter mit unseren Vorbildern, den Wagniskapitalfinanziers: Wir brauchen ein Steuerungsgremium nach Art der Venture-Capitalists für unsere Transformation, knüpfen die Freigabe von Budgets an das Erreichen von Meilensteinen und definieren die richtigen, weil aussagekräftigen Indikatoren, die wir ständig messen und analysieren.

### CDO: Held oder Feigenblatt?

Die digitale Transformation braucht mehr als einen »Taktgeber« – hier ist Führung im Team gefragt: vom aufgeschlossenen Aufsichtsgremium wie dem Aufsichts- oder Beirat, einer aktiven Geschäftsführung inklusive eines modernen Finanzchefs, der

Budget und Führungsinstrumente dynamisch anpasst, bis zum Chief Digital Officer (CDO) mit weit reichenden Kompetenzen. Es bietet sich der Vergleich zwischen einem Ruderachter und dem Wildwasser-Rafting an: Während beim Rudern konstante und vorhersehbare Konditionen herrschen, gibt es beim Rafting jederzeit unvorhersehbare Herausforderungen – daher müssen die »Steuermänner« im Wildwasser der Digitalisierung eher Coaches und Teamführer sein als nur Taktgeber.

Eine Schlüsselrolle spielt der CDO, der mit seiner Begeisterung für die digitalen Möglichkeiten die Mitarbeiter mitreißt. Stratege, Kundenversteher, Produktinnovator, Technikexperte – der Job fordert alles. Der CDO verknüpft im Unternehmen die Bereiche, stellt die crossfunktionalen Teams zusammen, holt als geborener Netzwerker Talente von außen dazu, gibt seinen Leuten die nötigen Impulse und vertritt ihre Position wirkungsvoll in der Geschäftsführung.

Ein Held der Szene ist Bill Ruh, CDO bei General Electric (GE). Er verantwortet nicht nur die spartenübergreifende Entwicklung der »Industrial Internet Strategy« von GE sowie die Softwareentwicklung in allen Geschäftsbereichen, sondern agiert auch als Chef von GE Digital, die mit Software und Services für die Industrie 2016 gut 6 Milliarden Dollar Umsatz machte. Die Kombination der Verantwortlichkeiten stellt sicher, dass dieser CDO eine gewichtige Stimme bei Entscheidungen hat. Die Lehre: Der CDO darf nicht nur als »digitaler Experte« definiert werden, sondern sollte auch selbst Geschäftsverantwortung tragen. So war es auch bei der Handelskette Rewe. Für die hat Jean-Jacques van Oosten als CDO den Onlinehandel Rewe Digital aufgebaut und auch gleich das Geschäft verantwortet. Wichtig für die Handlungsfähigkeit ist ein eigenes Budget, etwa zum Anwerben von Talenten, über das er auch tatsächlich frei entscheidet – und das ausreichend dotiert ist. Beispielsweise hat Siemens seiner im Oktober 2016 gegründeten neuen Einheit next47, die Beteiligungschancen suchen soll, dafür gleich 1 Milliarde Euro für die nächsten fünf Jahre zugewiesen.

In Unternehmen mit mehreren unabhängigen Sparten braucht der CDO Unterstützung. In den Sparten arbeiten dann interne »Digital Transformation Officer«, die disziplinarisch den Sparten zugeordnet sind, aber Teil des unternehmensweiten »Digital Transformation Offices« sind. Der DTO ist Motor der Transformation in seiner Business-Unit. Der Job braucht selbstbewusste und selbständige Talente, die einerseits ihr Geschäftsmodell genau verstehen, aber vom Antrieb und Anspruch her digital denken und handeln.

## Wie ein VC handeln: Budgets an Meilensteine knüpfen

Bei der Budgetierung können sich Manager etwas bei den Venture-Capitalists (VC) abschauen. Gerade bei Investitionen in innovative Produkte und Geschäfte sollten sie sich von mehrjährigen, deterministischen Budgets verabschieden und stattdessen Mittel in zahlreichen, jeweils überschaubaren Tranchen bereitstellen. Erreicht eine Entwicklung einen definierten Meilenstein, etwa die Fertigstellung des ersten MVPs (»Minimum Viable Product«) oder der erfolgreichen Akquisition der ersten Kunden, werden Folgefinanzierungen schnell und unbürokratisch freigegeben. Genauso wichtig ist es jedoch, bei Nichterreichen von wichtigen Meilensteinen – etwa fehlendem positivem Kundenfeedback – aktiv gegenzusteuern oder das Entwicklungsprojekt beziehungsweise »Venture« zu beenden. Die wichtigsten Meilensteine lassen sich am Innovationsprozess entlang definieren: von der Idee über das erste MVP und den Markteintritt bis hin zur Skalierung.

Gerade mit dem Beenden von Projekten tun sich viele traditionelle Unternehmen schwer. Oft halten sie nicht erfolgreiche Initiativen am Leben, damit keiner der Verantwortlichen sein Gesicht verliert. Das kostet nicht nur finanzielle und personelle Ressourcen, sondern auch wertvolle Zeit im Wettbewerb um die wirklich differenzierenden Innovationen. Rational ist das Verhalten nicht: Warum sollte ein Produkt, das schon beim interessierten »Early Adopter« durchfällt, zu einem späteren Zeitpunkt plötzlich zum Erfolg werden? Deshalb brauchen Unternehmen eine Instanz, vergleichbar zum Investment-Board eines Start-up, die kontinuierlich kritische Fragen stellt.

### Messen, analysieren, optimieren: Neue Steuerungssysteme konsequent anwenden

Um zu datengetriebenen Entscheidungen zu kommen, braucht das Unternehmen in allen Funktionen Kennzahlen (KPI) jenseits von Auftragseingang, Umsatz und Gewinn, die kontinuierlich gemessen werden. Der Kosmetikkonzern L'Oréal setzt sie sogar für die Strategie ein und steuert seine Transformation zum digitalen Unternehmen entlang dreier Kennzahlen. »20-50-100« heißt das Programm: Bis zum Jahr 2020 will L'Oréal 20 Prozent seines Umsatzes über digitale Kanäle machen, mit 50 Prozent seiner Kunden in direkter Beziehung stehen und bei dem vom Unternehmen intern definierten »Brand Love Score« eine Zustimmung von 100 Prozent erfahren. Führung und Mitarbeiter haben ein klares Ziel, ihr Erfolg ist messbar.

Im Arbeitsalltag der Digitalisierung geht es allerdings meist nicht um Strategie, da werden eher KPIs für digitale Prozesse definiert. Sie müssen zwei Voraussetzungen erfüllen: Einerseits sollen die Kennzahlen einfach sein und andererseits von der Person auch direkt beeinflusst werden können, die daran gemessen wird. Beispiel: Beim Loyalitätsprogramm Prime von Amazon wird die Leistung des verantwortlichen Produktmanagers anhand von zwei Kennzahlen bewertet: der Wachstumsrate an Prime-Kunden und der so genannten »Churn Rate«, also dem Anteil der Kunden, die ihren Prime-Service wieder kündigen. Andere Kenngrößen, etwa die Profitabilität der Prime-Kunden, sind kein Leistungsmaß, da sie von vielen anderen Faktoren wie der Bruttoproduktmarge abhängig sind, die von dem Prime-Verantwortlichen nicht direkt beeinflusst werden können.

Ein einfaches KPI-System zur Beurteilung der Leistung der Mitarbeiter sowie zur Bewertung ihrer Projekte hat Google. Einer der frühen Investoren, John Doerr, brachte von Intel »OKR« mit, »Objectives and Key Results«. Beginnend mit der Unternehmensführung über die Leiter von Geschäftsbereichen und Abteilungen bis zum einzelnen Mitarbeiter definiert jeder seine Ziele selbst. Für höchstens fünf Projekte – wer mehr verfolgt, muss priorisieren – werden die Ziele in mehreren KPIs quantifiziert. Webdesigner geben sich da nicht als Aufgabe vor, »die Webseite muss besser werden«, sondern benennen die Verbesserung: »30 Prozent schnellerer Aufbau der Seite«. Die Digital Natives bewerten jedes KPI nach einer Null-oder-eins-Logik – entweder ist das Ziel erreicht, oder nicht. Über die Kennzahlen jedes Projekts wird ein Mittelwert gebildet. 75 Prozent Zielerreichung ist in Ordnung, ein höherer Wert deutet auf zu niedrig gesetzte Ziele, ein niedrigerer legt nahe zu überprüfen, ob das Projekt weiterverfolgt werden soll.

Bei Google werden die Projekte und deren OKR-Werte veröffentlicht – auch die der Chefs. Nicht so sehr, um den Mitarbeiter des Monats zu küren oder gar um schwächere Leistungen anzuprangern, sagt das Unternehmen, sondern damit jeder weiß, woran die anderen arbeiten. Eine Reihe Start-ups arbeiten mit OKR, zum Beispiel der Frühstücksflockenlieferant mymuesli, aber die Methode taugt auch für Großunternehmen – Google macht es vor.

Die Graphik zeigt, wie ein Team, das eine Internetseite im Onlinehandel optimieren will, nach aussagekräftigen Kennzahlen für die Seite sucht. Quer sehen wir die Stationen der Customer-Journey, des Marschs der Kunden durch die Kontaktpunkte, vom Öffnen der Webseite bis zur Lieferung der bestellten Ware. Senkrecht sind die Leistungen aufgereiht, die gemessen werden sollen: die Umwandlungsrate, die Menge und Intensität von Besuchen, die technische Leistung. In jeder Zeile sind dann mögliche Messgrößen aufgeführt. Man kann sehr viel messen – die Kunst liegt in dem Urteil, welche Zahlen wirklich aussagekräftig sind.

## KPIs für die Steuerung der Customer Journey

| | Bekanntheit | Suche | Produktdetailseite | In den Warenkorb |
|---|---|---|---|---|
| Umwandlung | Öffnungsraten Newsletter (%) | Anteil Sessions mit Suche an Gesamtzahl Sessions (%) | Umwandlungsquote Home zu Produktdetailseite (%) | Umwandlungsquote Produktdetailseite zu Warenkorb (%) |
| | Click-through-Rate nach Marketingkanal (%) | | Umwandlungsquote Suchergebnisse zu Produktdetailseite (%) | |
| Volumen | Sessions (#) | Click-through-Rate Onsite Banner (%) | Absprungrate für Produktdetailansichten (%) | Produktverfügbarkeit (%) |
| | Unique Visitors (#) | Durchschnittliche Page Views pro Besuch (#) | | |
| | Impressions nach Marketingkanal (#) | | | |
| Performance | | Durchschn. Ladezeit der Seite (s) | | |
| | | Shopverfügbarkeit (%) | | |
| | | Abbruch-/Absprungraten für Seiten mit viel Traffic (%) | | |
| | | Suchen ohne Ergebnis (%) | | |
| Finanzen | Marketinggesamtausgaben (Euro) | | | |

**Direkter Zusammenhang** mit Webshopentwicklung

**Kein direkter Zusammenhang** mit Webshopentwicklung

| Kasse | Transaktionen | Lieferung | Aftersales Services | Treue |
|---|---|---|---|---|
| Umwandlungsquote Warenkorb zu Authentifizierung (%)<br>Umwandlungsquote Authentifizierung zu One Pager (%) | Umwandlungsquote One Pager zu Transaktion (%) | Umwandlungsquote Transaktionen zu nicht stornierten Bestellungen (%)<br>Umwandlungsquote nicht stornierte Bestellungen zu nicht zurückgesandten Bestellungen (Vormonat) (%)<br>Umwandlungsquote insgesamt (%) | | Neue vs. wiederkehrende Kunden (%) |
| | Bestellungen (#) | Gesplittete Lieferungen (%) | Callcenter-Tickets (#)<br>Kundenanfragen über Facebook oder Twitter | Aktive Kunden (#)<br>Loyale Kunden (#)<br>Empfänger des Newsletter (#) |
| | | Zeit von Bestellung zu Versand<br>Lieferungen wie zugesagt (%)<br>Produktverfügbarkeit nach Retouren (%) | | |
| Gesplittete Zahlung (%) | Durchschn. Warenkorbgröße (Euro)<br>Nettoerträge (Euro)<br>CPO (Euro) | Nettoerträge nach Retouren im Vormonat (Euro) | Forderungseinbringung bei Rechnungskunden (%) | |

Kundenbezogene KPIs sind übrigens nicht nur im Endkundengeschäft wirksame Messgrößen. Auch Industrieunternehmen im klassischen B2B-Geschäft können sich etwas abschauen. Diese Branchen zeigen in der digitalen Kommunikation mit dem Kunden – angefangen bei der Unternehmenswebseite – oft eklatante Schwächen. Mit den richtigen Kennzahlen ist die Leistung der digitalen Kommunikation leicht zu messen. Und wer seine Schwächen kennt, kann sie gezielt beheben – die Geschäftskunden werden es danken, denn auch sie haben es gern leicht und übersichtlich, da unterscheiden sie sich nicht vom Konsumenten.

Intelligent gesetzte KPIs sind von zentraler Bedeutung bei der erfolgreichen Digitalisierung der Prozesse. Nachvollziehbar, quantifiziert und relevant müssen die Messgrößen sein – quasi eine Weiterentwicklung des »Lean Management« zu »Lean on Steroids«.

## 8.4 Zur Führung ermutigen – und das auf allen Ebenen

Leichter wird's nicht: Führung in digitalen Unternehmen hat ganz eigene Regeln. Die erste lautet: Mitmachen! Und einer im Management braucht sogar die »Lizenz zum Töten«.

### Topmanagement muss mit gutem Beispiel vorangehen

Auf die Unternehmensführung und das Management traditioneller Unternehmen kommen mit der Digitalisierung herausfordernde Zeiten zu. Schon vorher waren Unternehmen, in denen Hierarchen anordneten und das Fußvolk ausführte, eine aussterbende Spezies. Die Digitalisierung erfordert jedoch eine weitergehende Übergabe von Verantwortung und damit auch Macht an die da unten. Die Veränderung der Arbeitskultur fängt beim Unternehmenslenker an: Die digitale Transformation ist ganz klar Chefsache. Zunächst müssen Vorstände und die oberste Führungsriege selbst die digitale Veränderung annehmen.

Authentizität und Überzeugung sind dabei von elementarer Bedeutung. So mag die neue Kleiderordnung, über die in Unternehmen oft zu viel und stereotyp diskutiert wird, dabei eine Rolle spielen. Doch mehr als die Turnschuhe oder der Verzicht auf Krawatte und Anzug überzeugt kreative, inspirierende und authentische Kommunikation. Eine Führungskraft, die sich E-Mails ausdrucken lässt oder deren Beantwortung in ihrem Namen an einen Stab delegiert, ist weder inspirierend noch authentisch. Nicht jeder kann bloggen wie Facebook-Gründer Mark Zuckerberg oder muss die Tweet-Frequenz des Venture-Capitalist Ben Horowitz oder des Tesla-Eigners Elon Musk erreichen, aber heute sollte sich ein Vorstand in den gängigen sozialen Medien souverän und zielgerichtet bewegen können – und wollen.

Was die Digitalunternehmer, meist via Social Media, elegant beherrschen, nennen sie »Storytelling«. Sie verpacken ihre Botschaften in launige und inspirierende Geschichten, ein wichtiges Motivations- und Führungsinstrument. Jeffrey Immelt, Chef von General Electric (GE), hat sich das Führungsinstrument zu eigen gemacht. Auf allen Kanälen erzählt er, oft emotional, immer mitreißend, seit fünf Jahren die Story, wie GE die Nummer eins im »Industrial Internet« werden will. Immelt beeindruckt Kunden und Geschäftspartner nicht nur durch seine Geschichten, sondern ebenso durch sein Engagement. Jeden Monat trifft er sich mit den Pilotpartnern von Predix, der zentralen Daten- und Analyseplattform von GE. In der Diskussion will Immelt verstehen, welche Funktionen des Systems tatsächlich relevant sind und wie die Partner ihre Produktion und Wartung mit Hilfe von Big-Data-Analysen verbessern können. Das Engagement sendet ein starkes Signal: Diese Kooperation ist strategisch von höchster Bedeutung – und Chefsache.

### »Lizenz zum Töten«

Die Digital Natives duzen sich. Als ein erfolgreicher Gründer den frisch gekürten CDO eines großen Handelskonzerns kennen lernte, verabschiedete er den Manager mit den Worten: »Damit du deine Mission erfolgreich umsetzen kannst, brauchst du eine ›Lizenz zum Töten‹ – sonst lassen dich die Bewahrer und Skeptiker am langen Arm verhungern.« Der CDO als James Bond – eine schöne Rolle. Aber natürlich geht es nicht darum, die Bremser wortwörtlich aus dem Weg zu räumen. Es geht darum, die Kompetenz, die Autorität und den Rückhalt zu haben, weit reichende Entscheidungen zu treffen, ohne auf das Tradierte Rücksicht nehmen zu müssen. So darf eine neue Digitaleinheit beispielsweise nicht von den Limitationen der IT-Richtlinien und -Vorgaben ausgebremst werden. Schon bei der Auswahl eines modernen E-Mail-Systems kann es sonst schnell zu einem »Shoot-out« zwischen dem neuem Digitalverantwortlichen und dem IT-Leiter kommen. Auch bei der Ansprache und Rekrutierung von neuen digitalen Talenten dürfen nicht die Restriktionen der Personalabteilung des Konzerns gelten.

In all diesen Schlachten muss der CDO Gespür beweisen. Er muss erkennen, welche Kämpfe er ausfechten muss und in welchen Fällen es klüger ist, wegen des Konzernfriedens zurückzustecken – kein einfacher Job. Allein ist er nicht zu machen – der »Special Agent« braucht die Rückendeckung des Chefs. Die Geschäftsführung muss ihrem Transformationsagenten den Rücken stärken und auch unpopuläre, weil ungewohnte Entscheidungen unterstützen.

Dass es sich lohnt, seinen CDO nach Kräften zu unterstützen, zeigt das Beispiel Starbucks: Seit 2012 leitet dort CDO Adam Brotman die Digitalisierung des Unternehmens und berichtet direkt an den CEO Howard Schultz. Brotman hat mit Starbucks eine digitale Erfolgsgeschichte geschrieben: WLAN in den Ladenlokalen, mobile Apps, über die Kunden von unterwegs schon Bestellungen aufgeben können, das erfolgreiche Bonusprogramm MyRewards und noch viel mehr. Starbucks' Digitaltruppe hatte großen Anteil am kräftigen Umsatzwachstum der vergangenen Jahre, an der höheren Kundenzufriedenheit und operativen Effizienz der Niederlassungen. Innerhalb von fünf Jahren stieg Starbucks' Börsenbewertung von 19 auf über 50 Milliarden Dollar.

Kapitel 9

# Wie? Konsequent skalieren

Zu guter Letzt geht es ums Ganze: wie die Digitalisierung im gesamten Unternehmen ausgerollt wird – Digital@Scale.

Als Max Viessmann im Sommer 2016 seinen Job als Chief Digital Officer (CDO) beim Heizungsbauer Viessmann antrat, startete die Digitalisierung des Familienunternehmens gerade in ihre zweite Phase. »Ich habe als Erstes 80 Prozent der Initiativen gestoppt«, sagt Viessmann, »nachdem wir uns in der ersten Phase in aller Breite mit dem Thema Digitalisierung auseinandergesetzt und gelernt hatten, ging es jetzt darum, alle Ressourcen auf die Wachstumstreiber zu konzentrieren.« Aber was wurde aus dem schönen Plan, mit dem Viessmann getreu der reinen Lehre in die digitale Transformation gestartet war? »Wir lernen jeden Tag dazu, da verändert sich auch das Zielbild sehr schnell«, erklärt Max Viessmann, »es stellt die ganze Organisation vor extreme Herausforderungen, aus den Erkenntnissen neue Ziele abzuleiten – aber es tut ihr sehr gut.«

Die Viessmannschen Erfahrungen sind typisch für Unternehmen, die digital erwachsen werden. Sie stellen einen Transformationsplan auf, passen Organisation und Prozesse an, legen los – und wenn sie die Digitalisierung skalieren, sie quer durchs Unternehmen ausrollen, stellen sie fest, dass die Rückmeldungen aus der Realität die Pläne verändern, etwa das Kundenfeedback die digitalen Produkte und Prozesse. Wer das digitale Denken und Arbeiten in seinem gesamten Unternehmen installieren will, kann nicht einfach deterministisch den in Kapitel 7 gefassten

Plan abarbeiten. Man muss auch die gemäß Kapitel 8 fit gemachte Organisation mit ihren Venture-Capitalist-Arbeitsweisen immer wieder anpassen – die Umsetzung von Digital@Scale im Gesamtunternehmen erfordert eine hohe Flexibilität.

## 9.1 Es geht ums Ganze

Nachdem wir die digitale Unternehmung scharfgeschaltet haben, die Elemente für die ersten Piloten zusammengestellt sind und inzwischen die Ergebnisse der Pilotprojekte vorliegen, geht es zügig ans Ausrollen: Wir beginnen mit der meist überschaubaren Zahl von Prozessen, die auf den Kunden zielen. Schließlich haben wir gelernt, dass der im digitalen Unternehmen im Mittelpunkt aller Überlegungen steht und dass er über seine Rückmeldungen und Daten quasi der wichtigste Mitarbeiter wird. Erst danach nehmen wir uns die internen Prozesse vor, von der Produktion über die Lieferkette, die Wartung bis zur Verwaltung.

### Der Plan lebt!

Auch für die Digitalisierung des gesamten Unternehmens setzen wir uns – genau wie bei den Einzelprojekten – Meilensteine, also Termine, an denen wir eine bestimmte Messgröße erreicht haben wollen. Wenn der Meilenstein zur rechten Zeit erreicht ist, gibt es grünes Licht und frisches Geld für die nächsten Schritte im Plan. Denn Budgets, wir erinnern uns, werden in Digitalunternehmen nur in Portionen von Meilenstein zu Meilenstein freigegeben. Ist die Marke zur vorgegebenen Zeit nicht erreicht, geht es an die Analyse: Müssen wir an der Art, wie wir den Plan abarbeiten, etwas ändern, oder stimmt der Plan nicht und muss überarbeitet und verbessert werden?

Digitalisierung ist ein Aufbruch ins Ungewisse, der Transformationsplan gibt die Richtung vor, muss aber unterwegs immer wieder mit den frischen Erfahrungen abgeglichen und justiert

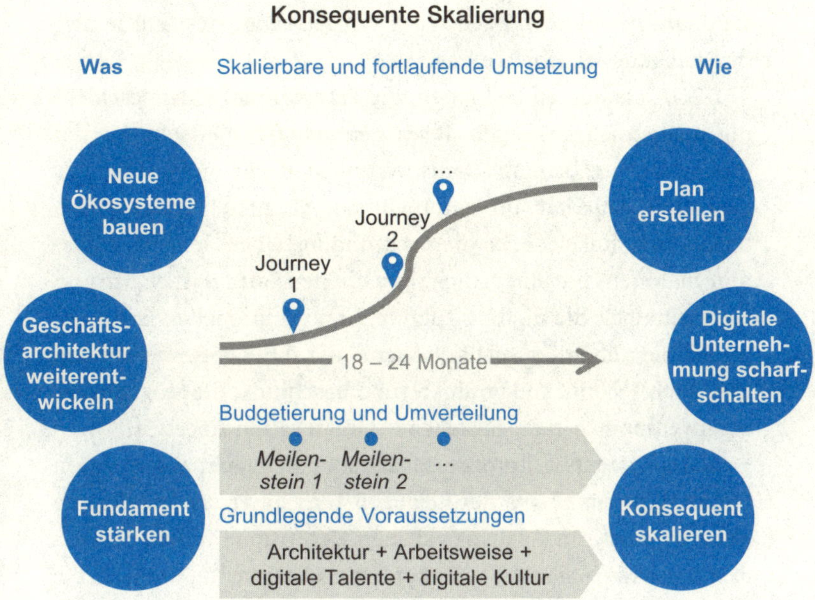


werden. Je mehr Prozesse wir digitalisiert haben, desto stärker tritt deren Ausnahmecharakter im Unternehmen zurück und wird das neue digitale Geschäftssystem zur Regel.

### »Digital build, operate, transfer« als Turbo

Wenn es an Tempo fehlt, können wir uns einen Ansatz ausleihen, den einst die Automobilindustrie erfunden hat: BOT – »build, operate, transfer«. Die Autohersteller ließen sich von ihren Zulieferern Fertigungen auf ihr Werksgelände setzen (»build«) und betreiben (»operate«). Wenn die Spezialisten dann die Anlage in reibungslose Routine gesteuert hatten, übernahmen die Autohersteller wie vorher abgesprochen die Fertigung (»transfer«). Beim DBOT, dem digitalen BOT, geht es zwar nicht um Werke, wohl aber um die Spezialisten: Die können sich Unternehmen auf dem Transformationspfad bei spezialisierten Dienstleistern ausleihen, mit ihnen zügig ihre ersten Prozesse digitalisieren und sie dann, gewöhnlich nach sechs bis neun Monaten, sukzessive durch eigene Mitarbeiter ersetzen.

DBOT ist anderen Methoden, die Transformation zu beschleunigen, deutlich überlegen. Beim permanenten Outsourcing der digitalen Aufgaben an Dienstleistungsunternehmen fehlt das Knowhow dauerhaft im Unternehmen, es entsteht eine gefährliche Abhängigkeit. Auch die Ausgründung eines Gemeinschaftsunternehmens mit einem digital erfahrenen Partner ist ein Irrweg: Sie entkoppelt die digitale Zukunft vom traditionellen Geschäft, transferiert überdies wichtige Werte wie die Kundenbeziehung, aber auch Technik und Produkte, und beschränkt die Möglichkeit, positive Impulse in die bestehende Organisation zu geben.

Walmart, der weltgrößte Einzelhändler, macht vor, wie ein Großunternehmen aus der analogen Welt energisch ins digitale Zeitalter vorstößt: Aus einer kleinen Kerntruppe von 60 Digitalexperten, deren Start-up Walmart 2011 gekauft hatte, wuchsen die WalmartLabs mit Büros in Indien, Brasilien und den USA. 2016 arbeiteten in den Labs 3500 Spezialisten daran, das Kauferlebnis der Walmart-Kunden neu zu definieren – egal, ob sie im stationären Geschäft, auf der Webseite oder mit ihren Mobilgeräten unterwegs sind. Das ehrgeizige Ziel: »Redefining e-commerce globally.«

## 9.2 Wie IT zur Waffe wird

Die IT spielt eine erfolgskritische Rolle bei der digitalen Transformation. Art, Umfang und Timing der Maßnahmen variieren in Abhängigkeit von der Ausgangslage – allen gemeinsam ist das Ziel, IT zur Waffe zu machen.

### Vorgehen hängt stark vom Startpunkt ab

Der digitale Reifegrad des Unternehmens, den wir in Kapitel 7.4 beschrieben haben, bestimmt das Vorgehen in Sachen IT: Die Anfänger vom Reifegrad 1 haben eine überschaubare Aufgabe. Für ihre neue digitale Geschäftseinheit müssen sie, unabhängig von der installierten IT, eine agile IT-Truppe schaffen, die flexibel die Bedürfnisse der Digitaleinheit befriedigt. Für sie kommt es darauf an, in der digitalen Business-Unit sofort Best-Practice-Konzepte anzuwenden und nicht die Ansätze der analogen alten Welt zu kopieren. Den größten Teil der Arbeit erledigt haben die Unternehmen vom Reifegrad 3: Digital geboren oder transformiert, arbeiten dort alle nach agilen Methoden – ob in kundennahen Bereichen, in Zusammenarbeit mit Lieferanten oder im Backoffice.

Am meisten zu tun bleibt wieder einmal den Unternehmen vom Reifegrad 2. Sie verfügen gewöhnlich über eine IT-Organisation, die nur erste agile Inseln aufweist. Das Gros der IT arbeitet nach der alten Wasserfallphilosophie, einem linearen Entwicklungsmodell, das ursprünglich aus der Industrie stammt: Schritt für Schritt werden dabei die Vorgaben aus Lasten- beziehungsweise Pflichtenheften abgearbeitet, ein schwerfälliges und kaum lernfähiges Verfahren.

Für Reifegrad-2-Unternehmen taugen Digital Natives wie Google zwar als Vorbild, weil die ihre IT nicht nur zum Verwalten, sondern als Waffe im Wettbewerb einsetzen können. Doch der Ehrgeiz, mit den Vorbildern mit einem großen Sprung gleichzuziehen, ist verfehlt, denn das Risiko ist zu hoch. Auch während der digitalen Transformation hat die alte IT-Welt noch lange Zeit eine Lebensberechtigung. Datenintegrität und Datenaktualität sind höchstes Gut und müssen beschützt werden. Dabei geht es um Daten zu Kunden, Lieferanten, Mitarbeitern, Produkten und mehr. Sie halten jedes Unternehmen am Laufen – wehe, wenn sie nicht stimmen. Wehe, wenn der Kunde ein komplett anderes Profil hat, als das System es abbildet. Wehe, wenn das System anzeigt, dass im Hochregallager in der Box 297 zur Zeit –2 Gehäuse liegen: Wenn Sie also 2 Gehäuse hineinlegen, ist die Box 297 leer – absurd, nutzlos und teuer. Investitionen in die Datenintegrität müssen auch weiterhin größte Priorität haben.

Die Transformation beginnt bei den erfolgskritischen, in der Regel kundennahen Prozessen. Es gilt, die Erfahrungen in Sachen agile Organisation und Arbeitsweise zügig auf alle Prozesse mit Kundenkontakt auszurollen. Wir erinnern uns: crossfunktionale Teams, die in zweiwöchigen »Sprints« erste Lösungen (MVP) entwickeln, am Markt testen und die Lernergebnisse schnell einarbeiten. Hier bringen Tempo und Anpassungsfähigkeit echte Wettbewerbsvorteile. Das merkte beispielsweise die Lufthansa, als sie bei der schon beschriebenen Digitalisierung des Eincheckprozesses eben nicht mehr wie früher sechs bis zwölf Monate brauchte, um eine Erkenntnis aus der Erprobung am Kunden in ein neues, besseres Programm zum Einchecken umzusetzen, sondern nur noch zwei bis sechs Wochen. Wer auf Kundenwünsche in wenigen Wochen reagieren kann, macht seine IT zur Waffe im Wettbewerb.

### Erfolgsfaktoren für 2-Speed-Unternehmen

Unternehmen, die aus der analogen Welt in die digitale Zeit aufgebrochen sind und dazu auf eine IT der zwei Geschwindigkeiten setzen, sollten von den Digital Natives die Philosophie des »DevOps« als Paradigma übernehmen. DevOps ist zusammengesetzt aus »Development« und »Operations« und bedeutet genau das: Entwicklung und operatives Geschäft sind nicht zu trennen.

DevOps setzen für Entwickler und Operative gemeinsame Anreize und Prozesse und geben ihnen gemeinsame Werkzeuge (»Tools«) an die Hand. Je besser Teams, Tools und IT-Infrastruktur aufeinander abgestimmt sind, desto schneller und qualitativ besser entstehen neue Softwarelösungen. Um diese Voraussetzungen zu schaffen, muss das Unternehmen bereit sein, umfangreiche Investitionen in Technik und Personal freizugeben.

Rob Alexander, Chief Information Officer (CIO) der US-Bank Capital One, hat einen erfolgreichen Transformationsprozess hinter sich. Capital One startete mit einer Rekrutierungsoffensive. Die Banker hatten erkannt, dass Outsourcing der Arbeit höchstens kurzfristig Probleme löst, langfristig aber dazu führt, dass dem Unternehmen wichtige Fähigkeiten fehlen. Kaum waren die Talente an Bord, übernahmen sie die Philosophie der agilen Entwicklung und der DevOps. Nach den ersten Pilotprojekten mit den agilen Methoden fanden Alexander und seine Teams heraus, dass die agile Arbeit durchaus nicht nur in speziellen Aufgabengebieten Vorteile brachte. Heute arbeitet die ganze IT von Capital One agil.

Alexander lobt es als »universelle Methode, mit kontinuierlichen Lernschritten, in denen ständig die Ergebnisse der Arbeit am Markt überprüft werden, so dass die Produkte immer besser werden, bis man ein wirklich starkes Angebot hat, mit dem man den Markt erobert«. Capital One treibt die digitale Transformation so energisch voran, weil die Banker der Überzeugung sind, dass die Sieger im Finanzgewerbe diejenigen sein werden, die agieren wie die großen Hightech-Firmen – denn da, sagt Rob Alexander, liege die Zukunft der Bankindustrie.

### Agil zum führenden System machen

In der Startphase zum 2-Speed-Unternehmen dominiert die traditionelle IT (»Legacy«) meist die Architektur, der agile neue Teil legt sich locker darüber (»Overlay«). Mit der Einführung der Agilität wird IT erstmals zur Waffe, weil das Unternehmen – anfangs erst einmal punktuell – schnell sein kann.

Sukzessive wirkt der agile Teil der IT auch auf den traditionellen ein. Wenn in den kundennahen Prozessen beispielsweise eine bestimmte Position der Kundenstammdaten, die im traditionellen System verwaltet werden, keine Rolle mehr spielt, dann können und müssen die unterliegenden Datenbanken angepasst werden.

Nach einiger Zeit, nach Wellen von Prozesstransformationen, stellt sich eine Architekturfrage: Wie und wann macht man die agilen Strukturen zur dominanten Achse und passt die traditionellen Systeme an, ohne die Datenaktualität und -integrität zu gefährden? Diese Aufgabe ist erfolgskritisch. Irgendwann bestimmt die Hochgeschwindigkeitsarchitektur, der »Overlay«, die gesamte Systemarchitektur. Damit dieser Übergang wirklich gelingt, ist es nach unserer Erfahrung nötig, einem neuen Team die Führung der IT zu übertragen, damit nicht die alten Recken versuchen, ihr liebgewordenes System zu retten.

Damit die IT zur Waffe eines Unternehmens wird, reicht es nicht, in den zuständigen Abteilungen Talente zu versammeln. Auch in der Führung muss Kompetenz in Sachen Digitalisierung präsent sein. Dabei geht es vor allem um die erste Ebene, die Geschäftsführung und das Aufsichtsgremium, sowie um die zweite Führungsebene. Die IT muss als neue Kernkompetenz im Unternehmen verstanden werden, der CDO sollte ein einflussreiches Wort im Führungsgremium mitsprechen – dann klappt es auch mit der Digitalisierung.

## 9.3 Eng mit Start-ups kooperieren

So ganz aus eigener Kraft kann es mühsam werden, die digitalen Ansätze durchs ganze Unternehmen zu skalieren. Start-ups können dabei wichtige Impulse einbringen, sei es im Rahmen einer Zusammenarbeit oder durch eine Akquisition. Die meist jungen Digitalisierungsprofis helfen, neue Geschäftsideen zu entwickeln, die Transformation zu beschleunigen und neue Impulse zu setzen.

### Neue Geschäftsideen mobilisieren die Organisation und geben Impulse

Adidas, ING, Daimler und BMW folgen der gleichen Idee: Sie haben sich an verhältnismäßig kleinen, aber für ihre digitalen Ziele höchst relevanten und schnell wachsenden Unternehmen beteiligt oder diese gleich ganz übernommen. So hat sich Adidas mit Runtastic eine schnell wachsende Sport- und Fitness-Community gekauft, ING verfügt mit Interhyp über eine digitale Vermittlungsplattform von Hypothekendarlehen, und Daimler und BMW halten verschiedene Beteiligungen für Mobilitäts- und

Carsharing-Dienste (MyTaxi, Car2Go oder DriveNow). Die Konzerne kaufen sich damit nicht nur in Zukunftsmärkte ein, fast so wichtig ist ein Nebeneffekt: In der Auseinandersetzung mit den übernommenen Digital Natives lernen Mitarbeiter und Chefs der traditionellen Unternehmen die Denk- und Sichtweisen der digitalen Zeit.

Runtastics Beitrag zum Umsatz von Adidas bemisst sich noch in Promille. Doch wer den damaligen Konzernchef Herbert Hainer und Runtastic-Gründer Florian Gschwandtner auf der »Noah 2016« erlebt hat, konnte spüren, mit welcher Wertschätzung sich beide begegneten – der eine verantwortlich für einen globalen Konzern mit 17 Milliarden Euro Umsatz, der andere Ideengeber für ein paar hundert Mitarbeiter. Denn die digitale Transformation von Adidas wird in vielerlei Hinsicht durch Runtastic maßgeblich unterstützt und beschleunigt: Das Start-up liefert Erkenntnisse über das Fitness- und Sportverhalten von Millionen aktiver Anwender, bietet über seine App und seinen Shop Adidas ganz neue Kommunikations- und Vermarktungsmöglichkeiten. Der Sportartikelkonzern bekommt in puncto Geschwindigkeit und Innovationskraft einen neuen internen Referenzpunkt. Von Start-ups lernen heißt dabei nicht, sie zu kopieren, sondern deren Stärken auf die eigenen Assets und Geschäftsmodelle zu übertragen.

### Start-ups beschleunigen die Transformation

Natürlich können Start-ups den Entscheidern in großen Unternehmen nicht die Verantwortung für die und Umsetzung der digitalen Transformation abnehmen. Allerdings hilft die intensive Zusammenarbeit und Auseinandersetzung mit schnell wachsenden, jungen Unternehmen, selbst ein Gefühl für Geschwindigkeit und agiles Vorgehen zu entwickeln.

Viele Großunternehmen institutionalisieren ihre Beteiligungen in eigenen Geschäftseinheiten. Dafür gründete beispielsweise Siemens seine next47 und gab ihr gleich einen Einkaufsetat von einer Milliarde Euro für die nächsten fünf Jahre mit. Toyota hat seinen Technologie Fund mit 310 Millionen Dollar ausgestattet. Einen der weltgrößten Investitionsfonds hat das japanische Telekommunikations- und Internetunternehmen SoftBank aufgelegt. Am »SoftBank Vision Fund« hat sich nicht nur ein saudi-arabischer Staatsfonds beteiligt, sondern mittlerweile auch Apple. In einem Gespräch mit Reuters verdeutlicht der Pressesprecher von Apple Josh Rosenstock die Bedeutung dieses Investments: »Wir glauben, dass der Fonds die Geschwindigkeit der Entwicklung von für Apple strategisch wichtigen Technologien beschleunigen wird.«

## 9.4 Schnelligkeit als Leitmotiv

Tempo ist mitreißend: Eine Organisation, die im agilen Modus arbeitet, schnell entwickelt, Produkte zügig auf dem Markt testet und das Gelernte sofort wieder in die Produkte einfließen lässt, hat nichts mehr mit dem gewohnten, eher behäbigen Agieren eines traditionellen Konzerns gemein.

### Nicht zögerlich, sondern entschlossen handeln

Damit bei einem komplexen und umfangreichen Programm die Bedenkenträger im Unternehmen die Pioniere nicht ausbremsen, ist Schnelligkeit überlebenswichtig – wir wissen: Der Bremsweg wächst mit dem Quadrat der Geschwindigkeit. Mit den agilen Methoden und der Konzentration auf die schnelle Einführung von MVPs – den spartanischen Startprodukten, die das wichtigste Kundenbedürfnis jedoch erfüllen und ständig verbessert werden – lassen sich klassische Entwicklungszeiten um bis zu 90 Prozent verkürzen.

So schafften es die Teams eines großen Energieversorgers, mit energischen Sprints durch die Prozessschritte »Discover«, »Define«, »Design« und »Deliver«, in nur sechs Wochen ein erstes MVP zu testen. Dabei ging es um eine App, die den Technikern im Außendienst hilft, Gaslecks bei den Kunden aufzuspüren, deren Bedeutung zu bewerten und die nötigen Maßnahmen nach Dringlichkeit zu starten.

In der ersten Phase (»Discover«) begleiteten Entwickler die Außendienstler auf ihren Touren, lernten zum Beispiel, welche Informationen in welcher Reihenfolge und Zusammensetzung die Techniker brauchen, sahen, ob sie in den konkreten Situationen eine oder zwei Hände zum Bedienen des Tablets frei hatten, wann und wie sie Unterstützung durch das Backoffice benötigten und erhielten. Sie sahen auch die zahlreichen Pain Points – sei es, dass Daten fehlten oder falsch waren oder dass zahlreiche manuelle Einträge in Papierlisten erforderlich waren. »Ethnographic Research« heißt das unter Fachleuten und gehört im Entwicklungsprozess zum Design-Thinking.

Nach einigen energischen Hackathons war nach sechs Wochen ein Prototyp der App fertig, der mit Außendienstlern getestet

**Schnelligkeit als Leitmotiv erfordert komplettes Umdenken: Beispiel Energieerzeuger**

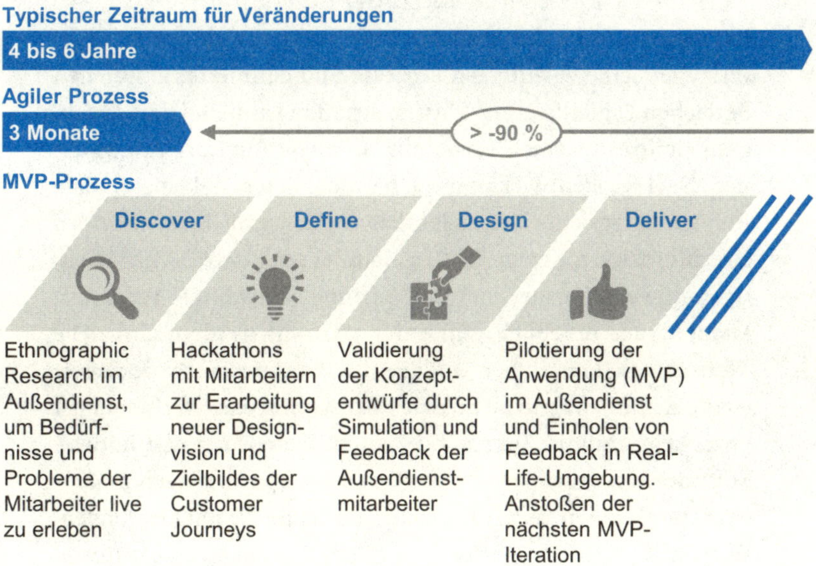

wurde und nach einigen Entwicklungsschleifen weitere sechs Wochen später marktreif war. Derlei Projekte dauerten zuvor bis zu sechs Jahre – wenn sie denn am Ende überhaupt zum Einsatz kamen. Diese rasche Einführung löste einen Schneeballeffekt aus: Organisation und Führungskräfte waren überrascht, begeistert – und trauten sich bei der Digitalisierung mehr zu als zuvor, was die Transformation weiter beschleunigte.

## 9.5 Zügig skalieren: Das gesamte Unternehmen digitalisieren

Am Beispiel des großen Energieversorgers, dessen schnelle MVP-Entwicklung wir eben beschrieben haben, wollen wir zeigen, wie die Digitalisierung quer durch einen ganzen Konzern ausgerollt wird. Das Unternehmen will alle wichtigen Prozesse in einem knapp dreijährigen Programm digitalisieren.

### Ein Energieversorger geht voran

Im ersten Schritt der Transformation analysierte der Energieversorger seine wichtigsten Prozesse und definierte, in welchen Bereichen Digitalisierung Nutzen schaffen kann: Bei der »Erzeugung« gilt es beispielsweise, mit Hilfe von Big Data Angebots- und Nachfrageentwicklung zu harmonisieren – keine triviale Aufgabe angesichts der vielen kaum planbaren Einspeisungen aus alternativen Stromquellen. Beim »Transport« ist ein wichtiges Anwendungsbeispiel die Wartung, die mittels Predictive Maintenance erheblich effizienter gemacht werden kann. Die »Verteilung« kann über intelligente Leitungsnetze optimiert werden. Im »Service« braucht der technische Außendienst unterwegs ständig Zugriff auf Karten, Daten und alle nötigen Softwarewerkzeuge. Und der »Vertrieb« optimiert seine Kundeninteraktionen durch Datenanalysen und Segmentierungen. Weitere Anwendungsbeispiele sind der Aufbau einer Plattform,

**Konsequente Skalierung einer digitalen Transformation folgt einer sauberen Diagnose und einem Plan**

| | | | Skalierung |
|---|---|---|---|
| **Phase** | **Diagnose, Strategie und Plan** | **Pilotierung und Aufbau des digitalen Kompetenzzentrums** | **Rollout und Skalierung des digitalen Kompetenzzentrums** |
| **Zeit** | 3 bis 4 Wochen | 3 bis 8 Monate | 1 bis 2 Jahre |
| **Aktivitäten** | ▪ Diagnose des Gesamtunternehmens und Erarbeitung eines ganzheitlichen Transformationsplans<br>▪ Identifizierung der kritischen Customer Journeys (Kunden, Mitarbeiter usw.)<br>▪ Priorisieren der zentralen Prozesse nach Wertbeitrag | ▪ Auswahl und Digitalisierung der Pilotprozesse<br>▪ Aufbau zentraler Fähigkeiten (meilensteinbasierte Steuerung, agile Konzeptiteration)<br>▪ Rekrutierung zentraler Talente – Anwendung von DBOT (»digital build, operate, transfer«) | ▪ Beschleunigter Rollout – Umschaltung von sequentiellem zu parallelem Vorgehen<br>▪ Skalierung des digitalen Kompetenzzentrums<br>▪ Aufbau State-of-the-Art-Fähigkeiten (Advanced Analytics, Data Visualization, GUI-Design, Backend- und Frontend-Programmierung) |

über die auch Einspeisungen Dritter im Echtzeitenergiehandel verkauft werden können, wie auch ein automatisiertes Backoffice. Ein breites Spektrum an konkreten Möglichkeiten, die es zu priorisieren gilt.

Um diese Erwartungen zu erfüllen, muss die IT auf jeder Stufe unterschiedliche Aufgaben erfüllen – ein klassischer Fall für die IT der zwei Geschwindigkeiten. Schon bei der Steuerung und Abrechnung der Einspeisungen auf der Wertschöpfungsstufe »Erzeugung« braucht sie ungewohnte Nähe zu den Geschäftsprozessen, auch als Berater und Partner der vielen dezentralen Stromerzeuger. Beim »Transport« geht es für die IT einerseits um Standardisierung, eine klassische Aufgabe. Aber sie braucht auch agile Fähigkeiten, denn die Daten aus den Sensoren in den intelligenten Leitungsnetzen wollen ebenso intelligent interpretiert sein und in Handlungsanweisungen übersetzt werden, etwa für die Monteure im Außendienst. Die wiederum müssen unterwegs über Apps in Echtzeit alle Pläne, Daten und Softwarewerkzeuge zur Verfügung haben – auch das erfordert von der IT agiles Arbeiten sowie routinierten Umgang mit cloudbasierten Lösungen. »Predictive maintenance«, die Instandsetzung, bevor etwas kaputtgeht, ist das Ziel, das bedeutet ein neues Denken bei der Wartung der Anlagen. Und je weiter es Richtung Kundenkontakt mit nutzerfreundlichen Informations- und Kommunikationsangeboten geht, desto agiler muss die zuständige IT-Truppe agieren. Erst ganz am Ende, in der Verwaltung, dominiert wieder die stabile traditionelle IT.

Der Energieversorger wollte durch die digitale Transformation vor allem auf fünf Gebieten Verbesserungen erzielen:

- *Sicherheit.* Die Teams wollten effiziente Prozesse ohne Provisorien und Hilfslösungen entwickeln und dafür sorgen, dass alle Beteiligten immer mit den richtigen Daten im richtigen Kontext arbeiten, damit sie möglichst gleich im ersten Anlauf die richtigen Entscheidungen treffen und Kunden und Mitarbeiter bestmöglich vor Gefahren schützen.

- *Zuverlässigkeit.* Sie sollten gemeinsame Standards und Strukturen entwickeln, die im ganzen Unternehmen eingesetzt werden können, sowie die Instrumente für eine funktionierende Kommunikation und Zusammenarbeit schaffen.

- *Kundenzufriedenheit.* Die Kunden sollten einen schnellen und effektiven Service bekommen und alle Apps und Softwareprogramme an der Hand haben, um sich einfach und zuverlässig über alle Vertragsdinge zu informieren oder mit dem Unternehmen zu kommunizieren.

- *Compliance.* Das akkurate Befolgen der gesetzlichen Regeln ist gerade für Energieversorger überlebenswichtig, denn Verstöße sind teuer. Die Kontrolle aller sicherheitsrelevanten Arbeiten sollte deshalb verbessert werden.

- *Sparsamkeit.* Doppelarbeit vermeiden, taugliche Lösungsansätze auch auf angrenzenden Feldern anwenden, Prozesse schlank halten – die Ansatzpunkte sind bekannt, man muss sie nur konsequent angehen.

Getreu der Maxime »Nur was man misst, kann man verbessern« definierten die Transformationsteams für jedes Gebiet aussagekräftige Messgrößen: Die »Sicherheit« etwa wurde am Krankenstand, der Zahl der Arbeitsunfälle, der Stromausfälle, der Beschädigungen an Leitungen und der Störfälle in der Produktion beurteilt. Die »Zuverlässigkeit« beurteilte das Transformationsteam an der durchschnittlichen Ausfallzeit pro Kunde, die »Kundenzufriedenheit« an Umfrageergebnissen eines renommierten Marktforschungsinstituts, die »Sparsamkeit« an der Entwicklung von Kosten, Umsätzen und Gewinnen. In Sachen »Compliance« zählten sie einfach die Verstöße. Man sieht: Dieses Unternehmen hat einfache und trotzdem aussagekräftige Messgrößen gefunden, an denen es seine Fortschritte quantifizieren kann.

Um tatsächlich zu Verbesserungen zu kommen, untersuchten die Transformationsteams digitale Techniken auf ihre Tauglichkeit. Natürlich starteten sie mit den Prozessen rund um den Kunden. Hier hat sich in den vergangenen Jahren viel getan. Die Kunden von heute bezahlen via Mobiltelefon, informieren sich über Tarife und Serviceleistungen in Internetforen und Blogs, beschweren sich per Twitter über Stromausfälle oder lange Warteschleifen in der Telefonhotline, buchen Servicetermine bei einem Avatar, einem automatischen Sprachdialogsystem, prüfen ihren Rechnungsstand per SMS und nutzen intelligente Stromzähler sowie Smart-Home-Plattformen wie Nest, einem Tochterunternehmen von Google, um ihren Stromverbrauch zu drosseln.

Wenn ein Energieunternehmen alle technischen Möglichkeiten konsequent für die Interaktion mit den Kunden nutzt, kann es die Kosten für die herkömmliche Beratung um bis zu 95 Prozent senken – und trotzdem seinen Kunden besseren Service bieten.

Dass sich die meisten Prozesse digitalisieren lassen, zeigen die frechen neuen Wettbewerber der großen Energieversorger: Sie erledigen im Durchschnitt 90 Prozent der Kundeninteraktion digital – die tradierten Unternehmen dagegen häufig nur 20 Prozent. Die Kosten für die Onlineberatung sind deutlich niedriger: Sie betragen ein Sechstel dessen, was für den Kundenkontakt per Post aufgewendet wird, und die Hälfte dessen, was die Beratung über Callcenter kostet. Das Beste dabei: Die Kunden mit Digitalkontakt sind auch noch deutlich zufriedener. In Umfragen zeigten sich 76 Prozent von ihnen vom Umgang angetan. Von den Kunden, mit denen Unternehmen auf den traditionellen Kanälen kommunizierten, waren nur 57 Prozent zufrieden. All diese Werte zählen natürlich zu den Kennzahlen (KPI), die kontinuierlich gemessen werden.

## Die Werkzeuge sind zur Hand, jetzt wird es konkret

Nun sind Ziele sowie Messgrößen definiert, und die Werkzeuge sind zur Hand. Im nächsten Schritt beginnt die Umsetzung. Der Energieversorger definierte vier Bereiche, in denen er ansetzen wollte: die Prozesse rund um die Kunden, die Zulieferer, die technischen Außendienstler und die Verwaltung.

- *Zielgruppe Kunden.* Das größte Potential machte er bei den auf den Kunden gerichteten Prozessen, den Customer-Journeys, aus. Entlang der gesamten Wertschöpfungskette gibt es die Chance, den Kundenkontakt digital und damit besser und billiger zu machen. Das beginnt bei der »Erzeugung« mit Apps, über die Kunden, die Ökostrom einspeisen, stets à jour über ihre verkauften Mengen sind. Auf den Stufen »Transport« und

**Zahlreiche Prozesse eines Energieerzeugers können mit Apps verbessert werden – Beispiele**

| Zielgruppe | Wertschöpfungs-stufe | Beispiele |
|---|---|---|
| Kunden-prozesse | **Transport und Verteilung** | ▪ Information über Ausfälle und Engpässe in Echtzeit |
| | **Vertrieb und Service** | ▪ »Consumer Dashboard« über Verbrauch, Rechnungen, Zahlungen, Einsparvorschläge usw. |
| | **Corporate Center** | ▪ Unterstützung der Callcenter durch selbstlernende Systeme, Avatare usw.<br>▪ Big Data und Analytics zur Optimierung von Segmentierung, Customer Journeys usw. |
| Zulieferer-prozesse | **Erzeugung** | ▪ Interaktive digitale Handelsplattformen |
| | **Transport und Verteilung** | ▪ Störungsmitteilungen in Echtzeit |
| Außendienst-prozesse | **Erzeugung** | ▪ Optimierung von Wartung und Instandhaltung, z.B. interaktive Planungstools für die Wartung, Predictive Maintenance<br>▪ Knowledge Management, z.B. Kodifizierung von Tricks und Tipps |
| | **Transport und Verteilung** | ▪ Teammanagement und -kommunikation in Echtzeit<br>▪ Planung von Teams und ihren Einsätzen für Vorarbeiter/Teamleiter<br>▪ Sicherheitschecklisten |
| Interne Prozesse | **Erzeugung** | ▪ Echtzeitprognose von Angebot und Nachfrage |
| | **Transport und Verteilung** | ▪ Unterstützung der Terminierung und Durchführung von Anschlussfreischaltungen<br>▪ Analytics zur Identifizierung von Diebstahl und Betrug |
| | **Vertrieb und Service** | ▪ Optimierung von CRM, Cross-/Upselling durch Analytics und selbstlernende Systeme<br>▪ Digitalisierung des Mahnwesens |

»Verteilung« kann der Energieversorger digitale Alarmsysteme installieren, die Kunden über Ausfälle und Engpässe in Echtzeit informieren. Im »Kundenkontakt und -service« kann das Unternehmen der Kundschaft über eine App ein digitales Instrumentenbrett an die Hand geben, das stets alle wichtigen Daten und Informationen auf einen Blick bietet. Ein »Consumer Dashboard« zeigt den Kunden nicht nur, wie viel Energie sie verbraucht haben und wie sie damit im historischen Vergleich liegen, sondern es leitet sie auf Wunsch auch an, besonders energieaufwändige Vorgänge wie die Kochwäsche in den Tageszeiten mit niedrigen Stromtarifen zu erledigen. Damit bietet der Energieversorger seinen Kunden einen echten Mehrwert und ermuntert sie nebenbei zu einer gleichmäßigeren Auslastung des Netzes über den Tag, denn die niedrigen Tarife gibt es natürlich nur zu nachfrageschwachen Zeiten. Und im Corporate-Center können die Callcenter von Avataren und selbstlernenden Systemen unterstützt oder gar ersetzt werden, die einen Großteil der Fragen allein beantworten und für knifflige Dinge den idealen realen Gesprächspartner finden. Das Unternehmen hat auch die Chance, die vielen Millionen Kundendaten zu einem aussagekräftigen Bild zu verknüpfen, und setzt dazu auf Advanced Analytics. Je smarter die Haushalte werden, desto mehr Daten fallen an, der Umgang mit Big Data galt unserem Energieversorger deshalb als nötige Kernkompetenz.

- *Zielgruppe Zulieferer.* Der zweite Bereich für die Digitalisierung des Energieversorgers sind die Prozesse rund um die Zulieferer, die »Supplier-Journeys«. Auf der Stufe »Erzeugung« geht es da um digitale Handelsplattformen für Überschussmengen, bei »Transport und Verteilung« um Echtzeitdaten von Störungen, bei »Vertrieb und Kundenkontakt« um papierlose Rechnungen, und bei der »Administration« läuft die Integration der Daten von Zulieferern und Energieunternehmen.

- *Zielgruppe Außendienst.* Der Außendienst bekommt rund um die »Erzeugung« Apps zur Sicherheitskontrolle, zur vorausschauenden Wartung, zu Tipps und Tricks für Reparaturen. Noch interessanter wird es bei »Transport und Verteilung«, denn da entwarfen die Entwickler für die Außendienstler gleich zwei Apps für das Tablet: »Team-Management in Echtzeit« gibt den Leitern ständigen Überblick, wo ihre Servicekräfte gerade sind, welches Problem aufgetreten ist, wie lange sie vor Ort schon arbeiten und wie der Status der Arbeit ist. Die App zum Management der Servicetrupps war bei dem Energieversorger ein großer Erfolg – die Techniker steigerten die Zahl ihrer Reparaturen um rund 50 Prozent. Ihre Entwicklung verlief ganz nach dem Handbuch des Agilen: Programmierer und die späteren Anwender tauschten sich ständig im Team aus, eine schnelle Pilotversion wurde von den Technikern in der Realität getestet, die Ergebnisse flugs eingearbeitet – heraus kam eine App, die leicht zu bedienen und auch noch ästhetisch anzusehen ist und die Produktivität kräftig steigert. Nach gleicher Art ist eine komplementäre App entstanden, die den Vorarbeiter bei der Planung und Vorbereitung seiner Teams und ihrer Einsätze unterstützt. Beide Apps haben die Produktivität des technischen Außendienstes deutlich gesteigert.

- *Zielgruppe Verwaltung.* Die Verwaltung mit ihren internen Prozessen kann auf der Wertschöpfungsstufe »Erzeugung« eine App für die Echtzeitprognose von Angebot und Nachfrage gut gebrauchen. Auf der Stufe »Transport und Verteilung« bietet sie den Kundenbetreuern eine App, die ihnen die Serviceanfrage eines Kunden auf das Tablet spielt, die Daten an die Hand gibt, um die Anfrage zu evaluieren und dem Kunden ein Angebot zu machen. Auch können gewünschte Dienste oder Leistungen freigeschaltet und am Ende auch die Rechnung verschickt werden – eine typische Ende-zu-Ende-Digitalisierung des Prozesses.

Für den Energieversorger lohnt sich die Anstrengung zur Digitalisierung. Obwohl die Transformation noch nicht abgeschlossen ist, gibt es jetzt schon handfeste Verbesserungen: So machte das Unternehmen in der Dimension »Kundenzufriedenheit« im Ranking eines renommierten Marktforschungsinstituts schon im ersten Jahr gleich drei Plätze gut. Und der Umsatz stieg im Vergleich zum Vorjahreszeitraum um stolze 20 Prozent.

## 9.6 Wer schnell ist, ist im Vorteil: Nur wer konsequent durchzieht, gewinnt

Professor Heribert Meffert über Beschleuniger und Bremser digitaler Transformationen.

»Es gibt nichts Gutes, außer man tut es«, hat der Moralist Erich Kästner einmal genial einfach formuliert. Auf unser Thema übertragen: Was nützt der schönste Plan für die digitale Transformation, wenn die Umsetzung scheitert? Empirische Untersuchungen zeigen, dass mehr als ein Drittel aller strategischen Projekte an halbherziger Umsetzung und Widerständen innerhalb der Organisation scheitern. Dies nennt man im strategischen Management «Implementierungslücke«.

Auch im Falle der Einführung digitaler Geschäftsmodelle stoppen meist nicht Markteintrittsbarrieren, sondern strukturelle und kulturelle Hemmnisse eine erfolgreiche Implementierung. Diese Hindernisse werden besonders offenkundig, wenn »smarte« IT-Lösungen von Unternehmen hinzugekauft oder solche Funktionen und Fähigkeiten outgesourct werden – also haben diese beim Topmanagement keine wirkliche Priorität. Zudem klaffen oft eklatante Lücken zwischen dem, was man glaubt, eingekauft zu haben, und dem, was man tatsächlich bekommt. Haben sie diese Kluft schließlich überwunden, müssen etablierte Unternehmen immer noch die digitale Transformation ihrer Organisation durchlaufen. Ganz anders bei den Digital Natives: Bei vorhandenen Mitteln kümmert sich das Management selbst um die IT und ihre Implementierung. Sie sind sehr beweglich und können ihre Lösungen schnell am Markt einführen.

Die in der klassischen Organisationstheorie erhobene Forderung »structure follows strategy« ist im Falle etablierter Unternehmen wie folgt ergänzungsbedürftig: »Process, structure and culture follow strategy.« Dieser Ansatz wurde bereits vor vielen Jahren von McKinsey im 7-S-Modell beschrieben. Der Unternehmenserfolg ist Ergebnis des Zusammenspiels der harten Faktoren – Strategie, Struktur und Systeme – mit den weichen Faktoren – Skills, Staff, Shared Values und Style. Dieses Buch hat diesen eher statischen Denkansatz noch einmal signifikant um die Logik einer erfolgreichen Transformation erweitert – das Warum, Was, Wie. Dabei hängt der Umsetzungserfolg sehr stark von der Entschlossenheit des Managements, dem ganzheitlichen Anspruch und der Geschwindigkeit der Umsetzung ab.

Notwendige Voraussetzung für einen schnellen und agilen Veränderungsprozess sind digital kompetente Mitarbeiter. Erfahrungsgemäß zeigen hier vor allem viele Unternehmen im Mittelstand – aber durchaus auch in etablierten, eher technikgetriebenen Großunternehmen – die größten Schwächen. Oft müssen altgediente und erfahrene Mitarbeiter digital qualifiziert oder umgeschult werden. Der notwendige Kulturwandel muss darüber hinaus von kompetenten Experten und Nachwuchskräften verstärkt werden. Hierzu bedarf es besonderer Anstrengungen der Personalführung und -entwicklung.

Zur Beschleunigung der Transformation müssen hierarchische Strukturen aufgebrochen und in abteilungsübergreifende Teams eingesetzt werden. Hier zeigt sich, dass eine reibungslose Ablauforganisation für die Schnelligkeit der Umsetzung entscheidend ist. In vielen Fällen hat sich hierbei die Einführung eines »Prozess-Promoters« bewährt. Schon 1973 hatte mein Kollege Eberhard Witte das Promotorenmodell für Prozessinnovationen eingeführt: ein Manager, der über funktionale Grenzen im Unternehmen hinweg mit viel Engagement die Entwicklung neuer

Prozesse vorantreibt – der vorweggenommene »Product-Owner« bei den Entwicklungsprozessen im digitalen Unternehmen.

Die traditionelle Firmenkultur vieler deutscher Unternehmen erschwert den Übergang von der technikgetriebenen zur kundenzentrierten Organisation. Der deutsche Ingenieur sucht bei der Beschleunigung solcher Transformationen eher nach einem Tool oder einer Technik, statt crossfunktionale, kundenzentrierte Teams zu etablieren – denn das erfordert signifikante Eingriffe in die Firmenkultur. Noch einmal schwieriger werden solche Anpassungsprozesse, wenn stationäre und online geführte Geschäftssysteme unkoordiniert unter einem Dach vereint sind – tendenziell sehen sie sich im Wettbewerb. Unterschiedliche Kulturen und Verhaltensweisen verlangen oft getrennte organisatorische Lösungen. Das trifft vor allem auf die IT-Organisation zu – und führt zu der in diesem Buch beschriebenen IT der zwei Geschwindigkeiten. Wir sehen aber auch, dass die gute alte Betriebswirtschaftslehre viele der Gedanken, die im Rahmen der digitalen Transformation virulent werden, bereits in Grundzügen durchdacht hat.

## Fazit: Die digitale Welt braucht neues Denken

Jetzt wissen wir alles: Wir haben erklärt, wie man einen Plan für die Digitalisierung des gesamten Unternehmens aufstellt, pilotiert und skaliert. In allen Phasen kommt es auf Tempo an: Drei bis vier Wochen genügen für eine saubere Diagnose und einen Plan, drei bis acht Monate brauchen wir für einen Piloten, dann setzen wir den Plan innerhalb von ein bis zwei Jahren quer durchs Unternehmen um. So sieht ein ganzheitliches Programm aus – Digital@Scale eben.

Doch die Digitalisierung erfordert nicht nur den Umbau des Unternehmens – vor allem braucht es ein Umdenken in den Köpfen. Teams statt Hierarchien, Netzwerke statt Silos, Tempo statt Perfektion, vom Kunden lernen statt ihn zu belehren – die digitale Welt braucht neues Denken. Der Abschied von der alten

Routine fällt nicht allen leicht, ist aber notwendig. Denn wie wir schon am Anfang des Buchs gezeigt haben: Die Digitalisierung ist keine Option, sondern eine Notwendigkeit für das Überleben Ihres Unternehmens – und eine Chance: für Ihr Unternehmen, Ihr Team und Sie als Mitarbeiter oder Führungskraft.

---

**Fragen, die sich das Management stellen sollte: Wo stehen Sie?**

In Kapitel 3 haben wir geklärt, warum alle Unternehmen ein Digitalkonzept brauchen. In den Kapiteln 4 bis 6 haben wir strukturiert, was zu tun ist. In den Kapiteln 7 bis 9 haben wir uns damit befasst, wie Sie die digitale Transformation entschlossen, ganzheitlich und schnell in Ihr Unternehmen tragen. Dann gilt es, die digitale Unternehmung scharfzuschalten.

Alles beginnt mit einem guten Plan, der das gesamte Unternehmen umfasst, immer vom Kunden aus beginnt und systematisch existierende Silos im Unternehmen aufbricht. Dazu müssen Sie konsequent zum digitalen Betriebssystem wechseln, die Veränderung proaktiv steuern und Führungskräfte systematisch zur Führung ermutigen – und das auf allen Ebenen. Schließlich müssen Sie konsequent skalieren – schließlich geht es ums Ganze! Dazu sollten Sie drei wichtige Dinge beherzigen: Ihre IT muss zur Waffe werden, Sie müssen mit Start-ups eng kooperieren, und Schnelligkeit wird zum neuen Leitmotiv – das ist Digital@Scale.

Zur Einschätzung, wo Sie und Ihr Unternehmen bei der digitalen Transformation stehen, hilft die Beantwortung der Fragen auf der folgenden Seite.

## Wie? Schlüsselfragen an das Management zur Selbsteinschätzung

*Grad der Zustimmung von 1 (sehr niedrig) bis 5 (sehr hoch)*

| | | 1 | 2 | 3 | 4 | 5 |
|---|---|---|---|---|---|---|
| Plan erstellen | 1 Haben wir einen Plan für die Digitalisierung unseres gesamten Unternehmens? | | | | | |
| | 2 Stellen wir den Kunden bei der Veränderung in den Mittelpunkt? | | | | | |
| | 3 Unterstützt unsere Organisationsstruktur die notwendige Veränderung? | | | | | |
| Digitale Unternehmung scharfschalten | 4 Digital Natives denken in Wochen, nicht in Jahren – wie agil ist unsere Unternehmung? | | | | | |
| | 5 Markterfolg – wie messen wir den Erfolg der Digitalisierung richtig? | | | | | |
| | 6 Stellen wir ein Team mit digitaler Erfahrung und Branchenkenntnis zusammen? | | | | | |
| Konsequent skalieren | 7 Skalieren wir schnell, systematisch und konsequent? | | | | | |
| | 8 Kann unsere IT unser Unternehmen schnell machen? | | | | | |
| | 9 Haben wir nennenswerte Kooperationen mit Start-ups? | | | | | |
| | 10 Wie nehmen wir die Organisation mit, und haben wir ein Konzept zum Umgang mit Bedenken? | | | | | |

# Sind wir fit für die Transformation?

Innovationszyklen verlaufen immer schneller – wir alle erleben immer mehr Diskontinuitäten. Professor Heribert Meffert und Jürgen Meffert befassen sich mit Markt und Technik im digitalen Zeitalter. Sie diskutieren und entwickeln Ratschläge, was Menschen brauchen, um diese Umbrüche in Zukunft erfolgreich zu bewältigen.

**Jürgen Meffert:** Das rasante Tempo der Veränderungen durch die Digitalisierung macht vielen Menschen Angst. Um diese Angst zu überwinden, hilft es, den Kontext zu verstehen. Seit Adam Smith haben sich die Rahmenbedingungen, in denen Unternehmer handeln, immer wieder nachhaltig verändert. Der Ökonom Nikolai Kondratjew beschrieb als Erster die langen Konjunkturwellen, die jeweils im Zeichen einer technischen Innovation standen – von der Dampfkraft über die Eisenbahn, die Elektrifizierung, das Auto bis zur Informationstechnik. Immer neue Technologien treiben Innovationszyklen – aber heute werden sie in zunehmend kürzeren Abständen, also mit exponentiell wachsender Geschwindigkeit, von der nächsten überholt. Die frühe Industriegesellschaft war fortschrittsfreudig: Sie erlebte, wie mit jeder neuen Technologie der Mensch entlastet wurde – von körperlicher Arbeit, Zeiteinsatz oder Gefahr. Damit wuchs für Millionen von Menschen der Wohlstand, und die Lebenserwartung stieg rasant an. Heute werden Menschen in den Industriestaaten nahezu doppelt so alt wie noch vor hundert Jahren.

**Heribert Meffert:** Was hat das zur Folge? Während früher ein Innovationszyklus eine Generation überdauert hat, ist es heute nicht unüblich, dass eine Generation gleich mehrere Innovationszyklen erlebt. Umbruch wird also zur Regel – und das mit steigender Tendenz.

**Jürgen Meffert:** Ich habe das am eigenen Leib erlebt, als wir einst bei Nixdorf den ersten Textverarbeitungscomputer eingeführt haben, der die gute alte Kugelkopf-Schreibmaschine ablösen sollte. Nur leider wurde dieses neue, innovative Produkt gleich wieder durch die Einführung des Personal Computer obsolet. Die rasante Verbreitung des PCs hat die Spielregeln erneut verändert und völlig neue Preispunkte etabliert. Der Computer für jedermann war erfunden – innerhalb kürzester Zeit fanden wir uns auf der nächsten S-Kurve wieder. Und seitdem hat sich das Entwicklungstempo noch einmal drastisch verschärft. Ich frage mich: Was bedeutet das für unsere Führungskräfte der Zukunft und ihre Ausbildung?

**Heribert Meffert:** Das Management bestehender Unternehmen bewegt sich gerne in linearen Denkmustern. Das ist auch schon früher nicht gut gegangen: Jedes Mal, wenn der Sprung auf eine neue S-Kurve kam, war Technologie der Auslöser, und das Management der alten Welt war dem nicht gewachsen. Die Protagonisten der jeweils neuen Technologie haben ein neues Zeitalter auf einer neuen S-Kurve eingeläutet. Sie sehen Innovationszyklen beschleunigen und Diskontinuitäten immer dichter aufeinanderfolgen. Das hat Joseph Schumpeter schon vor fast hundert Jahren erkannt und in seinem Werk Kapitalismus, Sozialismus und Demokratie als »schöpferische Zerstörung« beschrieben. Die beschleunigte Innovation hat auch Auswirkungen auf die Verweildauer der Unternehmenslenker. Sie hat sich radikal reduziert: Waren 1984 noch 35 Prozent aller Vorstandschefs der im S&P 500 gelisteten Aktiengesellschaften zehn oder mehr Jahre im Amt, so hat sich dies im Jahr 2000 auf nur noch 15 Prozent reduziert. Und

2009 hielten sich die CEOs im Durchschnitt gerade einmal sechs Jahre an der Unternehmensspitze – Tendenz fallend.

**Jürgen Meffert:** Mit den Unternehmenslenkern verschwinden ja auch viele zuvor führende Unternehmen in der Bedeutungslosigkeit. Auch das lässt sich am S&P 500 gut ablesen: 1958 waren die darin gelisteten Firmen im Schnitt seit 61 Jahren in dem Index, 1980 war die durchschnittliche Zugehörigkeit auf 25 Jahre gesunken, und 2011 lag sie noch bei 18 Jahren. Große Namen wie Kodak, Radio Shack, Sears, aber auch die New York Times wurden gestrichen. Auch hier zeigt sich die Beschleunigung: Auf- und Absteiger tauschen immer schneller die Plätze im Index. Es bewahrheitet sich also Schumpeters Diktum von der kreativen Zerstörung: Das Alte weicht dem Neuen, dem Besseren. Unternehmen, die einerseits nicht stark darin sind, Innovationen in neue Produkte umzusetzen, und andererseits sich von alten Geschäften – und seien sie noch so emotions- und traditionsbeladen – nicht trennen können, werden langfristig keine Zukunft haben. Sie steigen ab. Wer oben bleiben will, muss heute auch den Zeitpunkt der Einführung neuer Technologien managen. Die neuere Forschung arbeitet an Ansätzen, genau den Punkt für den Markteintritt zu bestimmen, an dem einerseits die Konkurrenten noch keinen entscheidenden Vorsprung erreichen, andererseits die Kunden schon bereit für die Segnungen der neuen Technik sind.

**Heribert Meffert:** Mir gefällt an den Aufsteigern aus der digitalen Welt, wie konsequent sie den Kunden und seine Bedürfnisse in den Mittelpunkt ihres Denkens stellen. Damit übernimmt meine Disziplin, das Marketing, als Schnittstelle zu den Kundenwünschen wieder eine zentrale Funktion. Mein Kollege Klaus Backhaus hat in dem Zusammenhang den Begriff vom Management des komparativen Konkurrenzvorteils, kurz KKV, geprägt. Dabei geht es darum, den Kundennutzen ganzheitlich zu verstehen, die Wirtschaftlichkeit für das Unternehmen sicherzustellen und eine verteidigbare Wettbewerbsposition einzunehmen.

Als Universitätsprofessor habe ich Marketing als marktorientierte Unternehmensführung etabliert: eine ganzheitliche, strategische Betrachtung des Markts, der Kunden und des Kundennutzens. Über die Zeit hat sich das Marketing in eine ganze Reihe von Disziplinen gegliedert. Im klassischen Marketing wurde eine Vielzahl neuer Tools und Gedankengebäude entwickelt und die Spezialisierung weiter vorangetrieben. Vor allem in den letzten zehn Jahren war zu beobachten, dass sich die vormals ganzheitliche Funktion zunehmend kleinteiliger aufgestellt hat. So hat das Marketing als Führungsfunktion an Bedeutung verloren. Heute wird sie oft auf Kommunikation und andere funktionale Rollen reduziert.

**Jürgen Meffert:** Durch die Digitalisierung spricht jetzt viel für eine Renaissance des Marketing im Rahmen der marktorientierten Unternehmensführung. Der ganzheitliche Kunde-zu-Kunde-Ansatz ist wieder gefragt. Und Big Data und Advanced Analytics geben dem Marketing eine neue Basis für wirklich datengetriebene Entscheidungen. Noch nie konnten wir so schnell so genau ergründen, was Kunden wirklich wollen und was nicht.

**Heribert Meffert:** Wenn Arbeitsteiligkeit und Spezialisierung in den Unternehmen an ihre Grenzen stoßen, kann es zu einer Renaissance der marktorientierten Unternehmensführung kommen, wie sie ursprünglich definiert war: dass wir den Kunden, die Veränderung seiner Bedürfnisse und seine Reise entlang aller unserer Kontaktpunkte im Unternehmen verstehen müssen. Heute gehört dazu, dass man Produkte schnell auf Basis von Kundenfeedback weiterentwickelt, dass sich agiles Arbeiten durch das gesamte Unternehmen ziehen muss, von der Entwicklung über die Produktion bis zu Vertrieb und Verwaltung.

**Jürgen Meffert:** Auf Führungskräfte und Mitarbeiter kommen viele Veränderungen zu: Funktionsübergreifende Teams statt Hierarchien in Silos, die Digitaltechnik, die in rasendem Tempo

Veränderungen quer durchs Unternehmen treibt, ungekannte Mengen von Daten, die es intelligent zu nutzen gilt – wie können wir denn die Ausbildung und das Wissen der Menschen und der Gesellschaft auf eine neue S-Kurve bringen, damit die digitalisierten Unternehmen auch die Mitarbeiter finden, die sie in den neuen Zeiten brauchen?

**Heribert Meffert:** Und was sind die zentralen Elemente dieser digitalen Unternehmen, die über Erfolg oder Misserfolg entscheiden? Ist das nicht den »Schweiß der Edlen« wert? Lass uns doch einmal unsere ganze Erfahrung nutzen und gemeinsam brainstormen, ob wir nicht die zentralen Ratschläge für die Digitalzeit definieren können.

**Jürgen Meffert:** Dann lass uns beim Einzelnen anfangen. Mein erster Ratschlag wäre: *Jeder Mensch sollte ein Minimum an technischer Grundkompetenz erlernen.* Das ist gar nicht so abwegig, schließlich kann heute jeder – ob jung ob alt, ob mehr oder weniger gebildet – mit einem Smartphone umgehen. Damit tatsächlich flächendeckend jeder diese technische Grundkompetenz erlernt, muss die Schule diese Vermittlungsaufgabe übernehmen. In Großbritannien ist heute schon Programmieren ein Pflichtfach – das ist doch auch bei uns zumutbar, um möglichst wenig digitale Analphabeten heranzuziehen. Grundkenntnisse der Digitaltechnik gehören künftig zu den Kulturtechniken – für alle, nicht nur für Menschen, die sich beruflich damit auseinandersetzen.

**Heribert Meffert:** Dann kommt aber gleich der Kunde. Mein zweiter Ratschlag: *Der Kunde steht immer im Mittelpunkt aller Überlegungen.* Wie das erfolgreich geht, machen uns doch die Digitalunternehmen vor, Google mit seiner immer weiter verbesserten Suchmaschine, Amazon mit seinen persönlichen Empfehlungen und natürlich Apple. Der geniale Steve Jobs hat ja nicht nur mit Produkten wie dem iPod und natürlich mit dem iPhone latente Kundenbedürfnisse befriedigt, die sich noch gar nicht artikuliert hatten. Dank Siri kann auch ich trotz meiner Augenprobleme jederzeit telefonieren – ein echter Kundennutzen. Er und seine Mannschaft haben zudem aufgenommen, dass es selbst bei der technikorientierten Kundschaft ein ausgeprägtes Bedürfnis nach Emotionalität in den Produkten gibt. Die hat Apple einerseits mit ausgesprochen coolen Designs bedient. Dazu schufen sie eine internationale Community der Apple-Nutzer und haben sie nach Kräften gefördert. Wer auf einem Apple arbeitete, lernte oder spielte, fühlte sich als Mitglied einer globalen Avantgarde und war emotional den Windows-Nutzern meilenweit voraus.

Wie wichtig die echte Kundenorientierung ist, zeigt mein altes Beispiel: Ikea – jetzt bin ich wieder außerhalb der digitalen Welt – beim Thema selber abholen, selber aufstellen, selber machen. Wenn das nicht Hobbyleute sind, sondern Kunden, die eher nicht gerne rumschrauben oder selber machen – ich hab es einige Male probiert und konnte es nicht so gut –, dann entsteht kein Zusatznutzen, selbst wenn ich die Möbel um 5 oder 15 Prozent billiger bekam. Also das muss man doch differenziert sehen. Für die Hobbybastler, die ihre Möbel selber bauen und aufstellen, ist der geringere Preis sicherlich ein Nutzen. Für andere ist es vielleicht sogar eine schlechte Sache, weil man sich lieber ein fertiges Möbelstück hinstellt – also ich sehe das als Marketingmann eher differenziert.

Dass kundenzentriertes Denken in traditionellen Unternehmen nicht selbstverständlich ist, habe ich im Konsumenten- und Marketingbeirat von Volkswagen gelernt. Da ging es Ende der 1990er Jahre einmal darum, auf welche Antriebstechnik der Konzern in einem Jahrzehnt setzen sollte. Ich sagte, dazu müssten wir über Befragungen herausfinden, was die Konsumenten künftig vom Auto erwarten und wie sie es nutzen. Da wandte sich VW-Patriarch Ferdinand Piëch, der damals Vorstandsvorsitzender war, an mich und sagte: »Glauben Sie im Ernst, dass uns die Kunden weiterhelfen können? Unter anderem entwickeln wir gerade einen Motor aus Keramik, wenn wir dazu Käufer befragen, sagen die nur: ›Um Himmels willen, der ist doch zerbrechlich.‹« Ferdinand Piëch fragte stattdessen lieber hundertfünfzig Spitzeningenieure in der ganzen Welt, was sie für den technisch richtigen Weg hielten. Daraus entwickelten VW-Techniker dann die Kriterien für den Antrieb von morgen. Und als die standen, sagte Piëch zu mir: »Jetzt können wir dazu ja mal die Kunden fragen.« Die Anekdote zeigt: Die Dominanz im Entwicklungsverfahren lag eindeutig bei den Technikern. Schon während seiner Zeit als Vorstandschef bei Audi hatte ich ein solches Erlebnis mit ihm. Es ging damals um die Positionierung des Audi Quattro. Der Marketingverantwortliche beschrieb die Audi-Fahrer in Abgrenzung zu den Kunden des Konkurrenten BMW als Genießer des Technikerlebnisses, was Ferdinand Piëch zu dem Kommentar reizte: »Wir verkaufen doch keinen Camembert.« Es blieb beim Slogan: »Vorsprung durch Technik.«

**Jürgen Meffert:** Dann lass uns bei der Technik bleiben und daraus den dritten Ratschlag formulieren: *Konsequent die Technik für das nutzen, was sie überlegen erledigt.* Wir Menschen sollen Roboter und Rechner als Befreiung begrüßen. Menschen sollen denken, kreativ und empathisch sein. Schwere körperliche Arbeit, eintönige Routinearbeit und alles rund um die Effizienz können wir getrost den Robotern und der Technik überlassen. So könnten wir unsere Talente nutzen und auf echten Mehrwert fokussieren – auf das, was Menschen halt am besten können.

Dazu muss sich natürlich auch die Gesellschaft konstruktiv und positiv mit den technischen Diskontinuitäten auseinandersetzen, die digitalen Innovationen als Erleichterung, nicht als Bedrohung verstehen. Altmeister Schumpeter hat auch dies schon als Alltag in funktionierenden Wettbewerbswirtschaften beschrieben: Alte Berufsbilder und Rollen verschwinden, neue, in der Regel bessere, weniger gefährliche, weniger körperlich anstrengende, weniger langweilige entstehen. Der Blick zurück zeigt, dass technische Innovationen uns geholfen und die Arbeit erleichtert haben. Sie haben uns ein gesünderes, längeres Leben und ein nie gekanntes Wohlstandsniveau beschert. Übrigens hat weder die Einführung der Dampfmaschine, noch die des Fließbandes, noch der flächendeckende Einsatz von Computern in Büros zu Massenarbeitslosigkeit geführt – die Ängste sind übertrieben.

**Heribert Meffert:** Wo kommt der Fortschritt her? Dazu formuliere ich unseren vierten Ratschlag: *Innovation durch Offenheit und offene Standards fördern.* Der Grundgedanke ist einfach: Märkte sind immer innovativer, als es jedes Unternehmen sein kann. Wie man durch offene Schnittstellen externe Entwickler einen großen Teil der Innovationsarbeit erledigen lässt, haben uns auch die Digitalunternehmen vorgemacht. Den Standard setzen die offenen Entwicklungskonferenzen von Apple, bei denen tausende externer Entwickler teilweise kostenlos mitarbeiten. Eine zunehmend aktive Rolle spielen dabei auch die Kunden. Ich erinnere mich noch an ein klassisches Beispiel: Als ich in der Schweiz an einem Lehrstuhl arbeitete, war ich eingeladen, einen Vortrag über Innovationsmanagement zu halten. Da habe ich über Open Innovation und die Rolle der Kunden gesprochen. Nach mir hielt ein damaliger Mercedes-Vorstand einen Vortrag. Der kam zu mir und sagte: »Wer so etwas verkündet, der würde bei uns gleich rausfliegen.« In der Zeit hat man seine Innovationen und die Technologie noch beschützt, Externe durften nichts davon wissen, geschweige denn mitarbeiten. Das ist in vielen Unternehmen heute anders geworden, auch in den Lehrbüchern. Offene Standards werden immer wichtiger – aber wem erzähle ich das. Du hast zu diesem Thema ja promoviert.

**Jürgen Meffert:** Ja, ist lange her und immer noch relevant. Dazu passt der Gedanke zu Ratschlag Nummer fünf: *Veränderung als etwas Positives begreifen.* Das fällt unserer heutigen Gesellschaft schwer, die instinktiv versucht, möglichst überall den Status quo um seiner selbst willen zu erhalten – vom Stadtbild über Berufsbilder bis zur Unternehmenslandschaft. Ich erinnere mich sehr gut, wie vor vielen Jahren Siemens mit dem digitalen Vermittlungssystem

EWSD den Weltmarkt der Telekommunikation beherrschte. In den Neunzigern, zur Hochzeit der EWSD, kam dann ein neues Technologiekonzept auf den Markt, der Router. Obwohl Siemens auch hier wettbewerbsfähige Produkte entwickelte, hat sich damit Cisco – damals ein Start-up – am Markt durchgesetzt, denn das Siemens-Management scheute sich, den eigenen Marktführer EWSD zu kannibalisieren. Zumindest auf Unternehmensebene gilt deshalb die Maxime: Zerstörung zulassen, Kontrolle abgeben durch Öffnung, bereit sein, eigenes Geschäft zu kannibalisieren – besser, als wenn es ein anderer tut. Das hatte Volkswagen früh erkannt. In seiner Plattform- und Mehrmarkenstrategie managt das Unternehmen sein Produktportfolio so, dass es einerseits die Effizienz optimiert und andererseits die Kannibalisierung großteils im eigenen Unternehmen hält.

**Heribert Meffert:** Veränderung muss man auch beherrschen – und das kann man üben. Deshalb lautet mein sechster Ratschlag: *Für die großen Disruptionen trainieren.* Wer regelmäßig Neues macht, vermeidet, dass sich Entscheidungsmuster in seinem Kleinhirn verfestigen. Dort werden Reflexe verankert. Verändern sich aber die Rahmenbedingungen, mag der Reflex nicht mehr passen. Das kennen wir vom Autofahren auf vereister Piste: Verliert man den Grip, dann muss man – anders als bei trockener Fahrbahn – den Lenkradius öffnen. Wenn also der eigene Job zur Routine wird, ist es Zeit für eine neue Aufgabe. Jobrotationen, am besten alle drei bis fünf Jahre, halten jung. Kontinuierliche Weiterbildung sollte dabei ein fester Bestandteil sein. Ich verstehe übrigens nicht, warum Arbeitnehmervertreter sich dafür nicht wesentlich vehementer einsetzen. Es geht schließlich primär darum, die Beschäftigungsfähigkeit der Menschen zu verbessern. Vielleicht ist das sogar wichtiger als eine weitere Verkürzung der Arbeitszeit …

**Jürgen Meffert:** Sehr guter Punkt. Für meinen siebten Ratschlag, *Netzwerke fördern für mehr Ideen und Kreativität,* ist ein Blick in die Unternehmen notwendig. Hier können wir erkennen, wie Hierarchien oft Innovation behindern und Unternehmertum unterdrücken. Eine verengte Sicht auf den eigenen Betrieb, die eigene Schule oder Universität oder auch das eigene Land verstellt den Blick auf Neuerungen. Die finden in Israel, Südkorea, Japan, dem Silicon Valley, am MIT, unseren Max-Planck-Instituten oder in zentralen Forschungslaboratorien wie früher den Bell Labs statt – also »all over the place«. Dort müssen wir sein oder zumindest ein Ohr haben. Wie wichtig solche Netzwerke sind und wie effektiv sie in vielen Bereichen sein können, dazu gibt es viele Beispiele. Dein AMD-Netzwerk hat uns geholfen, für eines meiner Kinder den richtigen Augenarzt zu finden. Einem kurzfristig schwer erkrankten Freund und Kollegen hat sein großes Netzwerk geholfen. Innerhalb kürzester Zeit wurden die beiden globalen Koryphäen identifiziert und mobilisiert, die helfen konnten – einer in New York, einer in der Schweiz.

Ein anderes Beispiel ist, was sich gerade in der Softwareentwicklung tut. Da wird Software Code in öffentlichen Netzwerken geteilt, zum Beispiel bei GitHub, und zugänglich gemacht. Jeder Softwareentwickler kann seine Elemente einstellen und andere Bibliotheken abrufen. Das ermöglicht eine komplett neue S-Kurve der Produktivität in diesem Metier.

**Heribert Meffert:** Mein achter Ratschlag stellt eine echte Revolution im Geschäftsleben dar: *Kompetenz schlägt Hierarchie.* Was meine ich damit? Unabhängig von Alter oder akademischen Titeln, unabhängig von der Hierarchie im Unternehmen, es gilt: Du bist, was du weißt, nicht welchen Titel du trägst. Dazu brauchen wir in der Führung auch ein völlig neues Paradigma, die »obligation to dissent«. Bei meinem damaligen Doktorvater wäre das undenkbar gewesen. Da war Hierarchie wichtig, in meiner Assistentenzeit verstanden sich die Ordinarien mehr als Macht- denn als Fachprofessoren. Für die Dissertation gab es eindeutige Vorgaben, Diskussion war unmöglich. Später bei meiner Habilitation – das Thema »Flexibilität in unternehmerischen Entscheidungen« passt gut zu diesem Buch – war das schon anders. Da gab es schon eine etwas größere Offenheit für meinen interdisziplinären Ansatz, auch die akademischen Lehrer hatten inzwischen dazugelernt. Heute muss man als Professor ja schon mutig sein, wenn man mit seinen Doktoranden nur noch einen roten Faden für die Arbeit verabreden will – die Verhältnisse haben sich umgekehrt.

**Jürgen Meffert:** Das bringt mich zu unserem neunten Ratschlag – das wird dir gefallen: *Aus- und Weiterbildung müssen wie eine Playlist sein.* Eine Playlist bei Tidal oder Spotify ist zunächst einmal persönlich, also auf mich zugeschnitten. Sie spiegelt wider, was mir gefällt, also was für mich relevant ist. Sie enthält natürlich die Top 10, aber auch einige Evergreens und immer wieder Neueinsteiger – solche, die sich an meinem Profil orientieren. Die Playlist muss aktuell angepasst werden, schließlich höre ich heute etwas anderes als noch im letzten Jahr. Und sie muss lebenslang gepflegt und angewendet werden.

Das bedeutet eine Revolution für jeden Bildungsbetrieb, egal ob Grundschule oder Post-Doc. Zu oft haben diese heute noch rückblickenden Charakter – was gelehrt wird, sind viele Evergreens und zu wenige Tophits oder Neueinsteiger – also typischerweise alt. Nur wenige Lehrende sind am Puls der Zeit. Mehr Echtzeit, mehr individuelle Playlisten. Dazu wird es ein neues Berufsbild geben, den DJ, der ständig eine passende Mischung aus Evergreens, aktuellen Charts und viel versprechenden Newcomern anbietet – der Mix muss stimmen. Das lebenslange Lernen gilt auch für Betriebe: Im dualen System müssen Ausbildungsberufe zeitnah ihr Curriculum an Veränderungen anpassen, und das in Form und Inhalt. So kann man Unternehmen jung halten und »die Kurve biegen« – also von linearen zu exponentiellen Denkmustern wechseln. Das ist attraktiv, wertvoll und machbar für jedes Individuum – unabhängig vom biologischen Alter.

**Heribert Meffert:** Und hier mein zehnter Ratschlag: *Denksilos verhindern.* Ich wäre dafür, junge Menschen zunächst breiter auszubilden, zum Beispiel durch ein Studium generale. Die Spezialisierung sollte erst später einsetzen, erst dann, wenn man ein ganzheitliches Business-Judgement herausgebildet hat. Berufsbilder sollten breiter gefasst werden. Ohne interdisziplinäres Denken und Teamfähigkeit geht es heute nicht mehr. Mitarbeiter sollten den Kunden verstehen, und das Ende zu Ende. Super-Expertenaufgaben können wir den IBM Watsons und Google DeepMinds dieser Welt übertragen.

Wenn ich mich umschaue, dann stelle ich fest, dass technische Innovationen zu einer nachhaltigen Erleichterung der Arbeit beigetragen haben und sich dadurch die Lebenserwartung und -qualität vieler Menschen erhöht hat. Ich stelle aber auch fest, dass neue Technologien immer wieder Unsicherheiten hervorrufen. Kann ich einschätzen, was der Fortschritt wirklich macht? Kreiert oder vernichtet er Jobs? Was ist mit mir? Werde ich noch gebraucht? Innovationen erfordern eine völlig neue Qualität des Vertrauens – und die muss erst aufgebaut werden. Da kommt also eine neue und ganz entscheidende Rolle auf das Management zu – man könnte in diesem Zusammenhang von einer ethischen Verantwortung sprechen. Im Zeitalter von »Diesel-Gate« und »Boni-Skandalen« ist das eine ganz zentrale Komponente. Dazu gehört auch, dass das Management gerade in dieser Zeit stürmischer Veränderungen dem Unternehmen, seinen Kunden, Mitarbeitern und Geschäftspartnern die nötige Stabilität gibt. Manager müssen sich Zeit zur Reflexion gönnen. Oder wie ein Kollege von mir sagt: Manchmal muss man nicht schneller sägen, sondern sich Zeit nehmen, die Säge zu schärfen.

Freuen wir uns auf die nächste S-Kurve, die uns die Digitalisierung bringt: Künstliche Intelligenz, Avatare, Roboter hin oder her – Menschen werden immer gebraucht und bleiben verantwortlich für Fortschritt, Wohlstand und Erfolg. Neue, spannende Rollen tun sich auf – auch und gerade, um die digitale Transformation Ihres Unternehmens erfolgreich zu stemmen.

# Herausgeber

## Dr. Jürgen Meffert

Dr. Jürgen Meffert ist Seniorpartner im Düsseldorfer Büro von McKinsey. Er ist sowohl Leiter der globalen Digital Practice im Bereich B2B als auch Gründer von McKinseys Initiative für mittelständische Wachstumsunternehmen. Er berät mehrere weltweit führende Unternehmen aus der Telekommunikations-, Hightech- und Medienindustrie und begleitet umfangreiche Transformationsprogramme in verschiedenen Bereichen: von Wachstums- und Innovationsstrategien, über Marketing und Vertrieb bis hin zu Prozessen und Organisation.

## Prof. Dr. Dr. h. c. mult. Heribert Meffert

Prof. Dr. Heribert Meffert ist Professor der Betriebswirtschaftslehre, insbesondere Marketing, und emeritierter Direktor des Instituts für Marketing am Marketing Center Münster (MCM) der Westfälischen Wilhelms-Universität Münster. Heribert Meffert wurde 2015 mit dem »Marketing Lifetime Award« ausgezeichnet: »Prof. Meffert etablierte als Erster die Marketingdisziplin an einer deutschen Universität und prägte im Brückenschlag zur Praxis wesentlich die Forschung und Lehre auf diesem Gebiet«, so Prof. Dr. Ralf E. Strauß, Präsident des Deutschen Marketing Verbands.

# Autoren

## Dr. Knut Alicke

Dr. Knut Alicke ist Partner im Stuttgarter Büro von McKinsey und leitet die Supply Chain Management Practice in Europa. Er hat sich auf Supply Chain Planning & Execution spezialisiert, vor allem in den Bereichen Supply Chain 4.0 und digitale Wertschöpfungsketten.

## Markus Berger-de León

Markus Berger-de León gehört McKinsey seit Beginn 2015 als Digital Partner an und leite die McKinsey Digital Labs. Sein Team aus User-Experience-Designern, Softwareentwicklern, Architekten, Product Ownern, Data Engineers und agilen Coaches unterstützt Klienten bei der digitalen Transformation. Sein Fokus liegt auf der Entwicklung von führenden digitalen Geschäftsmodellen, die durch agile Organisation, digitales Produktmanagement, digitales Marketing und die richtige Nutzung von Daten ermöglicht werden.

### Dr. Stefan Biesdorf

Dr. Stefan Biesdorf ist Partner im Münchner Büro von McKinsey. Er ist Mitglied des McKinsey Business Technology Office und leitet die europäische Healthcare Informatics Practice. Sein Arbeitsschwerpunkt liegt auf der Beratung internationaler Klienten im Gesundheitswesen in den Bereichen IT und Digitalisierung.

### Dr. Ondrej Burkacky

Dr. Ondrej Burkacky ist Partner im Münchner Büro von McKinsey und Co-Leader der europäischen Software Development Practice.

Er hat umfangreiche Kenntnisse und langjährige Erfahrung in der Beratung von Halbleiter-Herstellern und anderen Klienten des Advanced Industry Sektors beim Thema Embedded Software Development.

**Dr. Matthias Daub**

Dr. Matthias Daub ist Partner bei McKinsey in Berlin und leitet die Digital Public Sector-Sparte und die europäische Corporate Business Functions Practice. Er berät Unternehmen und Einrichtungen des öffentlichen Sektors bei Fragen zur Digitalisierung der Unterstützungsfunktionen, der Einführung von Robotics/Artificial Intelligence, und der strategischen Ausrichtung von IT- und Supportfunktionen.

**Karel Dörner**

Karel Dörner ist Seniorpartner im Business Technology Office (BTO) von McKinsey in München und einer der weltweiten Leiter von Digital McKinsey. Des Weiteren leitet er die McKinsey Digital Labs in Europa. Er verfügt über mehr als 20 Jahre Erfahrung in Handelstechnologien und Online-/Multi-kanalangeboten, unter anderem als Mitgründer und Geschäftsführer von eBay Europa.

**Dr. Oliver Ehrlich**

Dr. Oliver Ehrlich ist Partner im Düsseldorfer Büro von McKinsey. Er ist Leiter der europäischen Digital Customer Experience Service Line und Teil der europäischen Marketing & Sales Practice. Er begleitet führende europäische Unternehmen aus den Bereichen Einzelhandel, Energie, Versicherungen und B2B im Rahmen ihrer digitalen Transformationen.

**Holger Hürtgen**

Holger Hürtgen ist Analytics Partner im Düsseldorfer Büro von McKinsey und Experte für Big Data und Advanced Analytics. Er arbeitet sektorübergreifend an analytischen Themen mit Schwerpunkt auf Marketing Analytics, z.B. Kündigungsvorhersage oder »Next-Product-To-Buy«-Vorhersagen. Dabei wendet er komplexe Algorithmen, z.B. aus dem Bereich des Machine Learning, an und hilft seinen Klienten bei der Transformation zu einem datengetriebenen Unternehmen.

**Dr. Mathias Kullmann**

Dr. Mathias Kullmann ist Partner im Düsseldorfer Büro von McKinsey. Er ist Kernmitglied der europäischen Marketing & Sales Practice wie auch im Retail/Consumer Goods Sektor, zudem leitet er die europäische Digital Analytics Service Line. Er entwickelt und implementiert Marketing- und Multikanalstrategien und berät weltweit führende Unternehmen aus der Retail-, Consumer Goods und Energiebranche.

**Dr. Niko Mohr**

Dr. Niko Mohr ist Partner im Düsseldorfer Büro von McKinsey und einer der Leiter der Digital Practice in Deutschland. Vor seinem Eintritt bei McKinsey war er Managing Director und Mitglied des Führungsteams bei Accenture Deutschland sowie Managing Partner bei Mücke, Sturm & Company. Er ist ausgewiesener Experte in der Digitalstrategie-Entwicklung und der digitalen Transformation von führenden Unternehmen unterschiedlicher Branchen.

**Denny Morawiak**

Denny Morawiak ist Projektleiter im Düsseldorfer Büro von McKinsey. Er berät vorwiegend Klienten mit einem rein digitalen Geschäftsmodell (Online Pure Player). Außerdem unterstützt er Unternehmen unterschiedlicher Branchen bei der Definition und Umsetzung ihrer Digitalstrategie.

**Dr. Nicolai Müller**

Dr. Nicolai Müller ist Seniorpartner im Kölner Büro von McKinsey. Er ist sowohl Mitglied der europäischen Leitung des Automotive & Assembly Sektors als auch Leiter des Automobilsektors in Frankreich. Er leitet weltweit die McKinsey Digital Manufacturing Practice. Müller berät mehrere weltweit führende Unternehmen aus der Automobilindustrie insbesondere in den Bereichen Produktstrategie, Produktkostenmanagement, Entwicklungseffizienz und Digitalisierung der Produktion.

**Dr. Wolf Richter**

Dr. Wolf Richter ist Partner im Berliner Büro von McKinsey & Company. Er ist sowohl Leiter der Global Enterprise Architecture Service Line als auch Mitgründer der weltweit agierenden Global Cyber Security Service Line von McKinsey. Er begleitet Klienten verschiedener Industrien bei IT-Infrastruktur- und Transformationsprogramme und berät sie in Cyber-Security-Themen.

**Gérard Richter**

Gérard Richter ist Seniorpartner im Frankfurter Büro von McKinsey und leitet sowohl das Business Technology Office von McKinsey in Deutschland als auch die globale Service Line Value Assurance/ERP. Er berät weltweit führende Unternehmen aus der Automobil-, Hightech-, Energie- und Pharmaindustrie bei Digital- und IT-Transformationen sowie IT–Großprojekten. Sein Fokus liegt auf Innovations- und Wachstumsstrategien, Prozessautomatisierung, Organisationsoptimierung und Kulturwandel.

**Dr. Jürgen Schröder**

Dr. Jürgen Schröder ist Seniorpartner im Düsseldorfer Büro von McKinsey. Er leitet den Travel, Transport & Logistik (TTL) Sektor in Deutschland, Österreich und der Schweiz. Seine Schwerpunkte bei der Unterstützung und Beratung globaler Unternehmen sind Wachstumsstrategien und Transformationsprogramme mit Fokus auf digitale Geschäftsmodelle und Digitalisierung der Bereiche Marketing und Sales.

**Dr. Thomas Schumacher**

Dr. Thomas Schumacher ist Partner bei McKinsey in Düsseldorf. Er ist Experte im Bereich »Digitale Transformation« und berät internationale Unternehmen aus der Telekommunikations-, Energie- und Medienindustrie. Sein Spezialgebiet liegt im Bereich der »over the top« Geschäftsmodelle und der Transformation hin zu agilen Organisationsmodellen.

**Dr. Philipp Siebelt**

Dr. Philipp Siebelt ist Vorstand der ARZ Haan AG. Zuvor war er Partner im Düsseldorfer Büro von McKinsey und Mitglied der Financial Institutions Group, wo er die europäische Digital Strategy Service Line leitete. Er beriet weltweit mehrere führende Banken und Finanzdienstleister und begleitete dort umfangreiche digitale Transformationsprogramme. Ein wesentliches Thema seiner Arbeit waren FinTechs.

**Dominik Wee**

Dominik Wee ist Partner im Münchner Büro von McKinsey & Company. Seit seinem Start im Jahr 2003 konzentriert sich seine Arbeit auf Technologiestrategien. Er leitet McKinseys globale Digital Practice im Bereich Automotive & Industrial und hat sich auf die Themen Connected Car, Autonomous Driving, Industry 4.0 und Internet of Things spezialisiert.

### Dr. Florian Weig

Dr. Florian Weig ist Managing Partner des Münchner Büros von McKinsey und verantwortet weltweit die Product Development Practice. Er berät führende Unternehmen der Automobil-, Halbleiter- und Maschinenbauindustrie. Inhaltliche Schwerpunkte sind die Produktoptimierung, die Transformation von Entwicklungsorganisationen, sowie Programme zu operativer Exzellenz und Steigerung der Innovationskraft.